实用专利丛书

HUAXUE ZHUANLI
SHIWU ZHINAN(DI ER BAN)

化学专利
实务指南（第2版）

仇蕾安　周　蜜　著

北京理工大学出版社
BEIJING INSTITUTE OF TECHNOLOGY PRESS

内 容 简 介

本书共包括四个章节，全面介绍了作者十余年从事知识产权行业的化学领域专利实务知识。本书首先通过对我国知识产权发展现状、知识产权分类以及化学领域发明专利进行了简单介绍；然后通过化学领域专利撰写的典型案例，将一项发明创造如何从发明人提供技术方案到形成申请文件的完整过程进行了体现，并对过程中容易出现的问题结合法条加以总结分析，提出修改意见；进一步地，对于专利申请提交后出现的审查意见，选取易出现的典型案例，完整地重现了从审查意见的提出到如何回复的全过程，并且对答复的要点结合法条进行了总结分析；最后，结合本领域的特色，总结出适用于化学领域的通用技术交底书模板，为发明人撰写技术交底书提供了参考范本。

本书可作为知识产权相关专业的本科生及研究生教材，也适合作为欲申请专利保护的发明人和有志于进入专利领域的初学者的入门教材，还可以作为从事专利代理工作的专利代理人以及需要自行办理专利事务的其他读者的实用教材。

版权专有　侵权必究

图书在版编目（CIP）数据

化学专利实务指南/仇蕾安，周蜜著．—2版．--北京：北京理工大学出版社，2022.1
ISBN 978-7-5763-0911-9

Ⅰ.①化…　Ⅱ.①仇…②周…　Ⅲ.①化学-专利申请-中国-指南　Ⅳ.①G306.3-62

中国版本图书馆 CIP 数据核字（2022）第 019969 号

出版发行 / 北京理工大学出版社有限责任公司
社　　址 / 北京市海淀区中关村南大街 5 号
邮　　编 / 100081
电　　话 / (010)68914775(总编室)
　　　　　 (010)82562903(教材售后服务热线)
　　　　　 (010)68944723(其他图书服务热线)
网　　址 / http://www.bitpress.com.cn
经　　销 / 全国各地新华书店
印　　刷 / 保定市中画美凯印刷有限公司
开　　本 / 710 毫米×1000 毫米　1/16
印　　张 / 18.5　　　　　　　　　　　　　　　责任编辑 / 陈莉华
字　　数 / 303 千字　　　　　　　　　　　　　文案编辑 / 陈莉华
版　　次 / 2022 年 1 月第 2 版　2022 年 1 月第 1 次印刷　责任校对 / 周瑞红
定　　价 / 76.00 元　　　　　　　　　　　　　责任印制 / 李志强

图书出现印装质量问题，请拨打售后服务热线，本社负责调换

前　言

知识产权是关于人类在社会实践中创造智力劳动成果的专有权利。各种智力创造例如发明、文学和艺术作品，还有在商业中使用的标志、名称、图像以及外观设计，都可被认为是某一个人或组织所拥有的知识产权。专利权作为知识产权的一个重要组成部分，是发明创造人或其权利受让人对特定的发明创造在一定期限内依法享有的独占实施权。专利权的保护客体包括发明、实用新型和外观设计；其中发明是指对产品、方法或者其改进所提出的新的技术方案，即发明包括产品发明和方法发明两大类。产品发明是关于新产品或新物质的发明，方法发明是指为解决某特定技术问题而采用的手段和步骤的发明。

一般来说，化学领域发明创造是指广义的化学领域，不仅包括无机化学、有机化学、分析化学和高分子化学，还包括物理化学、农业化学、药物化学、生物化学、电化学、应用化学和化学工业等。为使读者对化学领域的专利实务有更为深刻的认识，本书首先通过对我国知识产权发展现状、知识产权分类以及化学领域专利进行了简单介绍；然后重点针对化学领域专利，结合丰富的案例资料，从相关重要法条解释、申请文件的撰写与修改、审查意见通知书的答复等方面做了详细阐述；最后结合本领域的特色，总结出适用于化学领域的通用技术交底书模板，为发明人撰写技术交底书提供了参考范本（限于篇幅原因，实施例和说明书附图有的没有完全提供，只提供了有问题的部分）。

在化学专利的撰写部分，通过8个典型的化学类专利案例，结合相关法条详细介绍了专利申请文件撰写时的注意事项以及如何才能撰写一份清楚完整的说明书，内容翔实，案例生动。在化学专利审查意见的答复部分，通过7个典型案例介绍了专利申请文件审查过程中常遇到的问题，包括不清楚、公开不充分以及创造性问题，同时结合相应法条介绍了在遇到该类问题时如何才能进行有效的答复。

通过学习阅读本书,不仅可以了解目前我国知识产权的发展现状、存在的问题及思考,还可以了解知识产权的不同类型,以及化学领域专利的特殊要求。最重要的是,本书提供了多项典型案例,实操性强,适于作为知识产权相关专业的本科生及研究生教材,也适用于欲申请专利保护的发明人和有志于进入专利领域的初学者,还可以作为从事专利代理工作的专利代理人以及需要自行办理专利事务的其他读者的实用教材。

本书的出版得到北京理工大学研究生教育培养综合改革项目的资助。

由于时间仓促,水平有限,本书中的观点和内容难免存在偏颇或不足之处,希望读者批评指正,提出宝贵的意见和建议。

目 录

第1章 知识产权概述 ································· 1

1.1 知识产权发展现状 ································ 1
   1.1.1 我国知识产权发展取得的成就 ················ 2
   1.1.2 我国知识产权发展中存在的问题 ··············· 4
   1.1.3 我国知识产权发展的思考 ···················· 10
1.2 知识产权分类 ···································· 12
1.3 化学领域发明专利简介 ···························· 18
   1.3.1 产品发明 ································· 18
   1.3.2 方法发明 ································· 19
   1.3.3 不授予专利权的化学发明专利申请 ············· 19
   1.3.4 化学领域发明专利的特殊性 ·················· 20

第2章 化学部专利撰写 ······························ 21

2.1 案例1 瑞巴派特共晶的制备方法 ···················· 21
   2.1.1 技术交底书 ······························· 21
   2.1.2 中间文件 ································· 29
   2.1.3 专利文件申请稿 ··························· 37
   2.1.4 案例分析 ································· 46
2.2 案例2 一种介质材料电导率测试装置及方法 ·········· 47
   2.2.1 技术交底书 ······························· 47
   2.2.2 中间文件 ································· 49

2.2.3　专利文件申请稿 ………………………………………… 52
　　　2.2.4　案例分析 …………………………………………………… 56
　2.3　案例3　一种高铅含铼钼精矿的降铅保铼方法 ……………………… 58
　　　2.3.1　技术交底书 ………………………………………………… 58
　　　2.3.2　中间文件 …………………………………………………… 62
　　　2.3.3　专利文件申请稿 …………………………………………… 65
　　　2.3.4　案例分析 …………………………………………………… 70
　2.4　案例4　一种硼氢化物水解制氢催化剂及其制备方法 ……………… 72
　　　2.4.1　技术交底书 ………………………………………………… 72
　　　2.4.2　中间文件 …………………………………………………… 80
　　　2.4.3　专利文件申请稿 …………………………………………… 88
　　　2.4.4　案例分析 …………………………………………………… 97
　2.5　案例5　常压下催化转化 CO_2 合成环状碳酸酯的方法 …………… 98
　　　2.5.1　技术交底书 ………………………………………………… 98
　　　2.5.2　中间文件 ………………………………………………… 102
　　　2.5.3　专利文件申请稿 ………………………………………… 107
　　　2.5.4　案例分析 ………………………………………………… 115
　2.6　案例6　一种介孔结构硅酸锰锂正极材料的制备方法 …………… 116
　　　2.6.1　技术交底书 ………………………………………………… 116
　　　2.6.2　中间文件 ………………………………………………… 121
　　　2.6.3　专利文件申请稿 ………………………………………… 126
　　　2.6.4　案例分析 ………………………………………………… 132
　2.7　案例7　一种生物淋滤浸提废旧电池中有价金属离子的方法 …… 134
　　　2.7.1　技术交底书 ………………………………………………… 134
　　　2.7.2　中间文件 ………………………………………………… 142
　　　2.7.3　专利文件申请稿 ………………………………………… 151
　　　2.7.4　案例分析 ………………………………………………… 165
　2.8　案例8　一种高纯度四钼酸铵的制备方法 ………………………… 166
　　　2.8.1　技术交底书 ………………………………………………… 166
　　　2.8.2　中间文件 ………………………………………………… 174
　　　2.8.3　专利文件申请稿 ………………………………………… 182
　　　2.8.4　案例分析 ………………………………………………… 188

第3章　化学部答复审查意见······190

3.1 案例1　一种N掺杂纳米TiO$_2$及其冲击波制备方法······190
- 3.1.1 第一次提交的专利申请文件······190
- 3.1.2 第一次审查意见通知书······196
- 3.1.3 专利代理人对该审查意见的答复······197
- 3.1.4 审查意见分析······198

3.2 案例2　一种多金属氧簇有机胺盐及制备方法······199
- 3.2.1 第一次提交的专利申请文件······199
- 3.2.2 第一次审查意见通知书······210
- 3.2.3 专利代理人对该审查意见的答复······211
- 3.2.4 审查意见分析······215

3.3 案例3　一种锂单质硫二次电池用复合正极材料的制备方法······216
- 3.3.1 第一次提交的专利申请文件······216
- 3.3.2 第一次审查意见通知书······225
- 3.3.3 专利代理人对该审查意见的答复······226
- 3.3.4 审查意见分析······228

3.4 案例4　一种碱性电池······229
- 3.4.1 第一次提交的专利申请文件······229
- 3.4.2 第一次审查意见通知书······236
- 3.4.3 专利代理人对该审查意见的答复······237
- 3.4.4 审查意见分析······238

3.5 案例5　一种介孔结构硅酸锰锂正极材料的制备方法······239
- 3.5.1 第一次提交的专利申请文件······239
- 3.5.2 第一次审查意见通知书······247
- 3.5.3 专利代理人对该审查意见的答复······247
- 3.5.4 审查意见分析······247

3.6 案例6　一种高塑性高强度的六元难熔高熵合金及其验证方法······248
- 3.6.1 第一次提交的专利申请文件······248
- 3.6.2 第一次审查意见通知书······259
- 3.6.3 专利代理人对该审查意见的答复······260
- 3.6.4 审查意见分析······263

3.7 案例7 一种改善盐碱地肥力的土壤改良剂及其应用 …… 264
    3.7.1 第一次提交的专利申请文件 …… 264
    3.7.2 第一次审查意见通知书 …… 274
    3.7.3 专利代理人对该审查意见的答复 …… 275
    3.7.4 审查意见分析 …… 278

第4章 化学部专利模板 …… 280

参考文献 …… 285

第1章

知识产权概述

1.1 知识产权发展现状

20世纪70年代末,"Intellectual Property"对于国人来说几乎闻所未闻,在开始改革开放面向国际的瞬间,发达国家把它作为一项权利要求甩在了中国的面前——知识产权制度就是这样走入的这片陌生的土地,在没有历史经验的条件下,生根发芽并且成长壮大。

实践证明,知识产权制度是我国的必需品——它不仅关乎创新型国家的建设;也能够促进经济社会发展模式的根本转变;还可以对实现经济社会的可持续发展起到关键的辅助作用;是保护科技成果、鼓励自主创新、规范市场行为、建立良好市场秩序的必要措施。

十八大报告中指出:"深化科技体制改革,加快建设国家创新体系,着力构建以企业为主体、市场为导向、产学研相结合的技术创新体系。完善知识创新体系,实施国家科技重大专项,实施知识产权战略,把全社会智慧和力量凝聚到创新发展上来。"——将知识产权战略作为关键词,而知识产权战略实施的基础,则是拥有完善的知识产权制度。

十九大报告中指出,要"倡导创新文化,强化知识产权创造、保护、运用"。在十八大报告指出完善创新体系建设和知识产权制度的基础上,进一步强调知识产权的创造、应用和保护,其目标是将知识产权真正地应用到我国国民生产中来,激励提高我国的经济竞争力。

试想，用西方发达国家百年知识产权制度建设之路与我国近50年铸成的知识产权制度相比较：短暂的时间形成较为完备的制度，让外界大声赞叹中国发展的速度奇迹；从无到有、从较低水准的立法到较高水平的立法、从封闭到趋近于国际化，似乎也带来了硕果累累的福音——然而这只是开始，并不值得沉醉。

面对发达国家频繁发出的知识产权保护"通牒"，为什么我们一次次遭遇知识产权的禁令？侵权屡禁不止的国内市场，什么时候我们开始被称为"山寨之国"？虽然目前已经有部分企业意识到了这个问题，并开展了一定的工作，但是能够真正形成自主知识产权并有效保护的数量仍然较小。知识产权制度建设、知识产权创造、保护和应用中还存在许多亟待解决的问题，同时，国民教育中知识产权的相关法律法规知识也有待普及加强。

1.1.1 我国知识产权发展取得的成就

1. 知识产权发展迅速，连续创造了许多个第一

我国知识产权发展的速度极快，全民所拥有的知识产权总量激增。国家知识产权局2019年的统计显示，截至2019年年底，我国国内（不含港、澳、台）发明专利拥有量共计186.2万件，每万人口发明专利拥有量达到13.3件，提前完成国家"十三五"规划确定的目标任务。我国每万人口发明专利拥有量排名前3位的省（区、市）依次为：北京（132.0件）、上海（53.5件）、江苏（30.2件）。

2. 立法较为完备

我国从20世纪80年代开始颁布了一系列知识产权立法，使我国知识产权立法领域实现了从无到有的转变，并于21世纪初在立法领域使我国知识产权保护达到了较高水准。在制定国内知识产权法律法规的同时，加强了与世界各国在知识产权领域的交往与合作，加入了十多项知识产权保护的国际公约。随着知识产权的发展需求，我国在知识产权方面的立法也在不断完善。

3. 知识产权使经济效益提高

知识产权给中国的经济发展注入了全新的动力，一批重要知识产权在战略性新兴产业发展和传统产业升级改造中得到有效运用。

科技部2019年发布的全国技术市场交易快报显示，2019年我国技术合同成交额为22 398.4亿元，比上年增长26.6%，首次突破2万亿元。这表明，2019年我国平均每天签订超过60亿元的技术合同。2016年，这一数字刚刚突破1万亿元，把时间线拉得再长些，1984年开始登记技术合同时，成交额是7亿元。仅从数据上看，35年来成交额增长了3 000多倍。

国家知识产权局的最新统计结果显示，2019年，知识产权使用费进出口总额超过370亿美元。专利、商标质押融资总额达到1 515亿元，同比增长23.8%。其中，专利质押融资金额达1 105亿元，同比增长24.8%，质押项目7 060项，同比增长30.5%。

4. 服务保障能力提高

据国家知识产权局发布的《专利代理行业发展状况（2018年）》最新统计显示，截至2018年年底，全国获得专利代理师资格证人数达到4.258 1万人，执业专利代理师为1.866 8万人，专利代理机构达到2 195家。

知识产权服务业近年来在我国持续发展。据国家知识产权局统计显示，2009年至2012年，全国专利代理机构数量以平均每年50家左右的数量平缓增长。2013年，全国代理机构数量突破1 000家，专利代理机构数量开始呈现大幅增长趋势。之后的几年，每年新增代理机构均在100家以上。从2016年开始，专利代理机构数量进入高速增长阶段，年增长率维持在20%左右，其中2018年较2017年增加了371家，增长率为20.3%。截至2018年年底，专利代理机构总量达到2 195家，与2009年相比增加了187.7%。

通过知识产权服务行业的发展，对于科技创新水平的提升、知识产权运用、保护和管理的提升起到了良好的助力，通过进一步与科技经济发展深度融合，可为实现经济发展效益显著改善提供支撑。

5. 国家高度重视

（1）财政资金大力支持。据统计，仅"十一五"期间，我国就组织实施了70个高技术产业化专项、3 000多项高技术产业化项目，总投资超过4 400亿元，这些专项促进了战略性新兴产业领域的重大技术突破和产业化、规模化应用。

（2）行政举措多。国家各级行政部门在知识产权发展过程中，在专利法的基础上，制定了《专利代理条例》《专利审查指南》等一系列的政策、法规以及多个部门规章，起到了关键作用，每年还制定不同的工作战略方针，以及普及宣传活动，如国家知识产权局每年举办的专利周活动。

2019年以来，我国先后颁布《外商投资法》及其实施条例、发布《优化营商环境条例》、发布《关于强化知识产权保护的意见》，持续推进知识产权审查提质增效工作，大力加强知识产权保护力度，平等保护中外企业的知识产权。

（3）执法力度大，成效突出。党的十七大提出实施知识产权战略以来，我国检察机关把知识产权保护工作摆在更加突出的位置，每年都将加大知识产权司法保护列为重点工作。

2019年，人民法院共收一审、二审、申请再审等各类知识产权案件481 793件，审结475 853件（含旧存，下同），比2018年分别上升44.16%和48.87%。

从以上各项举措中不难看出国家通过保护知识产权，建立创新型国家的决心与行动。但是，其中的问题随着制度建设的完善，技术市场的深度发展，产业转型和升级的迫切需要也开始日益突出起来。

1.1.2　我国知识产权发展中存在的问题

发达国家直到今天依然还在揭我们的"知识产权短"，"Made in China"等同于"Copycat"，甚至国人眼中最大的网络购物平台竟是外国人心中最大的"黑市"。很多人困惑，这么多年的打拼，为什么我们还在知识产权游戏规则的边缘？笔者认为，虽然我国知识产权制度目前成绩骄人，但仍存在不足，某些方面有待提高，主要存在以下几点。

1. 无形资产质量有待提升

无形资产作为知识产权所保护的客体，直接决定了知识产权发展的方向和价值。在我国，无形资产的总数量已经具有国际领先优势，但总体优势却并不明显。假定：

$$某领域有效专利数(A) \times 技术领域(B) \times 领域价值(V) \times 维持年份(Y) = 总价值(T)$$

$$专利申请量(a) \times 申请通过率(P) = 某领域有效专利数(A)$$

在以上公式中，我国只有专利申请量这一个数据较大，但它在总价值中所占比重并不高。

由此不难发现：

（1）从专利来看，表面上，近年来我国专利事业发展迅速，专利申请量持续走高，位居世界前列，实际上，我国的技术创新水平可谓一般。在信息通信、计算机、航空航天、生物制药等高技术领域，外国公司在我国的专利申请比例占60%~90%，重点核心技术主要依赖于进口，创新水平还基本处于"跟踪、仿制、改进、变形"的阶段，这导致如下问题：我国庞大数量的专利申请实际依靠创新价值平平的实用新型和已经被一些国家排在专利之外的外观设计来支撑；发明专利的授权数量为申请量的60%左右，授权数量偏低；授权的发明专利的保护范围过窄，相比国外专利在华授权文件中权利要求1的3~4个技术特征，我国发明专利的权利要求1中技特征点普遍需要 6~7 个甚至更多才能得到授权认可；专利维持的时间短，70% 以上的专利有效期的维持时间仅在 5 年左右。

全球知名专业信息服务提供商汤森路透发布了《2016 全球创新报告》。报告通过研究分析包括信息技术、电信、半导体、航空航天与国防、汽车、生物技术、家用电器、医疗器械、石油和天然气、食品饮料与烟草、制药、化妆品与健康等在内的 12 个技术领域的全球专利和科技文献数据，对全球创新活动进行了阐述。报告显示，全球专利总量增长明显，中国在多个领域具备创新优势，但基础研究仍有待加强。

（2）从商标来看，商标申请量堪称稳居世界首位，但是世界驰名商标数量少，品牌附加值低。就在 2019 年 5 月 22 日，美国《福布斯》杂志发布出"全球最具价值品牌 100 强"排行榜，榜单中苹果公司继续蝉联首位（第九年夺冠），而亚洲企业进入前十的仅有三星和丰田，其中中国企业只有华为进入前百（第 97 位）。

在商标方面，我国知识产权局开展了一系列提质增效的措施：一是持续落实《商标注册便利化改革三年攻坚计划》，简化商标注册手续，优化商标注册流程。二是开展"商标审查质量提升年"活动，不断完善商标审查机制，动态调整商标审查标准。三是出台《规范商标申请注册行为若干规定》，遏制商标恶意注册行为。经过不断努力，商标审查标准更加完善、审查质量大幅提升，商标业务办理方式更加便捷高效。

我国在缺少高质量创新技术的同时，也缺少能够展示我国产品魅力的品牌。笔者认为，两者之间存在相互作用的关系：我们看见 iPhone 5 就会联想到苹果的专利技术，我们购买 Windows 操作系统就会联系到微软品牌。好的技术能够打造好的品牌，好的品牌可以推动技术成果更好地转化为经济效益。遗憾的是，目前我国的无形资产并不具有很大的优势，它自身并不能称得上优良。

2. 知识产权价值认识存在误区

在我国，政府主导知识产权发展，并发挥了较强的作用，使得知识产权逐渐失去"私权"属性，转而走入"公权"误区，进而造成知识产权制度更多地流于形式，缺少强有力的执行。具体体现在以下两个方面。

（1）知识产权以数量作为衡量基准，是社会各种奖项、项目验收的评比条件。知识产权的数量，特别是专利的数量成为我国知识产权发展的最重要体现，在国家整体规划上，如在"十二五"规划纲要中明确提出，要实现每万人口发明专利拥有量达到 3.3 件；在企业层面上，特别是在国有大中型企业中，数量是领导绩效考核的标准；在各类评奖中知识产权数量是重要标准；而在科研项目验收，尤其像"863""973"这类国家投入的重点科研项目中，数量是验收指标之一。笔者认为，我国看待知识产权的视角是偏斜的，社会疲于应对数量，创新的目的——服务市场，保护市场的作用——已经遭到遗弃。数量背后，知识产权申请的高额费用浪费了过多社会资源，反而在经济发展过程中成了"绊脚石"。

（2）知识产权在经济发展中地位缺失。在我国，知识产权往往被人们摆放在了错误的位置，发展知识产权的原因通常被认定是国家政治需求，而并非自身发展的需要。

即便国家每年大量的科研投入80%都投给了主要创新体系的各大研究单位和高校，但是这些机构对于国家科研投入的衡量标准是达到承接科研项目的验收标准，主要成果体现形式是报奖，作为这些单位的科研人员的评价指标是评职称。因此，我国80%的发明专利申请目的是为了报奖、评职称或完成科研项目的验收要求就显得顺理成章，因而严重缺乏快速发展进入技术市场、提高交易量和扩大市场占有率的动力，更谈不上把知识产权特别是专利，作为一种长期资产进行积累、管理、运营和保护了。笔者同时发现，知识产权的财产属性往往被人们所忽视，企业在财务制度上，对无形资产的认识不够，仅将设备、厂房、场地等视为资产，而对企业的核心技术、商标、著作权等不视为资产，或在资产列表中所处的地位不明显。对于知识产权的地位认识错误，反映了我国技术经济市场的不成熟，也暴露出知识产权制度缺少普遍认同的价值，这使得我们在这条道路上走得颇为艰难。

3. 知识产权的社会基础薄弱

知识产权的发展不仅取决于它在国家发展中所处的地位，也不完全依赖于技术本身，还需要社会能够为其提供一个适合其发展的土壤。我国曾经一度处于公有制计划经济条件下，对于财产的私有属性承认较晚，而知识产权作为无形的私有财产显然更为新鲜——这就意味着我们需要时间让社会去接受并且承认它的价值，最终对其形成一个保护的共识。不过很显然，现在国内并没有形成这样的共识，我们所欠缺的主要集中在以下几个方面。

（1）知识产权意识缺乏。据统计，近年来我国每年取得的国家级重大科技成果达3万多项，而每年受理的具有较高技术水平的发明专利申请只有1万多件，还有2万项左右的成果因没有专利保护，通过发表论文、成果鉴定、学术研讨、公开使用等方式向国内外公开出去而被无偿"奉献"给了世界。尽管"知识产权"是时下最热的词语，但是大多数人并不了解知识产权。我国每年有大量有效专利被专利权人放弃，而大部分放弃理由则是因为不想缴纳专利的维持费用；此外，中小企业并没有充分习惯于利用知识产权及其所带来的竞争优势，我国长期依靠人口劳动力吃饭。从总体来看，知识产权在我国可以做出如下注解：对公民来说，没有知识产权普及教育，知识产权只是"名词"，流于宣传形式；对企业来说，知识产权只是政府号召，具体的实施没有指导帮扶，作用不显著；对政府来说，知识产权是上级政府的命令，只需按照规章办事，具体内容一概不知。

（2）知识产权保护意识淡薄。由于没有知识产权的认识，不能确定知识产权保护的主体、客体等关键问题，知识产权保护仅仅是空谈。在我国，知识产权保护意识的缺失来自三个方面：①长期以来，知识产权保护的重点难题就是侵犯知识产权的行为屡禁不止，多数人不能判断保护的对象，不知道保护的方法，从意识上不了解自己是否妨碍了知识产权的保护。甚至一部分人已经把侵犯知识产权当作了一种习惯，并且全然不知其危害性。②企业缺少知识产权保护意识，一方面对知识产权不加以保护，另一方面不了解侵权的危害性，甚至部分企业以侵犯知识产权为长期收益来源。③司法和行政管理不严，部分地区存在地方保护主义，对侵犯知识产权的行为视而不见。司法上，对于知识产权的保护力度不够，法律执行力不高，对于侵犯知识产权的事实往往认定不准确，经常出现漏网之鱼。而事后救济的力度也显得较为单薄，很难达到惩戒的效用。因此，长久以来，知识产权保护往往被人们所忽视，侵权是常态，不侵权则是"变态"；人们购买盗版并习以为常，这不单纯是法律和制度的疏漏，也表明我国的意识形态存在着偏执和错误。

（3）知识产权工作者数量和质量的严重不足。现阶段，知识产权法律专门人才和文理兼备的知识产权复合型人才匮乏，这使得在法院缺少能够应对知识产权案件的法官，知识产权法律制度难以运行；在企业中缺少知识产权管理人才，企业知识产权运作困难；在研究和教学方面，缺少研究人员，教育和实务相对脱节。我国以世界 1/4 的人口，却依旧缺少服务于知识产权的工作者，这是由于知识产权人才的培养难度大，知识产权法学尖端教育缺少，大部分法学专业的知识产权硕士和博士的课程和民法相类似，难以培养出高质量的知识产权人才；教育和实务操作"两层皮"、理论研究和实际工作"两层皮"知识产权复合型人才缺少。我国高等教育一直实行文理分科，本科为自然科学的学生很难有兴趣再去研修知识产权法律，而本科即为知识产权法律的学生更难以再去研读自然科学学科。从事知识产权工作的人员中，大多数都是毕业后直接从事该行业，很少人有从事科研的经历，虽有实践经验但理论基础薄弱，对一线的科研工作管理、运行方法不了解，对我国主要创新体系的运行规律不了解，对我国科研本身的发展规律不了解，这直接导致在制定、实施知识产权战略时，停于表面、流于形式、落地困难的情况在各大研究单位和企业比较明显。

（4）职业认同度低。比起国外发达国家的知识产权全民普及教育，我国的知识产权教育存在着巨大差距，大多数人没有接受过任何知识产权普及课程，很多人不了解知识产权相关行业，更无从知道。知识产权工作者是创新的必不可缺的一部分，他们推动技术成果为社会发展作出重要贡献；就如知识产权早期发展过程中的西方国家一样，相较于科学家、学者和研究人员，知识产权工作人员的社会认同度低，容易被人所忽视。如L. W. Serrell 是著名的专利经营者，爱迪生的一些重要专利，如电报、电话、唱片、电灯等，都是他来经营的——可是很少有人知道他的名字。但是如果没有 L. W. Serrell，爱迪生可能永远都会是一个发明爱好者，也可能不会像现在一样被人们认识和认可。事实上这样的信息截留式宣传，在当今的中国是一个非常普遍的现象，所以，在我国，知识产权工作者们至今不曾被关注，这也使得青年人不愿意选择知识产权作为自己今后的发展和追求的方向，认为这是"没有前途"的工作。

4. 知识产权法律制度和行政体制不完善

平心而论，和发达国家比，我国的知识产权法律制度并不完善——保护力度较低：只是 TRIPS 的最低保护标准；法的执行力不高，存在着大量的有法不依。而我国"有力"的行政管理体制在知识产权制度上也未能做到"重拳出击"，地方保护主义盛行、多部门合作架空了管理责任、行政对于知识产权制度的错误认识也阻碍了知识产权的良好发展。

（1）知识产权法的保护水平低。知识产权法的保护力一直是国内外争议的焦点。很多发达国家指责我国的知识产权法保护水平过低，要求我国提高保护，一些学者也"附和"强调要提高保护标准来迎合发达国家要求。在笔者看来，我国知识产权法律制度的确存在保护水平上的问题，但是这些问题的解决并非仅仅依赖于保护水平的提升。法律规范中所明确提出的保护水平，是知识产权保护的形式上的保护水平，实质的保护水平，则取决于知识产权法律制度的地位和执行。从目前来看，我国现行知识产权相关法律法规的执行尚存在问题，部分规定仍处在纸上谈兵的阶段，使得实际保护水平和法律规定仍然存在一定的差距。地区经济发展不均衡导致不同地区的实际保护水平和法律规定之间的差距不同，这种差距在经济较为滞后的地区尤为明显。尽管提高形式上的保护水平可以适当堵住一些发达国家的口舌，但是重点应放在提高实质的保护水平上，且努力缩小经济发达地区和经济较为滞后区的知识产权保护水平的差距。

（2）知识产权法律制度存在缺口。传统意义上的知识产权法主要由专利、版权和商标三部分组成，缺少了商业秘密（特别涉及技术秘密）的保护。我国知识产权法有关商业秘密的内容实际规定在经济法中，对于商业秘密的定义局限于"概括式"，较为抽象，也不尽完备。一部分人认为商业秘密不属于知识产权，因为它是非公开的，也可以是非独占的，一旦被合法取得，就没有了实质意义上的"垄断"。但笔者认为，商业秘密应该属于知识产权范畴，都是技术创新的保护形式。很多企业实际也青睐于使用商业秘密来保护技术成果，如可口可乐公司。商业秘密的保护期不固定，一项技术秘密可能由于权利人保密措施得力和技术本身的应用价值而延续很长时间，远远超过专利技术受保护的期限。而这些商业秘密一旦被侵犯，势必给企业带来损失，有的甚至直接影响到企业的生存。

（3）行政管理体制过于分散。我国现行的知识产权行政管理体制主要由中央和地方知识产权行政管理部门组成，在中央有数个部门分别负责管理知识产权的不同客体；在地方，则由这些部门的下属部门负责管理知识产权的不同客体，实行"分散管理"的模式。在这种模式下，一方面内部很难明确权力划分，会造成权力的缺失或冲突；另一方面，外部面对如此众多的管理部门，很难选择一个恰当的部门处理事务，进行沟通。此外，我国有关知识产权的行政文件多数由两个以上的部门"联合出台"，看似是强有力的"集体出击"，实际不仅难以确定具体谁来进行统筹领导、谁来执行主要的任务；更重要的是，一旦出现问题，往往只会造成行政机关相互推诿，责任的承担难以保障。

（4）执法情况混乱。我国的知识产权执法是由行政部门和司法机关双方进行的，这种模式"美其名曰"能够更加灵活、更加快速地进行知识产权保护，但人力资源的浪费、执法工作分配上的混乱却是不可避免的。此外，"政绩"和"制度"之间的矛盾是不可避免的，而"政绩"是行政部门考核的关键，虽然近年来，地方保护主义的风头渐小，但是在经济欠发达地区，为了地方财政收入而纵容模仿、盗用那些经济发达地区的知名品牌，制造销售假冒伪劣商品的现象却频频出现，知识产权侵权案件更是层出不穷。

以上的种种因素说明，我国企业对知识产权的市场操作能力薄弱，而对知识产权工作者缺少认可，使得优秀人才被"外推"，成为外国人在中国维护他们知识产权利益的"传声筒"。但是，由于外国企业在知识产权战略方面的戒备和限制，为外国企业服务的中国知识产权优秀人才很难获取到外国大企业的知识产权战略层面的实操信息，很难将理论经验与企业知识产权的运营、管理和保护的实践相结合。因此，这些知识产权优秀人才的"传声筒"地位导致他们最终不可能在其服务的外国企业中获取对中国知识产权制度有推进作用的经验，导致国家对知识产权人才培养和国家知识产权发展需要不能完全匹配。

我们肯定中国在知识产权发展过程中所取得的成就，但也为这种"大跃进式"的发展模式背后的种种伤痛感到担忧；即便知识产权制度问题重重，发达国家步步紧逼让人手足无措——但是知识产权制度并非枷锁，更不是用以给其他国家作秀。

1.1.3 我国知识产权发展的思考

中国的知识产权制度起步较晚，发达国家成果璀璨，让处于发展困境中的我们如坐针毡，即便提升，目前也还是处于追赶阶段。想要构建和发展具有实际价值的知识产权制度，就必须直面我们和发达国家之间存在的差距；必须丢弃"空谈"，选择"实干"。笔者认为，以下几个方面是我们未来努力的方向。

1. 加强自主创新意识，提高自主创新能力

在发达国家，技术创新在推动经济发展和社会进步方面的作用是第一位的。对于自主创新能力欠缺的我国而言，除了提高科研的投入，培养更多的技术人才外，需要首先防止外国权利人在中国架设"重复专利、翻新专利"，阻碍我国的专利革新。

其次，国家可以通过购买基础核心专利，并在此技术上研发附属专利，形成附属专利包围基础专利，并最终实现自我革新。

此外，企业是技术创新的主体，国家需要提供一定的资金支持，使新兴的民营科技型企业保持创新的动力。

同时，应当鼓励企业和高校开展研发合作，利用高校较强的科研能力的优势，实现企业技术创新。政府在其中应该发挥桥梁作用，一方面为高校带去企业的研发需求，另一方面，要将高校的研究成果带回给企业，使高校的科研能力和企业的资金相结合，带来"双赢"局面。

2. 建立起中国知识产权文化

知识产权离我们有多远？在中国，知识产权对于普通百姓而言称得上是"遥不可及"，它是国家的政策方针，是科学家才搞的"事业"。更多的人，购买着廉价侵权产品，唱着"创新发展政策好"——尊重知识产权、树立保护知识产权的责任、提高普通民众的知识产权意识是当务之急。

但是，全民意识的培养需要时间，特别是在人口庞大的国家，普及知识产权知识显得尤为困难，这需要我们有足够的耐心和决心，我们可以从以下几个方面开展知识产权的普及工作。

（1）在学校开展知识产权普及教育。从小学、中学到大学，建立一套完整知识产权教育体系。在9年义务教育期间，开设知识产权保护的必修课；在高等教育阶段，提供更高层面的知识产权教育。

（2）在乡镇、社区进行宣传普及。对于没有接受知识产权教育已经进入社会的人，可以依靠政府部门、民间组织、教育机构等进行知识产权宣传。例如，通过发放"卡通宣传册"等有趣味性的科普读物，来使群众自觉自愿学习。

（3）网络新媒介的作用。在网络媒介盛行的今天，许多政府、机构、名人都设有自己的交流平台。我们可以借鉴美国的有关经验：专利商标局、美国版权局、美国版权研究会等政府与民间知识产权机构都利用各种网络手段，致力于提高全民的知识产权意识。利用好网络资源，向网民普及知识产权知识，提高公民对知识产权的关注。

3. 培养知识产权合格人才

我国的人才培养主要依靠的是公立高校，除了设立知识产权学士和知识产权硕士外，在课程安排上，应该和民法教育有实质的不同。这些专业的开设，旨在培养知识产权法律高端人才和知识产权复合型人才，为企业知识产权战略实施提供人才保证。

此外，今后国家在教育上，应该淡化文理科之间的界限，在自然科学学科中，可以设立知识产权发展方向，在大中专等技术院校中，也可以考虑开设知识产权综合方向。

知识产权是技术和法律的融合，单纯关注其中某一个方面，很难应对来自双方面的考验和碰撞。此外，国家应当鼓励，并支持知识产权方向的出国留学，知识产权具有国际性，真正的大敌是来自国际的挑战。

4. 改革知识产权行政部门

世界范围内，只有极少数国家采用了和我们相似的分散管理模式，大多数国家都设立有统一的知识产权行政管理机构，同时知识产权执法大都是由司法机关一方完成的。

知识产权在十八大报告中作为关键词被提出，这是对知识产权地位的一种肯定。所以笔者认为，可以考虑建立统一化的知识产权管理部门，将分散于各个行政部门的知识产权监管权力整合到一个整体——这不仅有利于工作的统一进行，也能够明确责任承担的主体；在对外进行沟通谈判时，也能够相对减少人力消耗，更加有针对性地面对外部挑战。

5. 完善知识产权法律制度

笔者认为，现在的首要工作并不是修改法律，而是将知识产权法律制度摆放到我国发展的正确位置上来，使其能够发挥强有力的监督、制约作用，在任何时候，都能够给知识产权制度提供其形式上所承诺的保障。知识产权法律制度的根本目的是平衡技术市场中各个单位的利益，保持无形资产竞争中的相对公平性，因此不结合本国实际设立或照搬的知识产权制度，就会造成虽然有法律制度而无法执行的局面。对于市场机制发育还不成熟的发展中国家和地区而言，制度的僵化往往制约着技术创新的发展。

我国需要首先解决的是法律体系的整体建立完成，具体来说除了补充商业秘密的内容外，还需要将现有的法律进行整合，将分散于各种法律内的知识产权规定进行统一，并且确定知识产权作为单独的法律部门存在。

其次，在执法上，可以由司法机关承担主要责任，在保障权利人有完善的救济途径的同时，必须肯定知识产权的"私权"特性，并且保障"私权"不受"公权"的制衡。

中国似乎被知识产权"折腾"得精疲力尽，但是每一个国家都为此呕心沥血——19世纪以后，发达国家实际也陷入了知识产权制度发展的瓶颈期，它们为了实现这个领域的变革和一体化付出了大量的精力，却也困惑于新生困难。面对朝夕变革的技术，选择知识产权制度，意味着要学会孜孜不倦。

从大国崛起为强国，创新紧系国家命脉，知识产权与创新同在。世界留给中国的是一份挑战——尽管未来不会一帆风顺，但为了中国的理想，此刻必须前进。

1.2 知识产权分类

知识产权包括版权（著作权）及相关权利（邻接权）、商标权、专利权、地理标志权、商业秘密（含技术秘密）权、植物新品种保护权、域名权、集成电路布图设计权、商号权、商品化权等。知识产权的类型是不固定的，而是随着科技的发展，社会的进步不断进行增加或调整。

1. 版权（著作权）及相关权利（邻接权）

版权（著作权）理论上被称为文学艺术产权，保护的是文学、艺术和科学领域内具有独创性并能以有形形式复制的智力成果。邻接权是与著作权有关的权利，保护的是出版者、表演者、录音录像制作者、广播电台和电视台在作品传播活动中所付出的创造性劳动。著作权是基于文学、艺术、自然科学、社会科学、工程技术等作品依法产生的权利。

《安娜女王法》：1709年，英国议会通过了以保护作者权利为目的的《安娜女王法》，该法承认作者本人是著作权产生的源泉，承认了作者的财产权。《安娜女王法》在世界上首次承认作者是著作权保护的主体，确立了近代意义的著作权思想，后来就把《安娜女王法》作为历史上第一部著作权法。

我国著作权法所称的作品，包括下列形式创作的文学、艺术和自然科学、社会科学、工程技术等作品：文字作品；口述作品；音乐、戏剧、曲艺、舞蹈、杂技艺术作品；美术、建筑作品；摄影作品；电影作品和以类似摄制电影的方法创作的作品；工程设计图、产品设计图、地图、示意图等图形作品和模型作品；计算机软件以及法律、行政法规规定的其他作品。

不适用于著作权法保护的对象包括：法律、法规、国家机关的决议、决定、命令和其他具有立法、行政、司法性质的文件及其官方正式译文；时事新闻；历法、通用的数表、通用的表格、公式。

2. 商标权

商标，是指自然人、法人或其他组织在商品或服务上使用，由文字、图形、字母、数字、三维标志、颜色等要素或其组合构成，用以区别商品或服务来源的标志。经国家核准注册的商标为注册商标。商标是不同经营者使用的、符合一定条件的，区分彼此商品或者服务的标志。商标权是商标所有人对其商标所享有的权利。

《商标法》规定，申请注册的商标，应当有显著特征，便于识别，并不得与他人在先前取得的合法权利相冲突。商标注册人有权标明"注册商标"或者注册标记。

下列标志不得作为商标使用：①同中华人民共和国的国家名称、国旗、国徽、军旗、勋章相同或者近似的，以及同中央国家机关所在地特定地点的名称或者标志性建筑物的名称、图形相同的；②同外国的国家名称、国旗、国徽、军旗相同或者近似的，但该国政府同意的除外；③同政府间国际组织的名称、旗帜、徽记相同或者近似的，但经该组织同意或者不易误导公众的除外；④与表明实施控制、予以保证的官方标志、检验印记相同或者近似的，但经授权的除外；⑤同"红十字""红新月"的名称、标志相同或者近似的；⑥带有民族歧视性的；⑦夸大宣传并带有欺骗性的；⑧有害于社会主义道德风尚或者有其他不良影响的。县级以上行政区划的地名或者公众知晓的外国地名，不得作为商标。但是，地名具有其他含义或者作为集体商标、证明商标组成部分的除外；已经注册的使用地名的商标继续有效。

下列标志不得作为商标注册：①仅有本商品的通用名称、图形、型号的；②仅仅直接表示商品的质量、主要原料、功能、用途、重量、数量及其他特点的；③缺乏显著特征的。前款所列标志经过使用取得显著特征，并便于识别的，可以作为商标注册。

驰名商标：一般来说，驰名商标是指在市场上具有较高声誉并为社会公众所熟知的商标。相对于一般商标，驰名商标的保护不以商标注册为条件，且驰名商标的保护范围从同类保护扩大到跨类保护。

3. 专利权

专利权（Patent Right），简称"专利"，是发明创造人或其权利受让人对特定的发明创造在一定期限内依法享有的独占实施权。我国于1984年公布专利法，1985年公布该法的实施细则，对有关事项作了具体规定。

专利权的客体，也称专利法保护的对象，是依法应授予专利权的发明创造。根据我国《专利法》第2条的规定，发明创造是指发明、实用新型和外观设计。

4. 地理标志权

我们所讲的地理标志是《商标法》中的术语，指的是某商品来源于某地区，该商品的特定质量、信誉或其他特征，主要由该地区的自然因素或人文因素所决定的标志。

地理标志权是指特定地域范围内某些同类商品的经营者，对其产地名称所享有的专有性权利。它具有以下特征：①蕴含巨大商业价值；②标明商品或服务的真实来源地；③不是单纯的地理概念，而是表明商品特有的品质，并和特定地区的自然因素或人文因素有极密切的联系；④不归属于某一特定企业或个人单独享有，而是属于某特定产地所有生产同类产品的或者提供类似服务的企业或个人。

5. 商业秘密（含技术秘密）权

商业秘密是指不为公众所知悉、能给权利人带来经济利益、具有实用性并经权利人采取保密措施的技术信息和经营信息。关于商业秘密，在《关于禁止侵犯商业秘密行为的若干规定》（1998年修正）中有更详细的解释：不为公众所知悉，是指该信息是不能从公开渠道直接获取的；能为权利人带来经济利益、具有实用性，是指该信息具有确定的可应用性，能为权利人带来现实的或者潜在的经济利益或者竞争优势；权利人采取保密措施，包括订立保密协议，建立保密制度及采取其他合理的保密措施；技术信息和经营信息，包括设计、程序、产品配方、制作工艺、制作方法、管理诀窍、客户名单、货源情报、产销策略、招投标中的标底及标书内容等信息；权利人，是指依法对商业秘密享有所有权或者使用权的公民、法人或者其他组织。

商业秘密主要有秘密性、价值性和保密性等特征。

6. 植物新品种保护权

《专利法》（2008）第25条规定，植物品种不属于专利法保护对象，但对其生产方法则可以授予专利权。为了保护植物新品种权，国务院制定了《植物新品种保护条例》，并于1999年4月加入了《国际植物新品种保护公约》。

根据《植物新品种保护条例》（2013）的规定，植物新品种是指经过人工培育的或者对发现的野生植物加以开发，具备新颖性、特异性、一致性和稳定性并有适当命名的植物品种。植物新品种分为农业植物新品种和林业植物新品种。

培育植物新品种对国民经济的健康发展和社会稳定具有极为重要的意义，但培育植物新品种是一个相当复杂的过程，需要投入时间、资金和精力，而培育出来的植物新品种，却易于被人繁殖。因此，如果国家没有相应的法律制度保证培育者因其先前的投资获得合理回报，就无法鼓励人民培育更多优良品种，也就无法满足社会发展和人民生活的需要。

植物新品种保护也叫"植物育种者权利"，同专利、商标、著作权一样，是知识产权保护的一种形式。完成育种的单位或者个人对其授权品种享有排他的独占权。任何单位或者个人未经品种权所有人许可，不得以商业为目的地生产或者销售该授权品种的繁殖材料，不得以商业为目的地将该授权品种的繁殖材料重复使用于生产另一品种的繁殖材料。

7. 域名权

域名也称为网址，是连接到互联网上计算机的数字化地址，代表着入网申请者的身份，是互联网中用于解决地址对应问题的一种方法。现代活动已十分依赖于互联网，争夺网上的空间市场已经成为具有现代意识实业家的商战战略。域名作为一种在因特网上的地址名称，在因特网蓬勃发展的今天，已成为代表一个单位形象的标志。

域名权是指域名持有人对其注册的域名依法享有的专有权，包括使用权、禁止权、转让权、许可使用权等几项具体权利。权利人对之享有使用、收益并排除他人干涉的权利。

域名是无形资产。域名作为企业在网络中的唯一具有识别性的标志，具有显著的区别功能，从某种程度上说它代表了一个企业的形象、信誉、商品及服务质量等，与域名持有者的商业声誉和其他名誉、荣誉等紧密相连，其商业价值不仅仅在于域名本身，更重要的是域名包含了持有者丰富的文化底蕴，具有巨大的无形价值。

域名具有专有性。域名作为域名持有者在网上的标志符号，其在全球范围都是唯一的，不可能存在两个完全相同的域名。也正是域名注册系统的这一技术特点决定了域名具有无可争议的专有性，只有权利人（域名持有者）可以在网络中使用该域名，除此之外，任何人均不得使用，也无法使用。

域名具有时间性。域名需要定期年检，否则便会被撤销。《中国互联网络域名注册实施细则》第 19 条规定：域名注册后每年都要进行年检（这类似于商标的续展），自年检日起 30 日内完成年检及交费的，视为有效域名，30 日内未完成年检及交费的，暂停域名地运行，60 日内未完成年检及交费的，撤销该域名。可见域名也不具有无时间限制的权利。

域名具有地域性。域名的地域性表现为在网络中的"地域性"，而不像其他传统的知识产权类型的现实世界中的地域性。

中国互联网络信息中心（CNNIC）是中国负责管理和运行中国顶级 CN 域名的机构，2002 年 CNNIC 出台了《中国互联网信息中心域名争议解决办法》和《中国互联网络信息中心域名争议解决办法程序规则》，为互联网络域名的注册或者使用而引发的争议的裁决提供了法律依据。

8. 集成电路布图设计权

根据《集成电路布图设计保护条例》（2001）第 2 条规定，集成电路布图设计是指集成电路中至少有一个有源元件的两个以上元件和部分或者全部互连线路的三维配置，或者为制造集成电路而准备的上述三维配置。布图设计需要投入相当的资金和人力，而其仿造却比较容易，且成本低、耗时短；因此，为了保护开发者的积极性，保护微电子技术行业的发展，有必要对其进行法律保护。

集成电路布图设计权是权利持有人对其布图设计进行复制和商业利用的专有权利。布图设计权的主体是指依法能够取得布图设计专有权的人，通常称为专有权人或权利持有人。布图设计专有权的取得方式通常有以下三种：登记制；有限的使用取得与登记制相结合的方式；自然取得制。关于布图设计权的保护期，各国法律一般都规定为 10 年。根据《关于集成电路的知识产权条约》的要求，布图设计权的保护期至少为 8 年。《知识产权协议》所规定的保护期则为 10 年。我国《集成电路布图设计保护条例》第十二条规定，布图设计专有权的保护期为 10 年，自布图设计登记申请之日或者在世界任何地方首次投入商业利用之日起计算，以较前日期为准。但是，无论是否登记或者投入商业利用，布图设计自创作完成之日起 15 年后，不再受该条例保护。

9. 商号权

商号，也称企业名称、厂商名称，是指法人或者其他组织进行民商事活动时用于标识自己并区别于他人的标记。商号是生产经营者的营业标志，体现其商业信誉和服务质量，是企业重要的无形资产。

商号与商标作为企业的无形资产，都是企业从事经营活动中使用的标识，都有一定的识别功能和经济价值。但两者也存在以下区别：附着载体不同，商号附着在生产经营者上，商标附着在商品上；一个生产经营者只有一个商号，却可以使用多个商标；商号的构成要素主要为文字，而商标则可以有文字、图形、字母、三维标志和颜色等或者其组合构成。

商号权，又称商事名称权，是指企业对自己使用行货注册的商号依法享有的专有权，包括商号使用权以及商号专用权。在中国，商号权的取得采取登记生效主义。根据《企业名称登记管理规定》（2012）第三条规定，企业名称在企业申请登记时，由企业名称的登记主管机关核定。企业名称经核准登记注册后方可使用，在规定的范围内享有专用权。

10. 商品化权

随着经济全球化的发展和形象商品化使用的日益广泛，商品化权问题提到了国际立法界定的层面。1993 年 11 月，WIPO 国际局公布的角色商品化权研究报告，将角色商品化权定义为：为了满足特定顾客的需求，使顾客基于与角色的亲和力而购进这类商品或要求这类服务，通过虚构角色的创造者自然人以及一个或多个合法的第三人在不同的商品或服务上加工或次要利用该角色的实质人格特征。

在以上知识产权分类中，专利权是知识产权的重要组成部分，专利权的客体是发明创造。《专利法》第 2 条规定：本法所称的发明创造是指发明、实用新型和外观设计。发明，是指对产品、方法或者其改进所提出的新的技术方案。实用新型，是指对产品的形状、构造或者其结合所提出的适于实用的新的技术方案。外观设计，是指对产品的形状、图案或者其结合以及色彩与形状、图案的结合所作出的富有美感并适于工业应用的新设计。

根据《专利法》第 42 条规定：发明专利权的期限为 20 年，实用新型和外观设计专利权的期限为 10 年，均自申请日起计算。

在发明专利、实用新型专利和外观设计专利三种类型中,发明专利所占比重最大,保护力最强,保护期限也最长。因此,发明专利的地位最重要,这一点从其授权条件也可以看出,其授权条件比实用新型专利和外观设计专利的授权条件更加严格和苛刻。

从能够申请专利保护的发明创造所涉及的领域来看,主要有化学领域的发明创造、机械领域的发明创造和电学领域的发明创造。其中,化学领域的发明创造中绝大部分都是涉及化合物、组合物、合成方法的发明创造。化合物或组合物不论其微观结构简单或复杂,都没有固定的宏观形态。而根据《专利法》第2条中关于实用新型的定义"实用新型,是指对产品的形状、构造或者其结合所提出的适于实用的新的技术方案",可知化学领域的发明创造大部分不符合实用新型的定义。这些发明创造显然也不符合外观设计的定义。因此不能通过申请实用新型专利或外观设计专利的形式进行保护。但是,这些发明创造符合"发明"的定义,能够通过申请发明专利的形式进行保护。而涉及化学合成过程中使用的设备的发明创造则既可以申请发明专利,也可以申请实用新型专利进行保护。

在本书中我们将重点讲述一下化学领域的发明专利。

1.3 化学领域发明专利简介

这里所述的化学领域,是指广义的化学领域,不仅包括无机化学、有机化学、分析化学和高分子化学,还包括物理化学、农业化学、药物化学、生物化学、电化学、应用化学和化学工业等。根据《专利法》第2条的规定,化学领域的发明专利分为产品发明和方法发明两大类。

1.3.1 产品发明

化学领域的产品发明是指可以在化学工业及其相关产业上制备或使用的,其结构或形状得以改进的新的有形物体或者其组成或性质得以改进的新物质或新材料的发明。化学领域的产品发明又可以分为以下几种:

(1) 化学物质发明;
(2) 组合物发明;
(3) 药品发明;
(4) 饮食品发明;
(5) 农药发明;
(6) 生物及生物制品发明;

(7) 化工设备发明。

1.3.2 方法发明

化学领域的方法发明包括化学产品的制备或制造方法发明和一般性处理方法发明。

化学产品的制备或制造方法发明是指对原料或原材料进行了一系列加工，从而使其内部结构或组成、性质或用途甚至外部形状发生改变，得到一种与原料不同的新产品或已知产品的发明。

一般性处理方法发明是指对原材料施加某种作用，但原材料本身不发生改变的方法。

另外，化学领域还存在很多用途发明。用途发明是指发现了某种产品或方法的新的性质或功能，从而将其用于新的、非显而易见的技术领域的发明。

1.3.3 不授予专利权的化学发明专利申请

1. 天然物质

人们从自然界找到以天然形态存在的物质，仅仅是一种发现，属于《专利法》第25条第1款第（一）项规定的"科学发现"，不能被授予专利权。但是，如果是首次从自然界分离或提取出来的物质，其结构、形态或者其他物理化学参数是现有技术中不曾认识的，并能被确切地表征，且在产业上有利用价值，则该物质本身以及取得该物质的方法均可依法被授予专利权。

2. 物质的医药用途

物质的医药用途如果是用于诊断或治疗疾病，则因属于《专利法》第25条第1款第（三）项规定的情形，不能被授予专利权。但是如果它们用于制造药品，则可依法被授予专利权。

3. 处于各形成和发育阶段的人体

处于各个形成和发育阶段的人体，包括人的生殖细胞、受精卵、胚胎及个体，均属于《专利法》第5条第1款规定的不能被授予专利权的发明。人类胚胎干细胞不属于处于各个形成和发育阶段的人体。

4. 违法获取或利用遗传资源完成的发明创造

违反法律、行政法规的规定获取或者利用遗传资源，并依赖该遗传资源完成的发明创造，属于《专利法》第5条第2款规定的不能被授予专利权的发明创造。

1.3.4 化学领域发明专利的特殊性

化学领域发明专利与其他领域相比，存在很多特殊的地方。例如，在多数情况下，化学发明能否实施往往难以预测，必须借助于试验结果加以证实才能得到确认；有的化学产品的结构尚不清楚，不得不借助于性能参数和/或制备方法来定义；发现已知化学产品新的性能或用途并不意味着其结构或组成的改变，因此不能视为新的产品；某些涉及生物材料的发明仅仅按照说明书的文字描述很难实现，必须借助于保藏生物材料作为补充手段。

第 2 章

化学部专利撰写

以下提供的案例中,为了真实体现化学专利申请中专利代理人与发明人沟通和修改文件的过程,其中的"技术交底书"为发明人提供的原始文件,对于原文件中存在的错愕之处未做改动;"中间文件"为代理人和发明人沟通的过程性文件。

2.1 案例1 瑞巴派特共晶的制备方法

2.1.1 技术交底书

> **新晶型瑞巴派特复合物及共晶的制备与表征**
>
> **涉及领域**
>
> 此项专利属于发明专利,其中涉及到的药物开发技术,及药物研究成果均包含在此项专利中。本发明涉及瑞巴派特的性质改进,尤其是其药效的改进,属于有机药物的物理化学性质的改进领域。
>
> 本专利包括了一种新晶型瑞巴派特复合物,两种新型瑞巴派特共晶,即:1:1瑞巴派特/钠离子乙醇复合物,1:1瑞巴派特/季戊四醇共晶,1:1瑞巴派特/瑞巴派特共晶。此三种具有较好药理活性的新型瑞巴派特复合物,共晶的制备方法,性质表征及药效测试方法均包括在本发明中。
>
> **背景技术**
>
> 瑞巴派特,别名:瑞巴匹特;瑞巴米特 2-(4-氯苯甲酰胺基)-3-

(1,2-二氢-2-氧代-4-喹啉基) 丙酸；(R)-2-(4-氯苯甲酰胺基)-3-(1,2-二氢-2-氧代-4-喹啉基) 丙酸，结构式如下，具有消炎，抗溃疡作用，适应症：胃溃疡、急性胃炎、慢性胃炎的急性加重期胃粘膜病变（糜烂、出血、充血、水肿）的改善。

$$\text{结构式}$$

瑞巴派特是无臭，味苦，白色晶型粉末，微溶于甲醇，乙醇溶剂，几乎不溶于水，其 CAS 号：90098-04-7，其制备方法见 JP-B-63-35623。

瑞巴派特能改善一些疾病的主观和客观症状，如胃溃疡，十二指肠溃疡，胃痛等其他类似疾病。在治疗方面，瑞巴派特在许多疾病治疗方面都有效果，例如，用于治疗溃疡性结肠炎（参见，Kazuya Makiyama,的"研究治疗溃疡性结肠炎的瑞巴派特灌肠疗法"），用于口腔炎（日本专利 No.2839847），能促进唾液分泌（W/O2005/011811），和抑制消化道癌（WO/1997/009045）。瑞巴派特还能促进增大眼睛杯状细胞密度，促进泪液分泌，增大泪液浓度，目前已经被用于治疗眼睛干涩（JP-A-9-301866）。

瑞巴派特商标已经被 Otsuka 医药有限公司旗下的 Mucosta 注册。目前用于治疗在急性胃炎和慢性胃炎急性加重期的胃粘膜不适症状，（糜烂，出血，发红和水肿）。典型剂量成人三次每日 100 mg 片剂。

因此需要开发新形态的瑞巴派，以达到其具有较高的溶出度，溶解度以及较高的生物利用度。此项发明中的新型瑞巴派特复合物及瑞巴派特共晶都能满足以上要求。

虽然治疗效果是有效药物成分（API）的主要关注点，候选药物的形态，如盐和固体形式（即，晶型或无定形态）对其药理性能如生物利用度，并对其是否能发展为一个可行的 API 影响重大。最近，API 晶体的形式已被用于改变一个特定的 API 的理化性质的手段。候选药物的每个结晶形式可以有不同的固体（物理和化学）性质。API 的新固体形式表现出的性质差异（如一个原始的治疗化合物共结晶或多晶型的药物与其原始化合物性质有所差异），进而影响其药效，如影响贮存稳定性，可压缩度和密度（配方和制造产品的重要影响因素），和溶解度和溶解速率（确定生物利用度的重要因素）。由于 API 的晶体形态能显著改变其物理性质，故而能显著的影响 API 候选药物的选择，API 的最终药剂形式，生产过程的优化，以及其在体内的吸收。此外，得到充足固态 API，能减少药物开发过程中的合成时间以及开发成本。

获得晶体形态的 API 在药物开发过程中是极其有用，但又是不可预测的。这不仅需要对候选药物的化学，物理性质做比较完善的表征，另外将 API 和共晶合成子合成出共晶也可能会达到 API 预期的药理性质。晶型 API 饿化学物理性质通常优于比无定形态。本发明中晶型形态和形成共晶的 API 的药理性质，药效均高于先前存在的 API 本身，且容易被吸收。例如，一旦共晶形成，其溶出度和溶解性就可能由于原始 API，进而能作为给药体。所以以 API 共晶作为给药体其疗效一般会优于原始药剂，另外能增加其药剂的稳定性。

API 的另外一个重要的固体性质是其在溶液中的溶解情况。药物的有效成分在病人胃液中的溶解速率对治疗结果有一定的影响（因为这对口服药物到达病人血液的速率有影响）。

任一种 API 的共晶都是 API 和参与共晶形成体的一种新的、不同的化学成分，通常具有不同的结晶学和光谱学性质。晶型的结晶学和光谱学性质通常是用 XPRD 或 x 射线单晶仪测量得到。共晶也经常会表现出不同的热力学性质，通常用毛细管测熔点法、TAG、DSC 等测量获得。

发明内容

这项发明主要是新的瑞巴派特复合物和共晶。尤其是 1:1 瑞巴派特/钠离子乙醇复合物、1:1 瑞巴派特/季戊四醇共晶，和 1:1 瑞巴派特/瑞巴派特共晶。这项发明涉及了瑞巴派特复合物或共晶的药学成分和可以使用的载体（赋形剂）。瑞巴派特复合物或共晶与瑞巴派特的治疗特性相同，可以用来治疗胃溃疡、十二指肠溃疡、胃炎、溃疡性结肠炎、口腔炎；也可用来促进唾液分泌、抑制消化道癌变、提高眼睛杯状细胞密度功能、提高眼睛粘液功能、提高泪腺功能以及治疗干眼症。

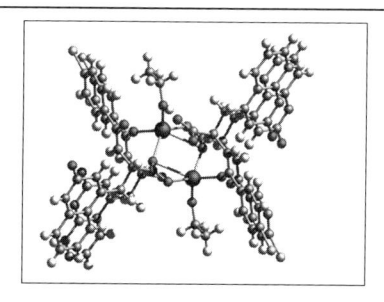

图 2　1∶1 瑞巴派特/钠离子乙醇复合物的 XPRD 表征

(以下为十几张测试图，省略。)

详细描述

这项发明提高了瑞巴派特的物理化学性质和药理性质。在此公开的是新的瑞巴派特复合物和共晶。尤其是 1∶1 瑞巴派特/钠离子乙醇复合物，1∶1 瑞巴派特/季戊四醇共晶，1∶1 瑞巴派特/瑞巴派特共晶，这项发明的治疗学用法和所包含的成分在下面会有说明。

瑞巴派特复合物和共晶的治疗用途

这项发明涉及瑞巴派特复合物和共晶的治疗用途。1∶1 瑞巴派特/钠离子乙醇复合物，1∶1 瑞巴派特/季戊四醇共晶，1∶1 瑞巴派特/瑞巴派特共晶能够用于预防和治疗由胃溃疡、十二指肠溃疡、胃炎、溃疡性结肠炎、口腔炎引起的失调。瑞巴派特复合物和共晶也可能像瑞巴派特那样用以促进唾液分泌、抑制消化道的癌细胞、增进眼睛中杯状细胞密度功能、增进眼中粘液的作用、增进眼泪的功能、治疗干眼症。这项发明涉及到治疗失调时服用本发明的有效剂量、步骤。

能有效的对哺乳动物的"胃溃疡症状或胃功能失调"进行治疗。包括，预防"胃溃疡症状或胃功能失调"：使得临床症状不再发展；阻止"胃溃疡症状或胃功能失调"：阻止或抑制临床症状的发展；解除"胃溃疡症状或胃功能失调"（包括伴随"胃溃疡症状或胃功能失调"的身体不适）：使临床症状退化。这些将会被人类药物工艺的技巧所理解。因为最终诱导结果可能是不可知的、潜藏的，而且只有在最终结果发生时才能确定病人，所以区分"预防"与"抑制"并不总是必要的。因此，这里所用的词条"预防"是指包含"预防"和"抑制"两方面的治疗因素。

包含瑞巴派特复合物和共晶的药物成分

这个发明与药物成分相关，包含了瑞巴派特复合物或共晶在治疗学上有效剂量和药学上可以接受的载体（也称为药学上可以接受的赋形剂）。这些药物成分在药效上可以实现有效的治疗或预防。

含有本发明成分的药物能以各种形式存在。例如，药片、胶囊、悬浮液、针剂、局部的、经皮肤的等。液体药物可能含有本发明的瑞巴派特复合物。药物成分中一般包含本发明的瑞巴派特复合物和共晶1%到99%（质量分数），99%到1%的合适的赋形剂。有一种体现方式是，成分中有5%到75%的瑞巴派特复合物和共晶，剩余的至少有一种合适的赋形剂或至少一种其他佐药。

"瑞巴派特复合物或共晶在治疗学上有效剂量"是指50到150毫克瑞巴派特本身。瑞巴派特是由Otsuka销售的，它规定瑞巴派特是用来治疗慢性胃病的严重或恶化胃黏膜区域（腐蚀、出血、发红、水肿）。成人的典型剂量是100 mg药片，每日三次。

治疗的实际用量要依据各种因素来定，比如病的严重性、所用的精确的药物成分、年龄、体重、大致健康状况、性别、饮食、摄药方式、摄药时间、给药途径、瑞巴派特分泌速度、治疗持续时间、佐药成分以及其他因素。这些影响因素在Goodman和Gilman的相关专利中均有详细介绍。

可接受的药物载体的选择依赖于药物成分的类型和计划的给药方式。对于本发明中的瑞巴派特共晶，所选载体应该能够强化它的晶型。也就是说，载体不应该改变瑞巴派特共晶。载体也不能与瑞巴派特共晶不相容，例如产生一些副作用或是与药物中的其他成分发生反应。

本发明中药物组分可能以在药物配制工艺中常用的方法来制得。（参看Remington的Pharmaceutical Sciences, 18th Ed）。在固态状态下，本发明中的瑞巴派特复合物或共晶可能会与至少一种能够接受的赋形剂混合。比如，柠檬酸钠、磷酸二钙或者（a）添加物：淀粉、乳糖、蔗糖、葡萄糖、甘露糖醇、硅酸；（b）粘合剂：纤维素衍生物、淀粉、海藻酸盐、明胶、聚乙烯吡咯烷酮、蔗糖和阿拉伯树胶等；（c）润湿剂：甘油；（d）分裂剂：琼脂、碳酸钙、土豆淀粉、木薯淀粉、海藻酸、croscarmellose钠、硅酸盐化合物、碳酸钠；（e）缓凝剂：石蜡；（f）吸收加速剂：铵盐；（g）保湿剂：十六醇、甘油单硬脂酸盐、硬脂酸钾；（h）吸附剂：高岭土、皂土；（i）润滑剂：滑石、硬脂酸钙、硬脂酸钾、固态聚乙烯乙二醇、十二烷基硫酸钠。或者赋形剂是以上的混合物。对于胶囊、药片、药丸形态，配药中可能含有缓冲成分。

本发明也可能用到一些药物学上可以接受的佐药。可能包含保护剂、保湿剂、悬浮剂、增甜剂、调味剂、香味剂、乳化剂、配方剂。为预防微生物的破坏作用，还需要加入抗菌剂、抗真菌剂，例如：苯甲酸酯类、氯丁醇、苯酚、山梨酸等等。一些平衡剂也是需要的，例如：蔗糖、氯化钠。如果需要的话，也可加入一些微量辅助物，例如，保湿剂、乳化剂、酸碱缓冲剂、抗氧化剂等，比如：柠檬酸、单十二酸脱水山梨糖醇酯、三乙醇胺油酸盐、丁基化羟基甲苯等。

以上所说的固体药剂形式可以通过外加包衣的形式制得。比如我们通常知道的肠溶片。它们可能含有镇定剂，也可能含有释放有效药物成分的物质，也可能延缓有效药物成分的释放。加入的成分没有具体的限制，可以是聚合物也可以是蜡状物。有效药物成分可能被装进微小胶囊中。在适当情况下，可以使用以上所说的不止一种赋形剂。

悬浮体系：除了有效药物成分，可能还包含分散剂，比如，乙氧基异硬脂醇、聚乙醇山梨糖醇、山梨糖醇酯、纤维素微晶、偏铝酸、皂土、琼脂、黄芪胶或者是这些物质的混合物。液态剂型可能是水溶液，可能包含传统制药工艺常用的人体可接受的溶剂，比如，缓冲液、调味剂、增甜剂、防腐剂和稳定剂等，但是所用的溶剂并不局限于所举的这些例子。

直肠给药，例如栓剂，可能会是瑞巴派特复合物或共晶与不刺激的赋形剂或载体混合，可可油、聚乙烯乙二醇、在常温是固体在体温下是液体的蜡状栓剂（在身体的合适部位熔化释放出有效药物成分）等都可作赋形剂或载体使用。

因为固态药剂有助于强化瑞巴派特共晶的晶型，所以对于本发明的药物成分优选固态形式。固体药剂形式如胶囊、药片、药丸、粉末、颗粒都有可能用到。有效成分可能会与至少一种无作用成分（即赋形剂）混合。本发明也可也制成液体配方或针剂。以纯净物的方式或合适的药物成分的方式摄入本发明物，通过不同的方法可以达到相似的效果。因此，摄入方式可能有：口服、口腔、鼻腔、非肠道（经静脉的、经肌肉的、皮下的）、直肠给药等。药物形式可能有，固态、半固态、干粉末、液体形式、药片、栓剂、药丸、软塑料胶囊、硬明胶胶囊、粉末、溶剂、悬浮液、气雾剂。所用的单位药物剂量要适宜确定精确的口服剂量。一种给药方式是口服，用一种可以根据病人病情而调整的便利的日常给药剂量规定。

具体实施方式

本发明用到的表征方法如下：

X-ray 粉末衍射：

Bruker D8 衍射仪、Cuka 射线（40 kV，40 mA）、0-2θ 角度、V4 接收口、Ge 单色仪、Lynxeye 检测器。运用校 Corundum 标准（NIST 1976）校正，2θ 收集范围为 0-45°（度数梯度为 0.05°，时间梯度为 0.5s），获得的样品以平板粉末方式在常温下走样，没有被研磨。35 mg 样品被小心地放入光滑的、零背景（510）硅胶封的小洞中。所有样品都是在 Diffrac Plus v11.0.0 或 v13.0.0.2 仪器中测量。

DSC：

DSC 数据在 TA 仪 Q2000 仪器（有 50 个自动采样位）上收集，用蓝宝石进行热容校准，用合格的铟进行能量和温度校准，每份样品约 3-5 mg，放置在针孔大小的铝坩埚中，干燥的氮气以 50 ml/min 的速度清洗样品，仪器的控制软件是 Advantage Q series v2.8.0.392 和 Thermal Advantage v4.8.3，数据分析所用的软件是 Universal Analysis v4.3A 软件。

溶剂 ^{13}C 核磁共振分析

^{13}C-NMR：400 MHz 分光仪、自动采样器（由 DRX400 控制），样品溶解在 d6-DMSO 中用于测量，数据采集：ICON-NMRv4.0.4（build 1）和 Topspin v1.3（path level 8，运用标准 Bruker 装载仪）。

IR 分析测试

操作条件：100.56 MHZ、4 mm 超大旋转探针、在与获取样品相近的条件下，通过交叉偏振记录数据。仪器用四甲基硅烷校正（设置从金刚烷到 38.5 ppm 的高频线）。

元素分析测试

FLASH EA1112 元素分析仪

有机化合物 CHN+O 元素定量分析。

以 He 为载气，CHN 分解温度 950 ℃，测 O 为 1050 ℃，热导鉴定器可随时进样。

实施例 1　1:1 瑞巴派特/钠离子乙醇复合物

1.1　瑞巴派特/钠离子乙醇复合物

称量 50 mg 瑞巴派特到高压釜中，向其中加入 15 ml 无水乙醇溶液，

1.5 ml饱和氢氧化钠水溶液，密封高压釜，培养3天（设置最高温度为80 ℃，3天为一个周期，其中升温时间为1个小时，降温时间为7个小时，其余时间为恒温培养时间）。

1.2 瑞巴派特/钠离子乙醇复合物的XRPD表征

1:1瑞巴派特/钠离子乙醇复合物的XRPD实验测试见图1。

1.3 瑞巴派特/钠离子乙醇复合物的DSC表征

参见图3。Onset（初始）温度：25 ℃，峰值305 ℃。

1.4 瑞巴派特/钠离子乙醇复合物的IR表征见图4

实施例2　1:1瑞巴派特/季戊四醇共晶

2.1. 1:1瑞巴派特/季戊四醇共晶

称量50 mg瑞巴派特，5 mg季戊四醇，到高压釜中，向其中加入15 ml无水乙醇溶液，密封高压釜，培养3天（设置最高温度为80 ℃，3天为一个周期，其中升温时间为1个小时，降温时间为7个小时，其余时间为恒温培养时间）。

2.2. 1:1瑞巴派特/季戊四醇共晶的PXRD表征见图11

2.3. 1:1瑞巴派特/季戊四醇共晶的DSC表征

onset（初始）温度25 ℃，峰值190 ℃。

2.4. 1:1瑞巴派特/季戊四醇共晶的IR表征见图10

2.5. 1:1瑞巴派特/季戊四醇共晶共晶的^{13}CNMR液体表征见图8

实施例3　1:1瑞巴派特/瑞巴派特共晶

3.1. 1:1瑞巴派特/瑞巴派特共晶共晶

称量45.00 mg瑞巴派特，到高压釜中，向其中加入15 ml无水乙醇溶液，5 ml蒸馏水，密封高压釜，培养3天（设置最高温度为95 ℃，3天为一个周期，其中升温时间为1个小时，降温时间为7个小时，其余时间为恒温培养时间）。

3.2. 1:1瑞巴派特/瑞巴派特共晶的PXRD表征见图14

3.3. 1:1瑞巴派特/瑞巴派特共晶的DSC表征

onset（初始）温度25 ℃，峰值190 ℃。

3.4. 1:1瑞巴派特/瑞巴派特共晶的IR表征见图16

3.5. 1:1瑞巴派特/瑞巴派特共晶的单晶测试见图13

2.1.2 中间文件

瑞巴派特共晶的制备方法

技术领域

本发明涉及瑞巴派特共晶的制备方法,属于药物开发领域。

背景技术

瑞巴派特,别名瑞巴匹特、瑞巴米特,化学名为2-(4-氯苯甲酰胺基)-3-(1,2-二氢-2-氧代-4-喹啉基)丙酸或(R)-2-(4-氯苯甲酰胺基)-3-(1,2-二氢-2-氧代-4-喹啉基)丙酸,结构式如下:

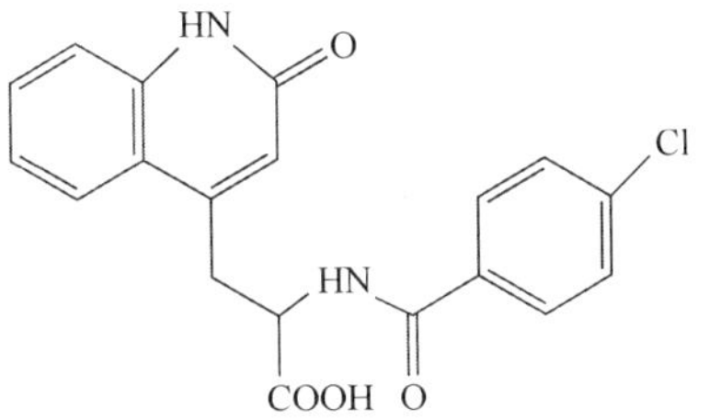

瑞巴派特是无臭,味苦,白色晶型粉末,微溶于甲醇,乙醇溶剂,几乎不溶于水,其物质数字识别(CAS)号:90098-04-7,其制备方法见 JP-B-63-35623。

瑞巴派特能改善一些疾病的主观和客观症状,可用于治疗溃疡性结肠炎(参见 Kazuya Makiyama 的"研究治疗溃疡性结肠炎的瑞巴派特灌肠疗法"),用于口腔炎(日本专利 No.2839847),能促进唾液分泌(W/O2005/011811),和抑制消化道癌(WO/1997/009045)。瑞巴派特还能促进增大眼睛杯状细胞密度,促进泪液分泌,增大泪液浓度,目前已经被用于治疗眼睛干涩(JP-A-9-301866)。瑞巴派特商标已经被 Otsuka 医药有限公司旗下的 Mucosta 注册,用于治疗在急性胃炎和慢性胃炎急性加重期的胃粘膜不适症状,(糜烂,出血,发红和水肿)。由于瑞巴派特水溶性差,生物吸收利用率低,典型剂量为成人每日三次,每次 100 mg 以上。具有服用不便,易产生抗药性,长期服用会加强副作用,导致胃粘膜增生,癌症等不良后果。因此需要开发具有较高的溶出度,溶解度和生物利用度的新形态的瑞巴派特。

药物共晶是指在氢键或其它非共价键的作用下,在常温下均为固体的共晶合成物(CCF)和药物活性成分(API)通过分子识别形成的晶体。获得药物共晶在药物开发过程中是极其有用,但又是不可预测的。因为不仅需要对药物的化学和物理性质做比较完善的表征,另外将API和CCF合成出共晶也可能会达到API预期的药理性质。因此在共晶中API的化学物理性质通常优于无定形态。所以以API作为共晶给药体其疗效一般会优于原始药剂,另外能增加其药剂的稳定性。

专利申请201110053026.9提供了瑞巴派特的精制方法,得到的产品为白色结晶,即为高纯度的瑞巴派特。但目前没有人合成瑞巴派特的共晶。

发明内容

本发明提供了瑞巴派特共晶的制备方法,包括制备瑞巴派特/钠离子乙醇共晶、瑞巴派特/季戊四醇共晶和瑞巴派特/瑞巴派特共晶。得到的三种瑞巴派特共晶已经表征完全,并均具有较好的药理活性。

为实现上述目的,本发明的技术方案如下。

瑞巴派特共晶的制备方法,步骤为将瑞巴派特、共晶合成物(CCF)和溶剂加入到高压釜中,将高压釜密封后置于程序控温烘箱中,培养2~5天后,将高压釜内液体倒出,溶剂自然挥发后得到瑞巴派特共晶;

培养过程包括升温、降温和恒温培养时间,其中升温时间为1~3小时,降温时间为7~10小时,其余时间为恒温培养时间,恒温培养的温度为80~120 ℃。

所述溶剂为水和/或无水乙醇。

优选所述瑞巴派特共晶为瑞巴派特/钠离子乙醇共晶、瑞巴派特/季戊四醇共晶或瑞巴派特/瑞巴派特共晶。

优选所述瑞巴派特/钠离子乙醇共晶的制备方法,步骤如下:

将瑞巴派特、无水乙醇和饱和氢氧化钠水溶液加入到高压釜中,将高压釜密封后置于程序控温烘箱中,培养3~5天后,将高压釜内液体倒出,溶剂自然挥发后得到瑞巴派特/钠离子乙醇共晶;

其中,瑞巴派特的质量(mg):无水乙醇的体积(ml):饱和氢氧化钠水溶液的体积(ml)=35~75:10~15:1~2。

培养过程包括升温、降温和恒温培养时间,其中升温时间为1~3小时,降温时间为7~10小时,其余时间为恒温培养时间,恒温培养的温度为80~120 ℃。

优选所述瑞巴派特/季戊四醇共晶的制备方法，步骤如下：

将瑞巴派特、季戊四醇和无水乙醇加入到高压釜中，将高压釜密封后置于程序控温烘箱中，培养3~5天后，将高压釜内液体倒出，溶剂自然挥发后得到瑞巴派特/季戊四醇共晶；

其中，瑞巴派特的质量（mg）：无水乙醇的体积（ml）：季戊四醇的质量（mg）= 45~75 : 10~15 : 3.5~7。

培养过程包括升温、降温和恒温培养时间，其中升温时间为1~3小时，降温时间为7~10小时，其余时间为恒温培养时间，恒温培养的温度为80~120 ℃。

作为共晶合成子，一个季戊四醇分子含有四个-OH，增加了与瑞巴派特形成氢键的概率。

优选所述瑞巴派特/瑞巴派特共晶的制备方法，步骤如下：

将瑞巴派特、无水乙醇和蒸馏水加入到高压釜中，将高压釜密封后置于程序控温烘箱中，培养2~5天后，将高压釜内液体倒出，溶剂自然挥发后得到瑞巴派特/瑞巴派特共晶；

其中，瑞巴派特的质量（mg）：无水乙醇的体积（ml）：蒸馏水的体积（ml）= 35~65 : 10~15 : 3.5~8。

培养过程包括升温、降温和恒温培养时间，其中升温时间为1~3小时，降温时间为7~10小时，其余时间为恒温培养时间，恒温培养的温度为80~120 ℃。

有益效果

本发明中分别将瑞巴派特与无水乙醇、季戊四醇和瑞巴派特在高压釜内进行复合，得到共晶。并通过单晶结构测试、XPRD、DSC、红外、核磁对得到的共晶进行表征，证明得到了不同与反应物瑞巴派特的新晶型。将该共晶用于对小鼠进行乙醇造成胃粘膜损伤小鼠溃疡抑制试验，实验结果说明制备得到的共晶有良好的药效。

附图说明

图1为实施例2得到瑞巴派特/钠离子乙醇共晶的XPRD图。
图2为实施例5得到瑞巴派特/季戊四醇共晶的XPRD图。
图3为实施例8得到瑞巴派特/瑞巴派特共晶的XPRD图。
图4为实施例2得到瑞巴派特/钠离子乙醇共晶的DSC图。

图 5 为实施例 5 得到瑞巴派特/季戊四醇共晶的 DSC 图。
图 6 为实施例 8 得到瑞巴派特/瑞巴派特共晶的 DSC 图。
图 7 为实施例 2 得到瑞巴派特/钠离子乙醇共晶的 IR 图。
图 8 为实施例 5 得到瑞巴派特/季戊四醇共晶的 IR 图。
图 9 为实施例 8 得到瑞巴派特/瑞巴派特共晶的 IR 图。
图 10 为瑞巴派特原料的核磁谱图。
图 11 为实施例 5 得到瑞巴派特/季戊四醇共晶的核磁谱图。
图 12 为实施例 5 得到瑞巴派特/季戊四醇共晶的高分辨率显微镜照片。

具体实施方式

以下通过具体实施方式，对本发明作进一步说明。

实施例 1~9 中，所用瑞巴派特购自江西华士药业有限公司，为白色固体粉末，熔点 288~290 ℃，分子量 370.79，纯度：>98.0%（HPLC）。

实施例 1~3：瑞巴派特/钠离子乙醇共晶的制备

将瑞巴派特、无水乙醇和饱和氢氧化钠水溶液加入到高压釜中，将高压釜密封后置于程序控温烘箱中，培养 3~5 天，将高压釜内液体倒出，溶剂自然挥发后得到瑞巴派特/钠离子乙醇共晶；

其中，瑞巴派特的质量（mg）：无水乙醇的体积（ml）：饱和氢氧化钠水溶液的体积（ml）= 35~75：10~15：1~2。

培养过程包括升温、降温和恒温培养时间，其中升温时间为 1~3 小时，降温时间为 7~10 小时，其余时间为恒温培养时间，恒温培养的温度为 80~120 ℃。具体实验参数如下：

	瑞巴派特（mg）：乙醇（ml）：饱和氢氧化钠溶液（ml）	培养时间（天）	恒温培养温度（℃）	升温时间（小时）	降温时间（小时）
实施例 1	35.00：10.0：1.0	3	80	1	7
实施例 2	50.00：15.0：1.5	4	100	2	9
实施例 3	75.00：15.0：2.0	5	120	3	10

实施例 4~6：瑞巴派特/季戊四醇共晶的制备

将瑞巴派特、季戊四醇和无水乙醇加入到高压釜中，将高压釜密封后置于程序控温烘箱中，培养 3~5 天，将高压釜内液体倒出，溶剂自然挥发后得到瑞巴派特/季戊四醇共晶；

其中，瑞巴派特的质量（mg）：无水乙醇的体积（ml）：季戊四醇的质量（mg）=45~75∶10~15∶3.5~7。

培养过程包括升温、降温和恒温培养时间，其中升温时间为 1~3 小时，降温时间为 7~10 小时，其余时间为恒温培养时间，恒温培养的温度为 80~120 ℃。具体实验参数如下：

	瑞巴派特（mg）：乙醇（ml）：季戊四醇（mg）	培养时间（天）	恒温培养温度（℃）	升温时间（小时）	降温时间（小时）
实施例 4	45.00∶10.0∶3.50	3	80	1	7
实施例 5	50.00∶15.0∶5.00	4	100	2	9
实施例 6	75.00∶15.0∶7.00	5	120	3	10

实施例 7~9：瑞巴派特/瑞巴派特共晶的制备

将瑞巴派特、无水乙醇和蒸馏水加入到高压釜中，将高压釜密封后置于程序控温烘箱中，培养 2~5 天，将高压釜内液体倒出，溶剂自然挥发后得到瑞巴派特/瑞巴派特共晶；

其中，瑞巴派特的质量（mg）：无水乙醇的体积（ml）：蒸馏水的体积（ml）=35~65∶10~15∶3.5~8。

培养过程包括升温、降温和恒温培养时间，其中升温时间为 1~3 小时，降温时间为 7~10 小时，其余时间为恒温培养时间，恒温培养的温度为 80~120 ℃。具体实验参数如下：

	瑞巴派特（mg）：乙醇（ml）：蒸馏水（ml）	培养时间（天）	恒温培养温度（℃）	升温时间（小时）	降温时间（小时）
实施例 7	35.00∶10.0∶3.5	2	80	1	7
实施例 8	45.00∶15.0∶5.0	3	95	2	9
实施例 9	65.00∶15.0∶8.0	5	120	3	10

对实施例 2、5 和 8 得到的共晶分别进行单晶结构测试、XPRD、DSC、红外、核磁表征，结果如下：

1. 单晶结构测试

采用 X-射线单晶结构测试与数据分析仪，内置 Ultrax 18 细焦斑自转靶发生和 2 SATURN 724+ CCD 探测器，焦斑尺寸 0.3×0.3 mm^2，最大发生功率 5.4kW。

(1) 实施例 2 中，瑞巴派特/钠离子乙醇共晶的晶体信息数据：

该晶体为单斜晶体，空间群为 P2 (1) /c，晶胞参数：a = 6.014 (2) Å，α = 90.00 (0)°，b = 23.279 (9) Å，β = 99.969 (7)°，c = 15.076 (6) Å，γ = 90.00 (3)°，Z=4，晶胞体积 2078.9 (14) Å^3。

(2) 实施例 8 中，瑞巴派特/瑞巴派特共晶的晶体信息数据：

该晶体为单斜晶体，空间群为 P2 (1) /c，晶胞参数：a = 19.769 8 (3) Å，α = 90.00 (2)°，b = 5.034 90 (10) Å，β = 109.909 0 (10)°，c = 19.510 1 (3) Å，γ = 90.00 (3)°，Z=4，晶胞体积 1 825.95 (15) Å^3。

2. X-射线粉末衍射 (XPRD) 测试

通过 SHIMADZU XPRD-6000 X 射线粉末衍射仪，采用 Cu-Kα 射线 (波长 λ = 1.540 56 nm) 在 40 kV 和 50 mV 的电压下测得，得到如图 1~3 所示的 XPRD 图。其中，横坐标为 X 射线入射角度 (2θ)，纵坐标为峰强度。

(1) 如图 1 所示，实施例 2 中，瑞巴派特/钠离子乙醇共晶在横坐标为 7.2、13.6、14.9、22.5、23.9、27.6、28.3 的位置出现共晶特征峰。

(2) 如图 2 所示，实施例 5 中，瑞巴派特/季戊四醇共晶在横坐标为 16.5、21.9、28.5、33.5 的位置出现共晶特征峰。

(3) 如图 3 所示，实施例 8 中，瑞巴派特/瑞巴派特共晶在横坐标为 9.2、10.5、14.9、20.5、21.9、22.6、25.3、26.7° 的位置出现共晶特征峰。

3. 示差扫描量热 (DSC) 测试

在氮气气氛下，采用 SDT Q600 热重分析仪，以 10 ℃/min 的升温速率进行测试。得到如图 4~6 所示的 DSC 图。其中，横坐标为温度 (℃)，纵坐标为热流率 (mW)。

(1) 如图 4 所示，实施例 2 中，瑞巴派特/钠离子乙醇共晶在横坐标为 305 ℃ 的位置出现尖峰，不同于瑞巴派特原料在 310 ℃ 出峰，说明得到完美晶体，且得到的共晶不同于瑞巴派特原料。

(2) 如图 5 所示，实施例 5 中，瑞巴派特/季戊四醇共晶在横坐标为 190 ℃ 的位置出现尖峰，不同于瑞巴派特原料在 310 ℃ 出峰，说明得到的共晶不同于瑞巴派特原料。

(3) 如图 6 所示，实施例 8 中，瑞巴派特/瑞巴派特共晶在横坐标为 265 ℃的位置出现尖峰，不同于瑞巴派特原料在 310 ℃出峰，说明得到的共晶不同于瑞巴派特原料。

4. 红外（IR）光谱测试

采用 Nicolet 170 SXFT-IR 型红外光谱仪，KBr 压片，测试范围为 4 000~400 cm^{-1}。得到如图 7~9 所示的 IR 图。其中，横坐标为波数（cm^{-1}），纵坐标为透过率（%）。

(1) 如图 7 所示，实施例 2 中，瑞巴派特/钠离子乙醇共晶在横坐标为 3 300 cm^{-1} 附近出峰，表示含有-OH 或 N-H 键；1 600 cm^{-1} 附近为 C=O 键，可能还有芳香族 C=C 键；1 100 cm^{-1} 附近为 C-H 键，650 cm^{-1} 附近为指纹区，为苯对二取代峰；

(2) 如图 8 所示，实施例 5 中，瑞巴派特/季戊四醇共晶在横坐标为 3 300 cm^{-1} 附近为-OH 或 N-H 键；1 600 cm^{-1} 附近为 C=O 键，可能还有芳香族 C=C 键；1 100 cm^{-1} 附近为 C-H 键，650 cm^{-1} 附近为指纹区，为苯对二取代峰。

(3) 如图 9 所示，实施例 8 中，瑞巴派特/瑞巴派特共晶在横坐标为 762 cm^{-1} 附近为苯环的邻位二取代，847 cm^{-1} 附近为苯环的对位二取代，1 603 cm^{-1} 与 1 650 cm^{-1} 为两个亚胺的变形振动，1 730 cm^{-1} 附近为羧基上碳氧键的振动，3 275 cm^{-1} 附近为缔合羧基上氢氧键的振动，3 555 与 3 632 cm^{-1} 为游离羧基上氢氧键的振动。

5. ^{13}C 液体核磁测试

采用 RUKER AVANCE 600 兆液体核磁谱仪，得到如图 10、11 所示的核磁谱图。其中，横坐标为位移数，纵坐标为峰强度。

(1) 如图 10 所示，对瑞巴派特原料进行测试，170 ppm 附近为酮 C=O，160 ppm 为 COOH，130 ppm 附近为苯环碳 C=C，40 ppm 为 C-N 键。

(2) 如图 11 所示，实施例 5 中得到的瑞巴派特/季戊四醇共晶与上图相比，在 60 ppm 处出现明显特征峰，应为 C-O 键，说明瑞巴派特/季戊四醇共晶的形成。

6. 采用高分辨率显微镜（型号为：8CA-D 数码摄像显微镜，放大倍数 100 倍），对实施例 5 得到的瑞巴派特/季戊四醇共晶的晶体进行表征，在镜下可观察到淡黄色棒状完美晶体。图 12 为相应的显微照片。

为证实制备得到的共晶与原料药相比具有改善的药效,进行瑞巴派特共晶对胃溃疡小鼠胃粘膜保护作用实验,选用清洁级昆明雄性小鼠50只,体重16~23 g,随机分为5组,每组10只:分别为乙醇溃疡模型组、瑞巴派特组、瑞巴派特/钠离子乙醇共晶组、瑞巴派特/季戊四醇共晶组和瑞巴派特/瑞巴派特共晶组。实验方法如下:

乙醇溃疡模型组:小鼠正常进食饮水,灌胃给0.85%氯化钠溶液0.2 ml/(只·天),连续5天。第六天,小鼠自由饮水,禁食24 h后,灌胃给予无水乙醇(1 ml/只),一小时后颈椎脱白处死小鼠。

瑞巴派特组:小鼠正常进食饮水,口服给瑞巴派特0.3 mg/只/天,连续5天。第六天,小鼠自由饮水,禁食24 h后,灌胃给予无水乙醇(1 ml/只),一小时后颈椎脱白处死小鼠。所述瑞巴派特为实施例中购自江西华士药业有限公司的原料药瑞巴派特。

瑞巴派特/钠离子乙醇共晶组:小鼠正常进食饮水,口服给瑞巴派特乙醇钠离子共晶0.3 mg/只/天,连续5天。第六天,小鼠自由饮水,禁食24 h后,灌胃给予无水乙醇(1 ml/只),一小时后颈椎脱白处死小鼠。所述瑞巴派特/钠离子乙醇共晶为实施例2制备得到的。

瑞巴派特/季戊四醇共晶组:小鼠正常进食饮水,口服给瑞巴派特季戊四醇共晶0.3 mg/只/天,连续5天。第六天,小鼠自由饮水,禁食24 h后,灌胃给予无水乙醇(1 ml/只),一小时后颈椎脱白处死小鼠。所述瑞巴派特//季戊四醇共晶为实施例5制备得到的。

瑞巴派特/瑞巴派特共晶组:小鼠正常进食饮水,口服给瑞巴派特瑞巴派特共晶0.3 mg/只/天,连续5天。第六天,小鼠自由饮水,禁食24 h后,灌胃给予无水乙醇(1 ml/只),一小时后颈椎脱白处死小鼠。所述瑞巴派特//瑞巴派特共晶为实施例8制备得到的。

将以上各组小鼠剖腹结扎幽门,用1 ml 1%中性福尔马林溶液灌胃,结扎贲门,游离胃,置于中性10%福尔马林溶液10 min中后,沿胃大弯剪开,用0.85%氯化钠溶液冲去内容物,展平。在光镜下观察各组胃粘膜的组织学变化,计算溃疡指数和抑制率。

实验结果如表1所示,说明制备得到的共晶对乙醇造成胃粘膜损伤小鼠溃疡有良好的抑制作用。其中,抑制率=(每组的溃疡指数-乙醇溃疡模型组的溃疡指数)/乙醇溃疡模型组的溃疡指数。

表 1　瑞巴派特共晶对乙醇造成胃粘膜损伤小鼠溃疡指数和抑制率的影响

组别	溃疡指数/%	抑制率/%
乙醇溃疡模型组	42.45±9.56	
瑞巴派特组	19.45±6.54	54.0
瑞巴派特乙醇钠离子共晶组	10.37±6.49	75.6
瑞巴派特季戊四醇共晶组	11.54±8.04	72.8
瑞巴派特/瑞巴派特共晶组	7.67±7.49	81.9

2.1.3　专利文件申请稿

瑞巴派特共晶的制备方法

技术领域

本发明涉及瑞巴派特共晶的制备方法，属于药物开发领域。

背景技术

瑞巴派特，别名瑞巴匹特、瑞巴米特，化学名为2-(4-氯苯甲酰胺基)-3-(1,2-二氢-2-氧代-4-喹啉基)丙酸或2-(4-氯苯甲酰胺基)-3-(1,2-二氢-2-氧代-4-喹啉基)丙酸，结构式如下：

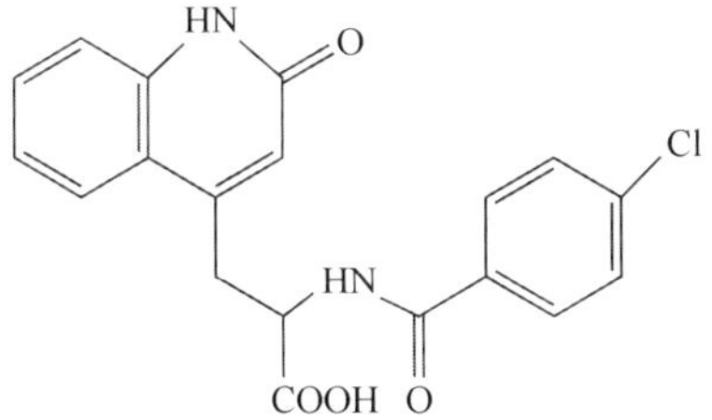

瑞巴派特是无臭、味苦、白色晶型粉末，微溶于甲醇、乙醇溶剂，几乎不溶于水，其物质数字识别(CAS)号为90098-04-7，其制备方法见 JP-B-63-35623。

瑞巴派特能改善一些疾病的主观和客观症状，可用于治疗溃疡性结肠炎（参见 Kazuya Makiyama 的"研究治疗溃疡性结肠炎的瑞巴派特灌肠疗法"）、口腔炎（JP 2839847），能促进唾液分泌（WO 2005011811），抑制消化道癌（WO 1997009045）。瑞巴派特还能促进增大眼睛杯状细胞密度，促进泪液分泌，增大泪液浓度，目前已经被用于治疗眼睛干涩（JP 9301866 A）。瑞巴派特商标已经被 Otsuka 医药有限公司旗下的 Mucosta 注册，用于治疗在急性胃炎和慢性胃炎急性加重期的胃黏膜不适症状（糜烂、出血、发红和水肿）。由于瑞巴派特水溶性差，生物吸收利用率低，典型剂量为成人每日三次，每次 100 mg 以上。具有服用不便，易产生抗药性，长期服用会加强副作用，导致胃黏膜增生，癌症等不良后果。因此需要开发具有较高的溶出度、溶解度和生物利用度的新形态的瑞巴派特。

药物共晶是指在氢键或其他非共价键的作用下，在常温下均为固体的共晶合成物（CCF）和药物活性成分（API）通过分子识别形成的晶体。获得药物共晶在药物开发过程中是极其有用的，但又是不可预测的。因为不仅需要对药物的化学和物理性质做比较完善的表征，另外将 API 和 CCF 合成出共晶也可能会达到 API 预期的药理性质。因此在共晶中 API 的化学物理性质通常优于无定形态。所以以 API 作为共晶给药体其疗效一般会优于原始药剂，另外能增加其药剂的稳定性。

专利申请 201110053026.9 提供了瑞巴派特的精制方法，得到的产品为白色结晶，即为高纯度的瑞巴派特。但目前没有人合成瑞巴派特的共晶。

发明内容

本发明提供了瑞巴派特共晶的制备方法，包括制备瑞巴派特/钠离子乙醇共晶、瑞巴派特/季戊四醇共晶和瑞巴派特/瑞巴派特共晶。得到的三种瑞巴派特共晶已经表征完全，并均具有较好的药理活性。

为实现上述目的，本发明的技术方案如下。

瑞巴派特共晶的制备方法，其步骤为将瑞巴派特、共晶合成物（CCF）和溶剂加入高压釜中，将高压釜密封后置于程序控温烘箱中，培养 2~5 天后，将高压釜内液体倒出，溶剂自然挥发后得到瑞巴派特共晶。

培养过程包括从室温升温到恒温培养温度的升温阶段、恒温培养阶段和从恒温培养温度降温到室温的降温阶段。其中升温阶段为 1~3 h，降温阶段为 7~10 h，其余时间为恒温培养阶段，恒温培养的温度为 80~120 ℃。

所述溶剂为水和/或无水乙醇。

优选所述瑞巴派特共晶为瑞巴派特/钠离子乙醇共晶、瑞巴派特/季戊四醇共晶或瑞巴派特/瑞巴派特共晶。

优选所述瑞巴派特/钠离子乙醇共晶的制备方法，步骤如下：

将瑞巴派特、无水乙醇和饱和氢氧化钠水溶液加入高压釜中，将高压釜密封后置于程序控温烘箱中，培养3~5天后，将高压釜内液体倒出，溶剂自然挥发后得到瑞巴派特/钠离子乙醇共晶。

其中，瑞巴派特的质量（mg）：无水乙醇的体积（mL）：饱和氢氧化钠水溶液的体积（mL）=（35~75）：（10~15）：（1~2）。

培养过程包括从室温升温到恒温培养温度的升温阶段、恒温培养阶段和从恒温培养温度降温到室温的降温阶段。其中升温阶段为1~3 h，降温阶段为7~10 h，其余时间为恒温培养阶段，恒温培养的温度为80~120 ℃。

优选所述瑞巴派特/季戊四醇共晶的制备方法，步骤如下：

将瑞巴派特、季戊四醇和无水乙醇加入高压釜中，将高压釜密封后置于程序控温烘箱中，培养3~5天后，将高压釜内液体倒出，溶剂自然挥发后得到瑞巴派特/季戊四醇共晶。

其中，瑞巴派特的质量（mg）：无水乙醇的体积（mL）：季戊四醇的质量（mg）=（45~75）：（10~15）：（3.5~7）。

培养过程包括从室温升温到恒温培养温度的升温阶段、恒温培养阶段和从恒温培养温度降温到室温的降温阶段。其中升温阶段为1~3 h，降温阶段为7~10 h，其余时间为恒温培养阶段，恒温培养的温度为80~120 ℃。

作为共晶合成子，一个季戊四醇分子含有四个—OH，增加了与瑞巴派特形成氢键的概率。

优选所述瑞巴派特/瑞巴派特共晶的制备方法，步骤如下：

将瑞巴派特、无水乙醇和蒸馏水加入高压釜中，将高压釜密封后置于程序控温烘箱中，培养2~5天后，将高压釜内液体倒出，溶剂自然挥发后得到瑞巴派特/瑞巴派特共晶。

其中，瑞巴派特的质量（mg）：无水乙醇的体积（mL）：蒸馏水的体积（mL）=（35~65）：（10~15）：（3.5~8）。

培养过程包括从室温升温到恒温培养温度的升温阶段、恒温培养阶段和从恒温培养温度降温到室温的降温阶段。其中升温阶段为1~3 h，降温阶段为 7~10 h，其余时间为恒温培养阶段，恒温培养的温度为 80~120 ℃。

有益效果

本发明中分别将瑞巴派特与无水乙醇、季戊四醇和瑞巴派特在高压釜内进行复合，通过程序升温、恒温和降温过程，使瑞巴派特和共晶合成物在平稳条件下进行反应。其中的乙醇不仅作为反应溶剂，还参与共晶的成键并具有提高药效的作用。通过单晶结构测试、XPRD、DSC、红外、核磁对得到的共晶进行表征，证明得到了不同于反应物瑞巴派特的新晶型。将该共晶用于对小鼠进行乙醇造成胃黏膜损伤小鼠溃疡抑制实验，实验结果说明制备得到的共晶有良好的药效。

附图说明

图 1 为实施例 2 得到瑞巴派特/钠离子乙醇共晶的 XPRD 图。
图 2 为实施例 5 得到瑞巴派特/季戊四醇共晶的 XPRD 图。
图 3 为实施例 8 得到瑞巴派特/瑞巴派特共晶的 XPRD 图。
图 4 为实施例 2 得到瑞巴派特/钠离子乙醇共晶的 DSC 图。
图 5 为实施例 5 得到瑞巴派特/季戊四醇共晶的 DSC 图。
图 6 为实施例 8 得到瑞巴派特/瑞巴派特共晶的 DSC 图。
图 7 为实施例 2 得到瑞巴派特/钠离子乙醇共晶的 IR 图。
图 8 为实施例 5 得到瑞巴派特/季戊四醇共晶的 IR 图。
图 9 为实施例 8 得到瑞巴派特/瑞巴派特共晶的 IR 图。
图 10 为瑞巴派特原料的核磁谱图。
图 11 为实施例 5 得到瑞巴派特/季戊四醇共晶的核磁谱图。
图 12 为实施例 5 得到瑞巴派特/季戊四醇共晶的高分辨率显微镜照片。

具体实施方式

以下通过具体实施方式，对本发明做进一步说明。

实施例 1~9 中，所用瑞巴派特购自江西华士药业有限公司，为白色固体粉末，熔点为 288~290 ℃，分子量为 370.79，纯度>98.0%（HPLC）。

[**实施例 1~3**] 瑞巴派特/钠离子乙醇共晶的制备

将瑞巴派特、无水乙醇和饱和氢氧化钠水溶液加入高压釜中，将高压釜密封后置于程序控温烘箱中,培养3~5天,将高压釜内液体倒出,溶剂自然挥发后得到瑞巴派特/钠离子乙醇共晶。

其中,瑞巴派特的质量(mg):无水乙醇的体积(mL):饱和氢氧化钠水溶液的体积(mL)=(35~75):(10~15):(1~2)。

培养过程包括从室温升温到恒温培养温度的匀速升温阶段、恒温培养阶段和从恒温培养温度降温到室温的匀速降温阶段。其中匀速升温阶段为1~3 h,匀速降温阶段为7~10 h,其余时间为恒温培养阶段,恒温培养的温度为80~120 ℃。具体实验参数如下:

项目	瑞巴派特(mg):乙醇(mL):饱和氢氧化钠溶液(mL)	培养时间/天	恒温培养温度/℃	升温时间/h	降温时间/h
实施例1	35.00:10.0:1.0	3	80	1	7
实施例2	50.00:15.0:1.5	4	100	2	9
实施例3	75.00:15.0:2.0	5	120	3	10

[实施例4~6] 瑞巴派特/季戊四醇共晶的制备

将瑞巴派特、季戊四醇和无水乙醇加入高压釜中,将高压釜密封后置于程序控温烘箱中,培养3~5天,将高压釜内液体倒出,溶剂自然挥发后得到瑞巴派特/季戊四醇共晶。

其中,瑞巴派特的质量(mg):无水乙醇的体积(mL):季戊四醇的质量(mg)=(45~75):(10~15):(3.5~7)。

培养过程包括从室温升温到恒温培养温度的匀速升温阶段、恒温培养阶段和从恒温培养温度降温到室温的匀速降温阶段。其中匀速升温阶段为1~3 h,匀速降温阶段为7~10 h,其余时间为恒温培养阶段,恒温培养的温度为80~120 ℃。具体实验参数如下:

项目	瑞巴派特(mg):乙醇(mL):季戊四醇(mg)	培养时间/天	恒温培养温度/℃	升温时间/h	降温时间/h
实施例4	45.00:10.0:3.50	3	80	1	7
实施例5	50.00:15.0:5.00	4	100	2	9
实施例6	75.00:15.0:7.00	5	120	3	10

[实施例7~9] 瑞巴派特/瑞巴派特共晶的制备

将瑞巴派特、无水乙醇和蒸馏水加入高压釜中,将高压釜密封后置于程序控温烘箱中,培养2~5天,将高压釜内液体倒出,溶剂自然挥发后得到瑞巴派特/瑞巴派特共晶。

其中,瑞巴派特的质量(mg):无水乙醇的体积(mL):蒸馏水的体积(mL)=(35~65):(10~15):(3.5~8)。

培养过程包括从室温升温到恒温培养温度的匀速升温阶段、恒温培养阶段和从恒温培养温度降温到室温的匀速降温阶段。其中匀速升温阶段为1~3 h,匀速降温阶段为7~10 h,其余时间为恒温培养阶段,恒温培养的温度为80~120 ℃。具体实验参数如下:

项目	瑞巴派特(mg):乙醇(mL):蒸馏水(mL)	培养时间/天	恒温培养温度/℃	升温时间/h	降温时间/h
实施例7	35.00:10.0:3.5	2	80	1	7
实施例8	45.00:15.0:5.0	3	95	2	9
实施例9	65.00:15.0:8.0	5	120	3	10

另外发现,采用其他的加热方法(如水浴、油浴、酒精灯加热),保证相同的温度和程序控温过程,无法得到共晶。因此本发明记载的三种共晶只能在高压釜中反应生成。

对实施例2、5和8得到的共晶分别进行单晶结构测试、XPRD、DSC、红外、核磁表征,结果如下。

1. 单晶结构测试

采用X射线单晶结构测试与数据分析仪,内置Ultrax 18细焦斑自转靶发生器和2 SATURN 724+ CCD探测器,焦斑尺寸为0.3 mm×0.3 mm,最大发生功率为5.4 kW。

(1) 实施例1~3中,瑞巴派特/钠离子乙醇共晶的晶体信息数据:

该晶体为单斜晶体,空间群为P2(1)/c,晶胞参数:$a=6.014(2)$ Å[①], $\alpha=90.00(0)°$, $b=23.279(9)$ Å, $\beta=99.969(7)°$, $c=15.076(6)$ Å, $\gamma=90.00(3)°$, $Z=4$, 晶胞体积为2 078.9(14) Å^3。

(2) 实施例7~9中,瑞巴派特/瑞巴派特共晶的晶体信息数据:

该晶体为单斜晶体,空间群为P2(1)/c,晶胞参数:$a=19.769\ 8(3)$ Å,

---

① 1 Å = 10^{-10} m。

$\alpha = 90.00$（2）°，$b = 5.034\ 90$（10）Å，$\beta = 109.909\ 0$（10）°，$c = 19.510\ 1$（3）Å，$\gamma = 90.00$（3）°，$Z = 4$，晶胞体积为 1 825.95（15）Å³。

2. X 射线粉末衍射（XPRD）测试

通过 SHIMADZU XPRD-6000 X 射线粉末衍射仪，采用 Cu-Kα 射线（波长 $\lambda = 1.540\ 56$ nm）在 40 kV 和 50 mV 的电压下测得，得到如图 1~图 3 所示的 XPRD 图。其中，横坐标为 X 射线入射角度（2θ），纵坐标为峰强度。

（1）如图 1 所示，实施例 2 中，瑞巴派特/钠离子乙醇共晶在横坐标为 7.2、13.6、14.9、22.5、23.9、27.6、28.3 的位置出现共晶特征峰。

（2）如图 2 所示，实施例 5 中，瑞巴派特/季戊四醇共晶在横坐标为 16.5、21.9、28.5、33.5 的位置出现共晶特征峰。

（3）如图 3 所示，实施例 8 中，瑞巴派特/瑞巴派特共晶在横坐标为 9.2、10.5、14.9、20.5、21.9、22.6、25.3、26.7 的位置出现共晶特征峰。

3. 示差扫描量热（DSC）测试

在氮气气氛下，采用 SDT Q600 热重分析仪，以 10 ℃/min 的升温速率进行测试。得到如图 4~图 6 所示的 DSC 图。其中，横坐标为温度（℃），纵坐标为热流率（mW）。

（1）如图 4 所示，实施例 2 中，瑞巴派特/钠离子乙醇共晶在横坐标为 305 ℃ 的位置出现尖峰，不同于瑞巴派特原料在 310 ℃ 出峰，说明得到完美晶体，且得到的共晶不同于瑞巴派特原料。

（2）如图 5 所示，实施例 5 中，瑞巴派特/季戊四醇共晶在横坐标为 190 ℃ 的位置出现尖峰，不同于瑞巴派特原料在 310 ℃ 出峰，说明得到的共晶不同于瑞巴派特原料。

（3）如图 6 所示，实施例 8 中，瑞巴派特/瑞巴派特共晶在横坐标为 265 ℃ 的位置出现尖峰，不同于瑞巴派特原料在 310 ℃ 出峰，说明得到的共晶不同于瑞巴派特原料。

4. 红外（IR）光谱测试

采用 Nicolet 170 SXFT-IR 型红外光谱仪，KBr 压片，测试范围为 400~4 000 cm^{-1}。得到如图 7~图 9 所示的 IR 图。其中，横坐标为波数（cm^{-1}），纵坐标为透过率（%）。

（1）如图 7 所示，实施例 2 中，瑞巴派特/钠离子乙醇共晶在横坐标为 3 300 cm^{-1} 附近出峰，表示含有—OH 或 N—H 键；1 600 cm^{-1} 附近为 C=O 键，可能还有芳香族 C=C 键；1 100 cm^{-1} 附近为 C—H 键，

650 cm⁻¹ 附近为指纹区，为苯对二取代峰。

（2）如图 8 所示，实施例 5 中，瑞巴派特/季戊四醇共晶在横坐标为 3 300 cm⁻¹ 附近为—OH 或 N—H 键；1 600 cm⁻¹ 附近为 C═O 键，可能还有芳香族 C═C 键；1 100 cm⁻¹ 附近为 C—H 键，650 cm⁻¹ 附近为指纹区，为苯对二取代峰。

（3）如图 9 所示，实施例 8 中，瑞巴派特/瑞巴派特共晶在横坐标为 762 cm⁻¹ 附近为苯环的邻位二取代，847 cm⁻¹ 附近为苯环的对位二取代，1 603 cm⁻¹ 与 1 650 cm⁻¹ 为两个亚胺的变形振动，1 730 cm⁻¹ 附近为羧基上碳氧键的振动，3 275 cm⁻¹ 附近为缔合羧基上氢氧键的振动，3 555 cm⁻¹ 与 3 632 cm⁻¹ 为游离羧基上氢氧键的振动。

5. ^{13}C 液体核磁测试

采用 RUKER AVANCE 600 兆液体核磁谱仪，得到如图 10、图 11 所示的核磁谱图。其中，横坐标为位移数，纵坐标为峰强度。

（1）如图 10 所示，对瑞巴派特原料进行测试，170 ppm[①] 附近为酮 C═O，160 ppm 为 COOH，130 ppm 附近为苯环碳 C═C，40 ppm 为 C—N 键。

（2）如图 11 所示，实施例 5 中得到的瑞巴派特/季戊四醇共晶与图 10 相比，在 60 ppm 处出现明显特征峰，应为 C—O 键，说明瑞巴派特/季戊四醇共晶的形成。

6. 对晶体进行表征

采用高分辨率显微镜（型号为：8CA-D 数码摄像显微镜，放大倍数 100 倍），对实施例 5 得到的瑞巴派特/季戊四醇共晶的晶体进行表征，在镜下可观察到淡黄色棒状完美晶体。图 12 为相应的显微照片。

为证实制备得到的共晶与原料药相比具有改善的药效，进行瑞巴派特共晶对胃溃疡小鼠胃黏膜保护作用实验，选用清洁级昆明雄性小鼠 50 只，体重 16~23 g，随机分为 5 组，每组 10 只，分别为乙醇溃疡模型组、瑞巴派特组、瑞巴派特/钠离子乙醇共晶组、瑞巴派特/季戊四醇共晶组和瑞巴派特/瑞巴派特共晶组。实验方法如下。

乙醇溃疡模型组：小鼠正常进食饮水，灌胃给 0.85% 氯化钠溶液 0.2 mL/（只·天），连续 5 天。第六天，小鼠自由饮水，禁食 24 h 后，灌胃给予无水乙醇（1 mL/只），一小时后通过颈椎脱白处死小鼠。

瑞巴派特组：小鼠正常进食饮水，口服给瑞巴派特 2.5 mg/（只·天），连续 5 天。第六天，小鼠自由饮水，禁食 24 h 后，灌胃给予无水

---

① 1 ppm 表示百万分之一。

乙醇（1 mL/只），一小时后通过颈椎脱臼处死小鼠。所述瑞巴派特为实施例中购自江西华士药业有限公司的原料药瑞巴派特。

瑞巴派特/钠离子乙醇共晶组：小鼠正常进食饮水，口服给瑞巴派特/钠离子乙醇共晶 2.5 mg/（只·天），连续 5 天。第六天，小鼠自由饮水，禁食 24 h 后，灌胃给予无水乙醇（1 mL/只），一小时后通过颈椎脱臼处死小鼠。所述瑞巴派特/钠离子乙醇共晶为实施例 2 制备得到的。

瑞巴派特/季戊四醇共晶组：小鼠正常进食饮水，口服给瑞巴派特/季戊四醇共晶 2.5 mg/（只·天），连续 5 天。第六天，小鼠自由饮水，禁食 24 h 后，灌胃给予无水乙醇（1 mL/只），一小时后通过颈椎脱臼处死小鼠。所述瑞巴派特/季戊四醇共晶为实施例 5 制备得到的。

瑞巴派特/瑞巴派特共晶组：小鼠正常进食饮水，口服给瑞巴派特/瑞巴派特共晶 2.5 mg/（只·天），连续 5 天。第六天，小鼠自由饮水，禁食 24 h 后，灌胃给予无水乙醇（1 mL/只），一小时后通过颈椎脱臼处死小鼠。所述瑞巴派特/瑞巴派特共晶为实施例 8 制备得到的。

将以上各组小鼠剖腹结扎幽门，用 1 mL 1% 中性福尔马林溶液灌胃，结扎贲门，游离胃，置于中性 10% 福尔马林溶液 10 min 后，沿胃大弯剪开，用 0.85% 氯化钠溶液冲去内容物，展平。在光镜下观察各组胃黏膜的组织学变化，计算溃疡指数和抑制率。其中溃疡指数＝胃黏膜溃疡面积/胃黏膜总面积，抑制率＝（每组的溃疡指数－乙醇溃疡模型组的溃疡指数）/乙醇溃疡模型组的溃疡指数。

实验结果如表 1 所示，说明制备得到的共晶对乙醇造成胃黏膜损伤小鼠溃疡有良好的抑制作用。

表 1　瑞巴派特共晶对乙醇造成胃黏膜损伤小鼠溃疡指数和抑制率的影响

组别	溃疡指数/%	抑制率/%
乙醇溃疡模型组	42.45±9.56	
瑞巴派特组	19.45±6.54	54.0
瑞巴派特/钠离子乙醇共晶组	10.37±6.49	75.6
瑞巴派特/季戊四醇共晶组	11.54±8.04	72.8
瑞巴派特/瑞巴派特共晶组	7.67±7.49	81.9

2.1.4 案例分析

本案例技术交底书存在问题如下。

(1) 发明名称和要求保护的客体不明确。

涉及法条——《专利审查指南》(以下简称《指南》)第一部分第一章 4.1.1 发明名称。

发明人自定的发明名称为：新晶型瑞巴派特复合物及共晶的制备与表征。但发明名称应为产品（化合物、装置、电路……）、方法（制备方法、测试方法……）或用途。"表征"为验证手段，可以写入实施例作为得到该复合物的依据，但"表征"本身不是发明或实用新型的技术方案，没有解决技术问题，也不产生预期的技术效果，因此不能将其作为发明名称和专利要求保护的内容。

(2) 对现有技术和发明点区分不清。

涉及法条——《中华人民共和国专利法实施细则》（以下简称《细则》）第 17 条。

背景技术及发明内容中没有将现有技术和发明点区分开来。实际上，瑞巴派特为一种已知有机物，具有确定的分子式，并已经将其用于消炎及溃疡症的治疗。但瑞巴派特水溶性差，生物吸收利用率低，因此需要较大的服用剂量。患者易产生抗药性，长期服用会加强副作用，因此需要开发具有较高的溶出度、溶解度和生物利用度的新形态的瑞巴派特。

目前的技术都是将瑞巴派特进行精制，但没有人合成瑞巴派特的共晶。由于药物共晶的疗效一般会优于原始药剂，另外能增加其药剂的稳定性。因此发明人将瑞巴派特与共晶合成物（CCF）进行复合，得到瑞巴派特/钠离子乙醇共晶、瑞巴派特/季戊四醇共晶和瑞巴派特/瑞巴派特共晶。该三种共晶已经表征完全，并均具有较好的药理活性。

(3) 表征中只给出了测试图谱，没有对图谱的含义进行说明。

涉及法条——《中华人民共和国专利法》（以下简称《专利法》）第 59 条，《细则》第 17 条，《指南》第二部分第二章 2.2.4 发明或者实用新型内容，《指南》第二部分第二章 2.2.6 具体实施方式。

发明或实用新型专利权的保护范围以其权利要求的内容为准，说明书及附图可以用于解释权利要求的内容。

因此，为满足说明书公开充分，以充分支持权利要求，化学领域中的发明需要借助实验数据来说明有益效果。原则就是"专利是给普通人看的，不是给本领域的专家看的"。且实施例和数据在专利修改过程中不能后补，因此在申请前必须将所有数据和说明补充完整。

（4）没有该瑞巴派特共晶的药效实验数据。

涉及法条——《专利法》第59条，《细则》第17条，《指南》第二部分第二章2.2.4发明或者实用新型内容，《指南》第二部分第二章2.2.6具体实施方式。

解释同上，如果没有该瑞巴派特共晶与瑞巴派特原料药进行比较的药效实验数据，就不能说明本专利获得的瑞巴派特共晶具有比原料药更好的药效，也不能说明本申请的有益效果。对于化学产品的充分公开，要求说明书中应当记载化学产品的确认、制备及用途，三者缺一不可。

（5）实施例最后的专利声明部分全为现有技术，与发明点无关，应全部删除。

涉及法条——《指南》第二部分第二章2.2.6具体实施方式。

2.2 案例2 一种介质材料电导率测试装置及方法

2.2.1 技术交底书

一种强电场下介质材料电导率测试方法

技术领域

本发明涉及空间应用技术，具体地说是一种能够在强电场下对介质材料电导率进行测试的方法。

背景技术

本项专利针对卫星制造中使用的各类介质材料内带电效应评价地面模拟试验而设立。卫星内带电是指空间高能带电粒子穿过卫星表面，在卫星构件的电介质材料内部传输并沉积从而建立电场的过程。介质深层充电效应是导致地球同步轨道（6.6Re）卫星故障和异常的主要原因，主要是由地球外辐射带（3-7Re）的高能电子引起的。充电过程主要包括两个方面：一方面高能电子穿透卫星表面的敷层材料，进入卫星内部的介质材料中。不同能量的电子沉积于介质材料的不同深度，从而在介质内部生成一定的电荷结构并建立电场。另一方面，因为介质本身有一定的电导率，并且卫星构件的电介质材料多为高分子聚合物，介质周围电场增强，激活了更多的载流子，同时加速了载流子的移动，导致介质材料电导率变化，即电场增强电导率（场致电导率）。

发明内容

本发明解决的技术问题是：解决高电场下介质材料电导率产生变化的问题，提供一种能够在高电场下对介质材料电导率进行测试的方法。

场致电导率是由于强电场激活了更多的载流子，同时加速了载流子的移动。试验需要模拟强电场作用下介质载流子的移动，在此基础上对介质进行电导率的测量。

本发明的装置的技术解决方案是：在传统三电极法测量材料电阻率的基础上，引入一强电场，模拟强电场作用下介质载流子的移动。

上述方案的原理是：在传统三电极法测量材料电阻率时，在介质样品上下各放置一电极板，下电极板接地，上电极板接一高压电源。当高压电源启动后，将高压输出到上电极板，可通过上下电极板为中间的介质样品提供一个强电场。

本发明的技术解决方案之二为：将上下电极板与介质样品放入高绝缘的变压器油中。

上述方案的原理是：为使电极板与介质样品上三电极法测量材料电阻率的电极之间不会发生放电，将上下电极板与介质样品放入高绝缘的变压器油中，通过液体绝缘使其不会发生放电。

附图说明

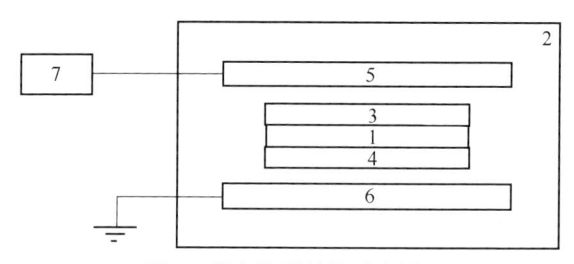

图1 是本发明结构示意图。

图中：1—样品；2—绝缘油；3—测试上电极；4—测试下电极；5—强电场上电极；6—强电场下电极；7—高压电源。

具体实施方式

将强电场上电极5接高压电源7，强电场下电极6接地，强电场上下电极5、6中放入样品1及测试上下电极2、3，放入绝缘油2中，通过传统三电极法进行测试。

2.2.2 中间文件

一种介质材料电导率测试装置及方法

技术领域

本发明涉及空间应用技术，具体地说是一种介质材料电导率测试装置及方法。

背景技术

本发明针对卫星制造中使用的各类介质材料内带电效应评价地面模拟试验而设立。卫星内带电是指空间高能带电粒子穿过卫星表面，在卫星构件的电介质材料内部传输并沉积从而建立电场的过程。介质深层充电效应是导致地球同步轨道（6.6Re）卫星故障和异常的主要原因，主要是由地球外辐射带（3-7Re）的高能电子引起的。充电过程主要包括两个方面：一方面高能电子穿透卫星表面的敷层材料，进入卫星内部的介质材料中。不同能量的电子沉积于介质材料的不同深度，从而在介质内部生成一定的电荷结构并建立电场。另一方面，因为介质本身有一定的电导率，并且卫星构件的电介质材料多为高分子聚合物，介质周围电场增强，激活了更多的载流子，同时加速了载流子的移动，导致介质材料电导率变化，即电场增强电导率（场致电导率）。因此需要模拟强电场作用下介质载流子的移动，在此基础上对介质进行电导率的测量。

发明内容

为解决高电场下介质材料电导率产生变化的问题，本发明提供一种能够在高电场下对介质材料电导率进行测试的装置及方法。

一种介质材料电导率测试装置，所述装置包括绝缘容器、上电极、电极环、下电极、接地电极、第一电极、第二电源、微电流计、第一电源；

其中，在绝缘容器内部，在介质样品上表面设有上电极，在介质样品下表面设有电极环和下电极，所述下电极位于电极环中心位置；所述上电极、电极环和下电极均与介质样品表面贴合，介质样品的直径大于电极环和上电极的直径；

在上电极上方设有第一电极,在电极环和下电极下方设有接地电极,所述上电极和第一电极之间,以及电极环、下电极和接地电极之间均不接触;所述第一电极和接地电极的直径均大于介质样品的直径;

绝缘容器内部灌有绝缘油,所述介质样品、第一电极和接地电极水平置于绝缘容器中;

在绝缘容器外部,第一电源的一端接地,另一端穿过绝缘容器与第一电极连接;第二电源一端接地,另一端穿过绝缘容器与上电极连接;微电流计一端接地,另一端穿过绝缘容器与下电极连接;电极环和接地电极分别穿过绝缘容器接地;

一种介质材料电导率测试方法,所述方法步骤如下:

步骤一、打开第一电源,给第一电极施加电压;

步骤二、打开第二电源,给上电极施加电压;

步骤三、打开微电流计,测量介质样品泄漏电流,按照如下公式计算电阻率:

$$R_x = \frac{UA}{Ih}$$

其中,U 为介质样品的表面电压,即第二电源对上电极施加的电压;I 为介质样品的泄漏电流,通过微电流计测试得到;A 为介质样品表面积,即为下电极的圆盘面积;h 为介质样品厚度。

有益效果

1. 本发明在传统三电极法测量材料电阻率的基础上,在介质样品上下各放置一电极板,下电极板接地,上电极板接第一电源。当第一电源启动后,将高压输出到上电极板,可通过上下电极板为中间的介质样品提供一个强电场,模拟强电场作用下介质载流子的移动。

2. 为使电极板与介质样品上三电极法测量材料电阻率的电极之间不会发生放电,将上下电极板与介质样品放入高绝缘的变压器油中,通过液体绝缘使其不会发生放电,考察介质样品在强电场作用下的电导率。

附图说明

图1为本发明所述的介质材料电导率测试装置的结构示意图;

图中:1—介质样品;2—绝缘容器;3—上电极;4—电极环;5—下电极;6—接地电极;7—第一电极;8—第二电源;9—微电流计;10—第一电源。

具体实施方式

如图1所示的介质材料电导率测试装置,所述装置包括绝缘容器2、上电极3、电极环4、下电极5、接地电极6、第一电极7、第二电源8、微电流计9、第一电源10;

其中,在绝缘容器2内部,在介质样品1上表面设有上电极3,在介质样品1下表面设有电极环4和下电极5,所述下电极5位于电极环4中心位置;所述上电极3、电极环4和下电极5均与介质样品1表面贴合,介质样品1的直径大于电极环4和上电极3的直径;

在上电极3上方设有第一电极7,在电极环4和下电极5下方设有接地电极6,所述上电极3和第一电极7之间,以及电极环4、下电极5和接地电极6之间均不接触;所述第一电极7和接地电极6的直径均大于介质样品1的直径;

绝缘容器2内部灌有绝缘油,所述介质样品1、第一电极7和接地电极6水平置于绝缘容器2中;

在绝缘容器2外部,第一电源10一端接地,另一端穿过绝缘容器2与第一电极7连接;第二电源8一端接地,另一端穿过绝缘容器2与上电极3连接;微电流计9一端接地,另一端穿过绝缘容器2与下电极5连接;电极环4和接地电极6分别穿过绝缘容器2接地;

其中,介质样品1为电路板材料FR4,直径为80 mm,厚1.4 mm。上电极3的直径为76 mm,厚度小于0.1 mm;下电极5的直径为50 mm;电极环4的外径为76 mm,内径为60 mm;所述介质样品1、上电极3、下电极5和电极环4同轴;

所述上电极3、下电极5和电极环4为表面镀有导电膜的金属铜,所述导电膜与介质样品1贴合;

在上电极3和第一电极7之间,以及在电极环4、下电极5和接地电极6之间均设置有高绝缘材料,所述高绝缘材料为聚四氟乙烯;

所述第一电极7、接地电极6的直径均大于100 mm,厚大于2 mm,材料为铜;

第一电极7、接地电极6之间的距离为10 mm;

第二电源8的电压为100 V,第一电源10的电压为10 KV;

所述装置的装配过程如下:

(1) 将上电极3安装在介质样品1的上表面,电极环4和下电极5

安装在介质样品1的下表面,用导线将上电极3与第二电源8连接,下电极5与微电流计9连接,并将电极环4、微电流计9、第一电源10和第二电源8接地;

(2)用导线将接地电极6接地,将第一电极7与第一电源10连接;

(3)将接地电极6和第一电极7水平置于绝缘容器2中,向绝缘容器2内灌满绝缘油,将介质样品1水平置于接地电极6和第一电极7之间。

一种介质材料电导率测试方法,所述方法步骤如下:

步骤一、打开第一电源10,给第一电极7施加电压;

步骤二、打开第二电源8,给上电极3施加电压;

步骤三、打开微电流计9,测量介质样品1泄漏电流,按照如下公式计算电阻率:

$$R_x = \frac{UA}{Ih}$$

其中,U为介质样品的表面电压,即第二电源对上电极施加的电压;I为介质样品的泄漏电流,通过微电流计测试得到;A为介质样品表面积,即为下电极的圆盘面积;h为介质样品厚度,计算得到FR4材料在强电场(10^6V/M)作用下电阻率为$4.5 \times 10^{-13} \Omega^{-1} \cdot m^{-1}$。

2.2.3 专利文件申请稿

一种介质材料电导率测试装置及方法

技术领域

本发明涉及空间应用技术,具体地说是一种介质材料电导率测试装置及方法。

背景技术

本发明针对卫星制造中使用的各类介质材料内带电效应评价地面模拟试验而设立。卫星内带电是指空间高能带电粒子穿过卫星表面,在卫星构件的电介质材料内部传输并沉积从而建立电场的过程。介质深层充电效应是导致地球同步轨道（$6.6R_e$）卫星故障和异常的主要原因，主要是由地球外辐射带（$3\sim 7R_e$）的高能电子引起的。充电过程主要包括两个方面：一方面，高能电子穿透卫星表面的敷层材料，进入卫星内部的介质材料中。不同能量的电子沉积于介质材料的不同深度，从而在介质内部生成一定的电荷结构并建立电场。另一方面，因为介质本身有一定的电导率，并且卫星构件的电介质材料多为高分子聚合物，介质周围电场增强，激活了更多的载流子，同时加速了载流子的移动，导致介质材料电导率变化，即电场增强电导率（场致电导率）。因此需要模拟强电场作用下介质载流子的移动，在此基础上对介质进行电导率的测量。

发明内容

为解决高电场下介质材料电导率产生变化的问题，本发明提供一种能够在高电场下对介质材料电导率进行测试的装置及方法。

一种介质材料电导率测试装置，所述装置包括绝缘容器、上电极、电极环、下电极、接地电极、第一电极、第二电源、微电流计、第一电源。

其中，在绝缘容器内部，在介质样品上表面设有上电极，在介质样品下表面设有电极环和下电极，所述下电极位于电极环中心位置；所述上电极、电极环和下电极均与介质样品表面贴合，介质样品的直径大于电极环和上电极的直径。

在上电极上方设有第一电极，在电极环和下电极下方设有接地电极，所述上电极和第一电极之间，以及电极环、下电极和接地电极之间均不接触；所述第一电极和接地电极的直径均大于介质样品的直径。

绝缘容器内部灌有绝缘油，所述介质样品、第一电极和接地电极水平置于绝缘容器中。

在绝缘容器外部，第一电源的一端接地，另一端穿过绝缘容器与第一电极连接；第二电源一端接地，另一端穿过绝缘容器与上电极连接；微电流计一端接地，另一端穿过绝缘容器与下电极连接；电极环和接地电极分别穿过绝缘容器接地。

优选介质样品的直径为 78~80 mm，厚 0.5~2 mm；上电极的直径为 76 mm，厚度小于 0.1 mm；下电极的直径为 50 mm；电极环的外径为 76 mm，内径为 60 mm；所述介质样品、上电极、下电极和电极环同轴。

优选所述上电极、下电极和电极环为表面镀有导电膜的金属或玻璃，所述导电膜与介质样品贴合；介质样品为卫星用非金属材料，如聚酰亚胺、尼龙、聚四氟乙烯。

在上电极和第一电极之间，以及在电极环、下电极和接地电极之间均设置有高绝缘材料，所述高绝缘材料为聚四氟乙烯。

优选所述第一电极、接地电极的直径均大于100 mm，厚大于2 mm，材料为金属，优选为铜。

优选第一电极、接地电极之间的距离为10~20 mm。

优选第二电源的电压范围为50~300 V，第一电源的电压范围为0.5~60 kV。

一种介质材料电导率测试方法，所述方法步骤如下：

步骤一，打开第一电源，给第一电极施加电压。

步骤二，打开第二电源，给上电极施加电压。

步骤三，打开微电流计，测量介质样品泄漏电流，按照如下公式计算电阻率：

$$R_x = \frac{UA}{Ih}$$

其中，U为介质样品的表面电压，即第二电源对上电极施加的电压；I为介质样品的泄漏电流，通过微电流计测试得到；A为介质样品表面积，即为下电极的圆盘面积；h为介质样品厚度。

有益效果

（1）本发明在传统三电极法测量材料电阻率的基础上，在介质样品上下各放置一电极板，下电极板接地，上电极板接第一电源。当第一电源启动后，将高压输出到上电极板，可通过上下电极板为中间的介质样品提供一个强电场，模拟强电场作用下介质载流子的移动。

（2）为使电极板与介质样品上三电极法测量材料电阻率的电极之间不会发生放电，将上下电极板与介质样品放入高绝缘的变压器油中，通过液体绝缘使其不会发生放电，考察介质样品在强电场作用下的电导率。

附图说明

图1为本发明所述的介质材料电导率测试装置的结构示意图；

图中：1—介质样品；2—绝缘容器；3—上电极；4—电极环；5—下电极；6—接地电极；7—第一电极；8—第二电源；9—微电流计；10—第一电源。

具体实施方式

[**实施例 1**]

如图 1 所示的介质材料电导率测试装置,所述装置包括绝缘容器 2、上电极 3、电极环 4、下电极 5、接地电极 6、第一电极 7、第二电源 8、微电流计 9、第一电源 10。

其中,在绝缘容器 2 内部,在介质样品 1 上表面设有上电极 3,在介质样品 1 下表面设有电极环 4 和下电极 5,所述下电极 5 位于电极环 4 中心位置;所述上电极 3、电极环 4 和下电极 5 均与介质样品 1 表面贴合,介质样品 1 的直径大于电极环 4 和上电极 3 的直径。

在上电极 3 上方设有第一电极 7,在电极环 4 和下电极 5 下方设有接地电极 6,所述上电极 3 和第一电极 7 之间,以及电极环 4、下电极 5 和接地电极 6 之间均不接触;所述第一电极 7 和接地电极 6 的直径均大于介质样品 1 的直径。

绝缘容器 2 内部灌有绝缘油,所述介质样品 1、第一电极 7 和接地电极 6 水平于绝缘容器 2 中。

在绝缘容器 2 外部,第一电源 10 一端接地,另一端穿过绝缘容器 2 与第一电极 7 连接;第二电源 8 一端接地,另一端穿过绝缘容器 2 与上电极 3 连接;微电流计 9 一端接地,另一端穿过绝缘容器 2 与下电极 5 连接;电极环 4 和接地电极 6 分别穿过绝缘容器 2 接地。

其中,介质样品 1 为电路板材料 FR4,直径为 80 mm,厚 1.4 mm。上电极 3 的直径为 76 mm,厚度小于 0.1 mm;下电极 5 的直径为 50 mm;电极环 4 的外径为 76 mm,内径为 60 mm;所述介质样品 1、上电极 3、下电极 5 和电极环 4 同轴。

所述上电极 3、下电极 5 和电极环 4 为表面镀有导电膜的金属铜,所述导电膜与介质样品 1 贴合。

在上电极 3 和第一电极 7 之间,以及在电极环 4、下电极 5 和接地电极 6 之间均设置有高绝缘材料,所述高绝缘材料为聚四氟乙烯。

所述第一电极 7、接地电极 6 的直径均大于 100 mm,厚大于 2 mm,材料为铜。

第一电极 7、接地电极 6 之间的距离为 10 mm;

第二电源 8 的电压为 100 V,第一电源 10 的电压为 10 kV。

所述装置的装配过程如下:

（1）将上电极 3 安装在介质样品 1 的上表面，电极环 4 和下电极 5 安装在介质样品 1 的下表面，用导线将上电极 3 与第二电源 8 连接，下电极 5 与微电流计 9 连接，并将电极环 4、微电流计 9、第一电源 10 和第二电源 8 接地。

（2）用导线将接地电极 6 接地，将第一电极 7 与第一电源 10 连接。

（3）将接地电极 6 和第一电极 7 水平置于绝缘容器 2 中，向绝缘容器 2 内灌满绝缘油，将介质样品 1 水平置于接地电极 6 和第一电极 7 之间。

一种介质材料电导率测试方法，所述方法步骤如下：

步骤一，打开第一电源 10，给第一电极 7 施加电压。

步骤二，打开第二电源 8，给上电极 3 施加电压。

步骤三，打开微电流计 9，测量介质样品 1 泄漏电流，按照如下公式计算电阻率：

$$R_x = \frac{UA}{Ih}$$

其中，U 为介质样品的表面电压，即第二电源对上电极施加的电压；I 为介质样品的泄漏电流，通过微电流计测试得到；A 为介质样品表面积，即为下电极的圆盘面积；h 为介质样品厚度。计算得到 FR4 材料在强电场（10^6 V/m）作用下电阻率为 4.5×10^{-13} Ω·m。

2.2.4　案例分析

本案例技术交底书存在的问题

发明人提供的技术交底书过于简单，只有结构示意图（见下图），不理解连接关系和工作过程。

涉及法条——《专利法》第 26 条。

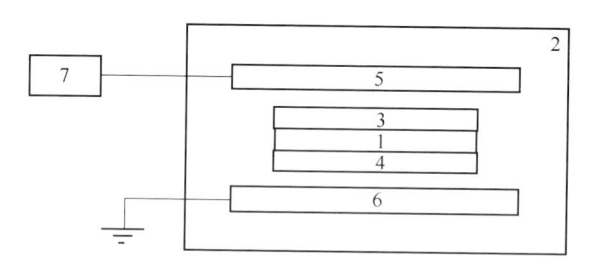

图中：1—样品；2—绝缘油；3—测试上电极；4—测试下电极；
5—强电场上电极；6—强电场下电极；7—高压电源。

撰写指导

技术人员关注的往往是技术本身,以及技术带来的有益效果,而不会用专利化的语言对技术进行描述,因为这是专利代理人的工作。

说明书应当对发明或实用新型做出清楚、完整的说明,以所属技术领域的技术人员能够实现为准。

一般地,涉及结构的专利,应该详细描述其各部分组成和连接关系(见图1),并在具体实施方式中给出工作或作用方式。

经过与发明人的讨论,了解发明内容并撰写专利申请文件。

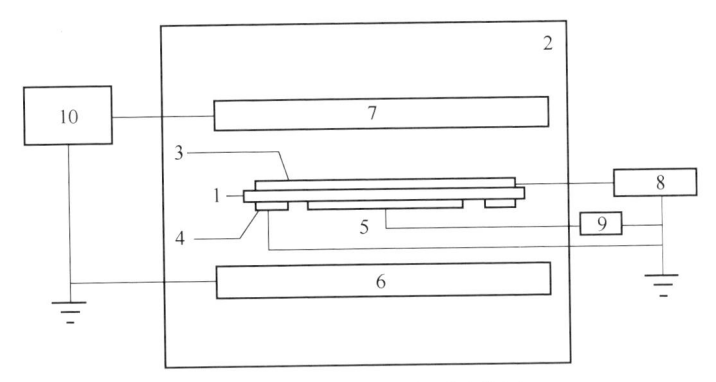

图1 介质材料电导率测试装置

讨论核心

(1) 所要解决的技术问题。

(2) 解决其技术问题采用的技术方案。

(3) 对照现有技术的有益效果。

如图1所示的介质材料电导率测试装置,所述装置包括绝缘容器2、上电极3、电极环4、下电极5、接地电极6、第一电极7、第二电源8、微电流计9、第一电源10。其中,在绝缘容器2内部,在介质样品1上表面设有上电极3,在介质样品1下表面设有电极环4和下电极5,所述下电极5位于电极环4中心位置;所述上电极3、电极环4和下电极5均与介质样品1表面贴合,介质样品1的直径大于电极环4和上电极3的直径;在上电极3上方设有第一电极7,在电极环4和下电极5下方设有接地电极6,所述上电极3和第一电极7之间,以及电极环4、下电极5和接地电极6之间均不接触;所述第一电极7和接地电极6的直径均大于介质样品1的直径。

绝缘容器2内部灌有绝缘油,所述介质样品1、第一电极7和接地电极6水平置于绝缘容器2中。

在绝缘容器 2 外部，第一电源 10 一端接地，另一端穿过绝缘容器 2 与第一电极 7 连接；第二电源 8 一端接地，另一端穿过绝缘容器 2 与上电极 3 连接；微电流计 9 一端接地，另一端穿过绝缘容器 2 与下电极 5 连接；电极环 4 和接地电极 6 分别穿过绝缘容器 2 接地。

测试方法——装置对应的工作过程

一种介质材料电导率测试方法，所述方法步骤如下：

步骤一，打开第一电源 10，给第一电极 7 施加电压。

步骤二，打开第二电源 8，给上电极 3 施加电压。

步骤三，打开微电流计 9，测量介质样品 1 泄漏电流，按照如下公式计算电阻率：

$$R_x = \frac{UA}{Ih}$$

其中，U 为介质样品的表面电压，即第二电源对上电极施加的电压；I 为介质样品的泄漏电流，通过微电流计测试得到；A 为介质样品表面积，即为下电极的圆盘面积；h 为介质样品厚度。计算得到 FR4 材料在强电场（10^6 V/m）作用下电阻率为 4.5×10^{-13} Ω·m。

2.3 案例 3 一种高铅含铼钼精矿的降铅保铼方法

2.3.1 技术交底书

一种钼精矿降铅方法

技术领域

本发明涉及一种钼精矿降铅方法。

背景技术

钼是一种难熔金属，主要用作合金钢的添加剂。可以增加合金钢的强度、韧性、耐热性、耐蚀性及可焊接性等。当今 95% 以上的钼精矿要焙烧成化工氧化钼，80% 以上的工业氧化钼用作炼制各类合金钢，近年来，随着人们环保意识的增强，国家环保要求越来越严格。所以对氧化钼中化学成分的要求越来越苛刻，杂质含量高会给后续深加工带来很多除杂工序及极易造成重金属污染，特别是含铅量。

该地区目前探明钼矿石储量 32 万吨以上，远景储量 60 万吨以上，矿石中的铅主要以方铅矿的形式存在，矿石中含铅量为 0.15-8.0%，铅以机械包裹体的方式存在于辉钼矿中。钼精矿含铅量高低将直接影响到环境污染问题。在炼钢高温下，氧化钼中的铅发生化学反应生成黄丹和铅丹有毒气体，严重影响生态环境及人体健康，铅氧化物不但属剧毒，且易在人体中积累。

发明内容

本发明的目的是提供一种成本低、工艺重复性好的钼精矿降铅方法，且有效的降低了钼精矿中其他重金属杂质含量，过滤液中钼损失量很少，所的钼精矿焙烧成化工氧化钼后，杂质含量很低，不经酸洗这一步，可以直接制的四钼酸铵。

为了实现上述目的，本发明采用的技术方案是：一种钼精矿降铅方法方法，其特征在于其制备过程为：

（1）将钼精矿、氯化钙固体按质量比 8~10：1 的比例混合，在研钵中研磨 1~2 h，混匀；

（2）将步骤（1）的混合物、浓度 5-8% 的盐酸固液比 1：2-3 混合，300 转/分搅拌，得到固液混合物；

（3）将步骤（2）的固液混合物，300 转/分搅拌下，加热到 70~80 ℃，保温 2 h；

（4）将步骤（3）的固液混合物过滤，浸渣用 80 ℃ 的热水洗涤 3 次，滤液中钼损失量在 0.01~0.03 g/L，将浸渣置于烘箱中 120 ℃ 干燥 1-2 h，就得到含铅量很低的钼精矿。

本发明具有以下优点：本发明采用将钼精矿、氯化钙固体按质量比 10：1 的比例混合，在研钵中研磨 2 h，混匀，不焙烧，减少了焙烧设备和成本，节约了电能和劳动力；将上述混均后的混合物与浓度 8% 的盐酸固液比 1：3 混合，300 转/分搅拌，得到固液混合物；在 300 转/分搅拌下，将固液混合物加热到 80 ℃，保温 2 h；然后将固液混合物过滤，浸渣用 80 ℃ 的沸水洗涤 3 次，置于烘箱中 120 ℃ 干燥 2 h，就得到含铅量很低的钼精矿，且有效的降低了钼精矿中其他重金属杂质含量，过滤液中钼损失量很少，滤液可重复利用，节能减排，用上述方法处理过的钼精矿，经焙烧成化工氧化钼后，杂质含量很低，不经酸洗这一步，可以直接制的四钼酸铵，减少酸洗设备，减少酸洗硝酸酸雾及废液对环境的污染，节约电能和劳动力，显著降低生产成本，节能减排。

具体实施方式

下面结合实施例对本发明做进一步说明。

实施例1

将钼精矿、氯化钙固体按质量比8∶1的比例混合,在研钵中研磨2 h,混匀;将混均后的混合物与浓度5%的盐酸固液比1∶2,在300转/分搅拌下混合,得到固液混合物;将固液混合物在300转/分搅拌下,加热到70 ℃,保温2 h;过滤,虑渣用80 ℃的热水洗涤3次,将浸渣置于烘箱中120 ℃干燥2 h,就得到含铅量很低的钼精矿。且有效的降低了钼精矿中其他重金属杂质含量,过滤液中钼损失量在0.01 g/L,所的钼精矿焙烧成化工氧化钼后,杂质含量很低,不经酸洗这一步,可以直接制的四钼酸铵。

表1　本方法钼精矿含铅量（%）

元素	Mo	W	CaO	P	Cu	Pb	SiO_2	As	Sn
原料钼精矿	53	0.30	4.0	0.03	0.6	4.36	11.0	0.2	0.08
此方法后钼精矿	53.5	0.15	3.0	0.02	0.2	0.03	7.0	0.15	0.02

实施例2

将钼精矿、氯化钙固体按质量比9∶1的比例混合,在研钵中研磨2 h,混匀;将混均后的混合物与浓度8%的盐酸固液比1∶2,在300转/分搅拌下混合,得到固液混合物;将固液混合物在300转/分搅拌下,加热到80 ℃,保温2 h;过滤,虑渣用80 ℃的热水洗涤3次,将浸渣置于烘箱中120 ℃干燥2 h,就得到含铅量很低的钼精矿。且有效的降低了钼精矿中其他重金属杂质含量,过滤液中钼损失量在0.02 g/L,所的钼精矿焙烧成化工氧化钼后,杂质含量很低,不经酸洗这一步,可以直接制的四钼酸铵。

表2　本方法钼精矿含铅量（%）

元素	Mo	W	CaO	P	Cu	Pb	SiO_2	As	Sn
原料钼精矿	47	0.28	4.2	0.04	0.8	5.8	13.0	0.22	0.07
此方法后钼精矿	47.8	0.15	3.0	0.02	0.2	0.03	7.0	0.15	0.02

表 3　本方法钼精矿含铅量（%）

元素	Mo	W	CaO	P	Cu	Pb	SiO$_2$	As	Sn
原料钼精矿	45	0.32	4.5	0.08	1.2	6.1	11.5	0.23	0.09
此方法后钼精矿	45.6	0.15	3.0	0.02	0.2	0.03	7.0	0.15	0.02

实施例 3

将钼精矿、氯化钙固体按质量比 10∶1 的比例混合，在研钵中研磨 2 h，混匀；将混均后的混合物与浓度 8% 的盐酸固液比 1∶3，在 300 转/分搅拌下混合，得到固液混合物；将固液混合物在 300 转/分搅拌下，加热到 80 ℃，保温 2 h；过滤，虑渣用 80 ℃ 的热水洗涤 3 次，将浸渣置于烘箱中 120 ℃ 干燥 2 h，就得到含铅量很低的钼精矿。且有效的降低了钼精矿中其他重金属杂质含量，过滤液中钼损失量在 0.01 g/L，所的钼精矿焙烧成化工氧化钼后，杂质含量很低，不经酸洗这一步，可以直接制的四钼酸铵。

实施例 4

将钼精矿、氯化钙固体按质量比 10∶1 的比例混合，在研钵中研磨 2 h，混匀；将混均后的混合物与浓度 8% 的盐酸固液比 1∶3，在 300 转/分搅拌下混合，得到固液混合物；将固液混合物在 300 转/分搅拌下，加热到 80 ℃，保温 2 h；过滤，虑渣用 80 ℃ 的热水洗涤 3 次，将浸渣置于烘箱中 120 ℃ 干燥 2 h，就得到含铅量很低的钼精矿。且有效的降低了钼精矿中其他重金属杂质含量，过滤液中钼损失量在 0.03 g/L，，所的钼精矿焙烧成化工氧化钼后，杂质含量很低，不经酸洗这一步，可以直接制的四钼酸铵。

表 4　本方法钼精矿含铅量（%）

元素	Mo	W	CaO	P	Cu	Pb	SiO$_2$	As	Sn
原料钼精矿	38	0.35	4.8	0.15	1.50	8.0	8.5	0.25	0.20
此方法后钼精矿	38.9	0.15	3.0	0.02	0.2	0.03	7.0	0.15	0.02

2.3.2 中间文件

一种钼精矿降铅方法

技术领域

本发明涉及一种钼精矿降铅方法,属于稀有金属冶炼领域。

背景技术

钼是一种难熔金属,主要用作合金钢的添加剂。可以增加合金钢的强度、韧性、耐热性、耐蚀性及可焊接性等。当今95%以上的钼精矿要焙烧成化工氧化钼,80%以上的工业氧化钼用作炼制各类合金钢,近年来,随着人们环保意识的增强,国家环保要求越来越严格。所以对氧化钼中化学成分的要求越来越苛刻,杂质含量高会给后续深加工带来很多除杂工序及极易造成重金属污染,特别是含铅量。

该地区目前探明钼矿石储量32万吨以上,远景储量60万吨以上,矿石中的铅主要以方铅矿的形式存在,矿石中含铅量为0.15-8.0%,铅以机械包裹体的方式存在于辉钼矿中。钼精矿含铅量高低将直接影响到环境污染问题。在炼钢高温下,氧化钼中的铅发生化学反应生成黄丹和铅丹有毒气体,严重影响生态环境及人体健康,铅氧化物不但属剧毒,且易在人体中积累。

发明内容

本发明的目的是提供一种成本低、工艺重复性好的钼精矿降铅方法,且有效的降低了钼精矿中其它重金属杂质含量,过滤液中钼损失量很少,所得的钼精矿焙烧成化工氧化钼后,杂质含量很低,不经酸洗这一步,可以直接制得四钼酸铵。

为了实现上述目的,本发明采用的技术方案是:一种钼精矿降铅方法,其特征在于其制备过程为:

(1) 将钼精矿、氯化钙固体按质量比8-10:1的比例混合,在研钵中研磨1-2 h,混匀;

(2) 将步骤(1)的混合物、浓度5-8%的盐酸固液比1:2~3混合,300转/分搅拌,得到固液混合物;

(3) 将步骤（2）的固液混合物，300 转/分搅拌下，加热到 70-80 ℃，保温 2 h；

(4) 将步骤（3）的固液混合物过滤，浸渣用 80 ℃的热水洗涤 3 次，滤液中钼损失量在 0.01-0.03 g/L，将浸渣置于烘箱中 120 ℃干燥 1-2 h，就得到含铅量很低的钼精矿。

本发明具有以下优点：本发明采用将钼精矿、氯化钙固体按质量比 10∶1 的比例混合，在研钵中研磨 2 h，混匀，不焙烧，减少了焙烧设备和成本，节约了电能和劳动力；将上述混均后的混合物与浓度 8%的盐酸固液比 1∶3 混合，300 转/分搅拌，得到固液混合物；在 300 转/分搅拌下，将固液混合物加热到 80 ℃，保温 2 h；然后将固液混合物过滤，浸渣用 80 ℃的沸水洗涤 3 次，置于烘箱中 120 ℃干燥 2 h，就得到含铅量很低的钼精矿，且有效的降低了钼精矿中其它重金属杂质含量，过滤液中钼损失量很少，滤液可重复利用，节能减排，用上述方法处理过的钼精矿，经焙烧成化工氧化钼后，杂质含量很低，不经酸洗这一步，可以直接制得四钼酸铵，减少酸洗设备，减少酸洗硝酸酸雾及废液对环境的污染，节约电能和劳动力，显著降低生产成本，节能减排。

具体实施方式

下面结合实施例对本发明做进一步说明。

实施例 1

将钼精矿、氯化钙固体按质量比 8∶1 的比例混合，在研钵中研磨 2 h，混匀；将混均后的混合物与浓度 5%的盐酸固液比 1∶2，在 300 转/分搅拌下混合，得到固液混合物；将固液混合物在 300 转/分搅拌下，加热到 70 ℃，保温 2 h；过滤，滤渣用 80 ℃的热水洗涤 3 次，将浸渣置于烘箱中 120 ℃干燥 2 h，就得到含铅量很低的钼精矿。且有效的降低了钼精矿中其它重金属杂质含量，过滤液中钼损失量在 0.01 g/L，所的钼精矿焙烧成化工氧化钼后，杂质含量很低，不经酸洗这一步，可以直接制得四钼酸铵。

表 1 本方法钼精矿含铅量（%）

元素	Mo	W	CaO	P	Cu	Pb	SiO_2	As	Sn
原料钼精矿	53	0.30	4.0	0.03	0.6	4.36	11.0	0.2	0.08
此方法后钼精矿	53.5	0.15	3.0	0.02	0.2	0.03	7.0	0.15	0.02

实施例 2

将钼精矿、氯化钙固体按质量比 9:1 的比例混合,在研钵中研磨 2 h,混匀;将混均后的混合物与浓度 8% 的盐酸固液比 1:2,在 300 转/分搅拌下混合,得到固液混合物;将固液混合物在 300 转/分搅拌下,加热到 80 ℃,保温 2 h;过滤,滤渣用 80 ℃ 的热水洗涤 3 次,将浸渣置于烘箱中 120 ℃ 干燥 2 h,就得到含铅量很低的钼精矿。且有效的降低了钼精矿中其它重金属杂质含量,过滤液中钼损失量在 0.02 g/L,所的钼精矿焙烧成化工氧化钼后,杂质含量很低,不经酸洗这一步,可以直接制得四钼酸铵。

表 2 本方法钼精矿含铅量(%)

元素	Mo	W	CaO	P	Cu	Pb	SiO$_2$	As	Sn
原料钼精矿	47	0.28	4.2	0.04	0.8	5.8	13.0	0.22	0.07
此方法后钼精矿	47.8	0.15	3.0	0.02	0.2	0.03	7.0	0.15	0.02

实施例 3

将钼精矿、氯化钙固体按质量比 10:1 的比例混合,在研钵中研磨 2 h,混匀;将混均后的混合物与浓度 8% 的盐酸固液比 1:3,在 300 转/分搅拌下混合,得到固液混合物;将固液混合物在 300 转/分搅拌下,加热到 80 ℃,保温 2 h;过滤,滤渣用 80 ℃ 的热水洗涤 3 次,将浸渣置于烘箱中 120 ℃ 干燥 2 h,就得到含铅量很低的钼精矿。且有效的降低了钼精矿中其它重金属杂质含量,过滤液中钼损失量在 0.01 g/L,所的钼精矿焙烧成化工氧化钼后,杂质含量很低,不经酸洗这一步,可以直接制得四钼酸铵。

表 3 本方法钼精矿含铅量(%)

元素	Mo	W	CaO	P	Cu	Pb	SiO$_2$	As	Sn
原料钼精矿	45	0.32	4.5	0.08	1.2	6.1	11.5	0.23	0.09
此方法后钼精矿	45.6	0.15	3.0	0.02	0.2	0.03	7.0	0.15	0.02

表 4 本方法钼精矿含铅量(%)

元素	Mo	W	CaO	P	Cu	Pb	SiO$_2$	As	Sn
原料钼精矿	38	0.35	4.8	0.15	1.50	8.0	8.5	0.25	0.20
此方法后钼精矿	38.9	0.15	3.0	0.02	0.2	0.03	7.0	0.15	0.02

实施例 4

将钼精矿、氯化钙固体按质量比 10∶1 的比例混合，在研钵中研磨 2 h，混匀；将混均后的混合物与浓度 8% 的盐酸固液比 1∶3，在 300 转/分搅拌下混合，得到固液混合物；将固液混合物在 300 转/分搅拌下，加热到 80 ℃，保温 2 h；过滤，滤渣用 80 ℃ 的热水洗涤 3 次，将浸渣置于烘箱中 120 ℃ 干燥 2 h，就得到含铅量很低的钼精矿。且有效的降低了钼精矿中其它重金属杂质含量，过滤液中钼损失量在 0.03 g/L，所的钼精矿焙烧成化工氧化钼后，杂质含量很低，不经酸洗这一步，可以直接制得四钼酸铵。

2.3.3 专利文件申请稿

一种高铅含铼钼精矿的降铅保铼方法

技术领域

本发明涉及一种高铅含铼钼精矿的降铅保铼方法，具体地说，涉及一种含铅量高且含有贵金属铼的钼精矿的预处理方法，属于稀有金属冶炼领域。

背景技术

我国钼冶金的原料绝大多数为辉钼矿（MoS_2）。依据辉钼矿床形成条件，它与多数金属矿床（如方铅矿等）存在伴生关系。传统冶金工艺是辉钼矿经浮选富集得到钼精矿后，通过直接氧化焙烧得到工业氧化钼。钼精矿中含有的大量伴生金属（Cu、Pb 等）杂质，不仅影响氧化焙烧后得到的工业氧化钼的品位，而且会给后序深加工带来很多除杂工序，极易造成重金属污染。在辉钼矿浮选富集的过程中，必须加入合适的抑制剂除去伴生金属杂质（如 Cu、Pb 等），因为难以有效控制抑制剂的用量，导致市售的钼精矿金属杂质含量普遍偏高。随着国家环保要求的不断增强以及含钼矿石贫、杂的趋势，该传统工艺的弊端日益突显。

目前，针对低品位钼精矿特别是高铅钼精矿的除杂方法已有报道：如采用粗精矿再磨再选，用 P-Noke（LR-744）药剂抑制方铅矿；用三氯化铁、盐酸和氯化钙混合溶液浸出钼精矿降低铅含量等。

铼在地球元素中属稀散元素，至今全球尚未发现独立的铼矿床，其中有少量铼以"杂质"形式存在于辉钼矿晶格中。目前铼产量很少，全球年产量不足40吨，属于世界稀缺的战略物资。随着高科技的快速发展，对高新材料技术水平的要求不断提高，铼的消费量呈快速增加趋势。在加工含铼钼矿过程中，铼作为一种稀有的贵重金属应该充分利用。因此针对低品位钼精矿特别是高铅含铼钼精矿，应采取必要措施降铅保铼，但是，还没有相关文献对高铅含铼钼精矿降铅保铼的方法做出具体报道。

发明内容

针对现有技术中没有对高铅含铼钼精矿进行降铅保铼方法的问题，本发明的目的是提供一种高铅含铼钼精矿的降铅保铼方法。所述方法成本低、工艺重复性好。经过本方法预处理后的钼精矿中的钼、铼损失少（滤液中钼含量≤0.01 g/L；滤液中铼含量≤0.0001 g/L）并且得到了一定程度的富集，其他碱金属（Cu、Fe等）的百分含量都有不同程度下降，特别是预处理后铅的百分含量≤0.03%，显著提高了钼精矿的品位。

为实现上述目的，本发明的技术方案如下。

一种高铅含铼钼精矿的降铅保铼的方法，具体步骤如下：

步骤一，在质量百分比浓度为3%~8%的盐酸溶液中加入氯化钙固体，等氯化钙固体溶解完全后，得到混合溶液。

步骤二，将混合溶液在搅拌的条件下加热至90~100 ℃，加入高铅含铼钼精矿粉体，得到固液混合物1。

步骤三，将固液混合物1在90~100 ℃搅拌的条件下保温40~90 min，得到固液混合物2。

步骤四，把固液混合物2过滤，过滤后得到固体和滤液，将所述固体用80~100 ℃的热水洗涤3次以上得到滤饼。

步骤五，将滤饼在110~150 ℃下烘干，直至滤饼中的水分降至1.0 g/cm³以下，制备得到了预处理后的钼精矿样品。

其中，所述水为工业纯水或自来水；所述氯化钙固体的质量：高铅含铼钼精矿粉体质量=（1:8）~（1:12），所述高铅含铼钼精矿粉体指铅含量在0.15%~0.8%，铼含量在0.01%~0.05%，钼精矿的品位在43%~48%的钼精矿粉体。

步骤二中的高铅含铼钼精矿粉体（kg）：混合溶液(L)=1:（2~5）。

有益效果

（1）本发明提供的一种高铅含铼钼精矿的降铅保铼方法，所用设备简单且少，可重复循环利用，故障容易排除、减少设备投资。

（2）本发明提供的一种高铅含铼钼精矿的降铅保铼方法，工艺及操作简单，劳动强度小，自动化程度高，参数容易控制。

（3）本发明提供的一种高铅含铼钼精矿的降铅保铼方法，步骤一中通过将氯化钙溶于盐酸溶液中，可提供氢离子和氯离子，为后续加入高铅含铼钼精矿反应做准备。

（4）本发明提供的一种高铅含铼钼精矿的降铅保铼方法，步骤二中通过在加热搅拌的条件下加入高铅含铼钼精矿粉体，使反应进行完全，避免反应过程中产生的气体使液体冲出。

（5）本发明提供的一种高铅含铼钼精矿的降铅保铼方法，步骤三中通过加热、搅拌、保温过程使钼精矿粉体中的杂质与盐酸充分反应，在此条件下钼、铼不反应，仍留在钼精矿粉体中，避免了钼、铼的损失。

（6）本发明提供的一种高铅含铼钼精矿的降铅保铼方法，步骤四中将固液混合物2过滤，所得滤液自然冷却至室温后可以看到有$PbCl_2$白色晶体析出，经过自然沉降后分层，上层的透明溶液可重复循环用于本发明提供的一种高铅含铼钼精矿的降铅保铼方法；下层的白色沉淀可以用于金属铅的提炼或者作为原料直接卖给金属铅提纯企业，变废为宝，为企业创造了经济效益，减少了废液及废渣排放，提高了试剂的利用率，减少了试剂成本，减少了环境污染。

（7）本发明提供的一种高铅含铼钼精矿的降铅保铼方法，经所述方法处理后的钼精矿中钼、铼损失少（滤液中钼含量≤0.01 g/L；滤液中铼含量≤0.000 1 g/L），其他碱金属、重金属等百分含量都有不同程度下降，特别是处理后铅的百分含量≤0.03%，显著提高了钼精矿的品位；同时经所述方法处理后的钼精矿中贵金属铼基本没有损失，不影响其后序经氧化焙烧制备化工氧化钼时对铼的综合回收。

具体实施方式

下面通过具体实施例来详细描述本发明。

［实施例1］

量取质量百分比浓度为36%的浓盐酸200 mL和工业纯水1 800 mL，放入带有加热套和搅拌装置的反应器中，室温下搅拌混合均匀，得到盐酸溶液；

在所述盐酸溶液中加入 82 g 氯化钙固体，在室温搅拌的条件下溶解完全，得到混合溶液；

将混合溶液在搅拌的条件下加热至 90 ℃，加入 980 g 高铅含铼钼精矿粉体，得到固液混合物 1；

将所述固液混合物 1 在 90 ℃ 充分搅拌的条件下保温 90 min，得到固液混合物 2；

把所述固液混合物 2 过滤，将过滤后得到的固体用 80 ℃ 的热水洗涤 3 次得到滤饼；

将所述滤饼在 150 ℃ 下烘干，直至滤饼中的水分降至 1.0 g/cm³，制备得到了预处理后的钼精矿样品。处理前后钼精矿的部分物质化学成分质量百分数对比见表 1。

表 1　钼精矿的部分物质化学成分质量百分数对比　　　　%

元素	Mo	WO₃	CaO	Cu	Pb	Re	Fe	Sn	Bi
处理前高铅含铼钼精矿粉体（以处理前高铅含铼钼精矿粉体的质量为 100% 计）	47.0	0.05	2.85	1.50	5.21	0.02	1.23	0.02	0.04
处理后高铅含铼钼精矿粉体（以处理后高铅含铼钼精矿粉体的质量为 100% 计）	47.8	0.05	0.51	0.16	0.03	0.05	0.45	0.01	0.02

[实施例 2]

量取质量百分比浓度为 36% 的浓盐酸 200 mL 和工业纯水 980 mL，放入带有加热套和搅拌装置的反应器中，室温下搅拌混合均匀，得到盐酸溶液；

在所述盐酸溶液中加入 30 g 氯化钙固体，在室温搅拌的条件下溶解完全，得到混合溶液；

将混合溶液在搅拌的条件下加热至 95 ℃，加入 295 g 高铅含铼钼精矿粉体，得到固液混合物 1；

将所述固液混合物 1 在 95 ℃ 充分搅拌的条件下保温 60 min，得到固液混合物 2；

把所述固液混合物 2 过滤，将过滤后得到的固体用 90 ℃ 的热水洗涤 4 次得到滤饼；

将滤饼在 120 ℃ 下烘干，直至滤饼中的水分降至 0.8 g/cm³，制备得到预处理后的钼精矿样品。处理前后钼精矿的部分物质化学成分质量百分数见表2。

表2 钼精矿的部分物质化学成分质量百分数对比　　　　　　　　%

元素	Mo	WO$_3$	CaO	Cu	Pb	Re	Fe	Sn	Bi
处理前高铅含铼钼精矿粉体（以处理前高铅含铼钼精矿粉体的质量为100%计）	45.2	0.04	2.42	2.00	4.81	0.05	1.20	0.05	0.05
处理后高铅含铼钼精矿粉体（以处理后高铅含铼钼精矿粉体的质量为100%计）	6.6	0.05	0.61	0.18	0.02	0.10	0.90	0.02	0.02

[实施例3]

量取质量百分比浓度为36%的浓盐酸200 mL和工业纯水1 000 mL，放入带有加热套和搅拌装置的反应器中，室温下搅拌混合均匀，得到盐酸溶液；

在所述盐酸溶液中加入28 g氯化钙固体，在室温搅拌的条件下溶解完全，得到混合溶液；

将混合溶液在搅拌的条件下加热至100 ℃，加入250 g高铅含铼钼精矿粉体，得到固液混合物1；

将所述固液混合物1在100 ℃充分搅拌的条件下保温40 min，得到固液混合物2；

把所述固液混合物2过滤，将过滤后得到的固体用100 ℃的热水洗涤5次得到滤饼；

将所述滤饼在110 ℃下烘干，直至滤饼中的水分降至0.9 g/cm^3，制备得到预处理后的钼精矿样品。处理前后钼精矿的部分物质化学成分质量百分数见表3。

表3 钼精矿的部分物质化学成分质量百分数对比

元素	Mo	WO$_3$	CaO	Cu	Pb	Re	Fe	Sn	Bi
处理前高铅含铼钼精矿粉体（以处理前高铅含铼钼精矿粉体的质量为100%计）	48.2	0.06	3.17	2.21	5.00	0.04	2.12	0.06	0.07
处理后高铅含铼钼精矿粉体（以处理后高铅含铼钼精矿粉体的质量为100%计）	52.1	0.06	0.82	0.05	0.01	0.08	0.81	0.02	0.02

2.3.4 案例分析

本案例技术交底书存在的问题如下：

发明人技术交底书对于有益效果阐述不足，缺乏相应数据支持。另外在语言叙述上也存在问题。

涉及法条——《专利法》第 26 条、第 59 条，《细则》第 17 条、第 19 条至第 22 条。

以下为技术交底书中的内容：

本发明采用的技术方案是：一种钼精矿降铅方法。其制备过程为：

（1）将钼精矿、氯化钙固体按质量比（8~10）∶1 的比例混合，在研钵中研磨 1~2 h，混匀。

（2）将步骤（1）的混合物与浓度为 5%~8% 的盐酸按固液比 1∶（2~3）混合，300 r/min 搅拌，得到固液混合物。

（3）将步骤（2）的固液混合物，在 300 r/min 搅拌下，加热到 70~80 ℃，保温 2 h。

（4）将步骤（3）的固液混合物过滤，浸渣用 80 ℃ 的热水洗涤 3 次，滤液中钼损失量在 0.01~0.03 g/L，将浸渣置于烘箱中 120 ℃ 干燥 1~2 h，就得到含铅量很低的钼精矿。

重新撰写的权利要求书：

（1）一种高铅含铼钼精矿的降铅保铼方法，其具体步骤如下：

步骤一，在质量百分比浓度为 3%~8% 的盐酸溶液中加入氯化钙固体，等氯化钙固体溶解完全后，得到混合溶液；

步骤二，将混合溶液在搅拌的条件下加热至 90~100 ℃，加入高铅含铼钼精矿粉体，得到固液混合物 1；

步骤三，将固液混合物 1 在 90~100 ℃ 搅拌的条件下保温 40~90 min，得到固液混合物 2；

步骤四，把固液混合物 2 过滤，将过滤后得到的固体用 80~100 ℃ 的热水洗涤 3 次以上得到滤饼；

步骤五，将滤饼在 110~150 ℃ 下烘干，直至滤饼中的水分降至 1.0 g/cm³ 以下，制备得到了预处理后的钼精矿样品。

其中，所述水为工业纯水或自来水；混合溶液中氯化钙固体的质量∶高铅含铼钼精矿粉体质量 =（1∶8）~（1∶12），所述高铅含铼钼精矿粉体指铅含量在 0.15%~0.8%，铼含量在 0.01%~0.05%，钼精矿的品位在 43%~48%的钼精矿粉体；

步骤二中的高铅含铼钼精矿粉体（kg）：混合溶液(L) = 1 : (2~5)。

针对权利要求书，分项撰写有益效果：

（1）本发明提供的一种高铅含铼钼精矿的降铅保铼方法，所用设备简单且少、可重复循环利用，故障容易排除、减少设备投资。

（2）本发明提供的一种高铅含铼钼精矿的降铅保铼方法，工艺及操作简单，劳动强度小，自动化程度高，参数容易控制。

（3）本发明提供的一种高铅含铼钼精矿的降铅保铼方法，步骤一中通过将氯化钙溶于盐酸溶液中，可提供氢离子和氯离子，为后续加入高铅含铼钼精矿反应做准备。

（4）本发明提供的一种高铅含铼钼精矿的降铅保铼方法，步骤二中通过在加热搅拌的条件下加入高铅含铼钼精矿粉体，使反应进行完全，避免反应过程中产生的气体使液体冲出。

（5）本发明提供的一种高铅含铼钼精矿的降铅保铼方法，步骤三中通过加热、搅拌、保温过程使钼精矿粉体中的杂质与盐酸充分反应，在此条件下钼、铼不反应，仍留在钼精矿粉体中，避免了钼、铼的损失。

（6）本发明提供的一种高铅含铼钼精矿的降铅保铼方法，步骤四中将固液混合物2过滤，所得滤液自然冷却至室温可以看到有 $PbCl_2$ 白色晶体析出，经过自然沉降后分层，上层的透明溶液可重复循环用于本发明提供的一种高铅含铼钼精矿的降铅保铼方法；下层的白色沉淀可以用于金属铅的提炼或者作为原料直接卖给金属铅提纯企业，变废为宝，为企业创造了经济效益，减少了废液及废渣排放，提高了试剂的利用率，减少了试剂成本，减少了环境污染。

（7）本发明提供的一种高铅含铼钼精矿的降铅保铼方法，经所述方法处理后的钼精矿中钼、铼损失少（滤液中钼含量≤0.01 g/L；滤液中铼含量≤0.0001 g/L），其他碱金属、重金属等百分含量都有不同程度下降，特别是处理后铅的百分含量≤0.03%，显著提高了钼精矿的品位；同时经所述方法处理后的钼精矿中贵金属铼基本没有损失，不影响其后序经氧化焙烧制备化工氧化钼时对铼的综合回收。

实施例中加入对测试结果的分析：

处理前后钼精矿的部分物质化学成分质量百分数对比见表1。

表1 钼精矿的部分物质化学成分质量百分数对比　　　　　　　　　%

元素	Mo	WO₃	CaO	Cu	Pb	Re	Fe	Sn	Bi
处理前高铅含铼钼精矿粉体（以处理前高铅含铼钼精矿粉体的质量为100%计）	47.0	0.05	2.85	1.50	5.21	0.02	1.23	0.02	0.04
处理后高铅含铼钼精矿粉体（以处理后高铅含铼钼精矿粉体的质量为100%计）	47.8	0.05	0.51	0.16	0.03	0.05	0.45	0.01	0.02

2.4 案例4 一种硼氢化物水解制氢催化剂及其制备方法

2.4.1 技术交底书

（1）权利要求书

1. 一种硼氢化物水解制氢催化剂，其特征在于：催化剂为均分散硼化物材料，这种均分散硼化物材料的化学组成可写为 M_xB，其中 M 为 Fe、Ti、Cu、Zn、Al、Zr、Nd、Mo、V、Cr、Co、Ni、Ag、Mg 金属元素或其相互间组合，并且 $1 \leqslant x \leqslant 4$，且 x 可以为非整数。制氢催化剂的结构形态为晶态或无定形态。

所述硼氢化物水解制氢催化剂合成方法包括以下步骤：

（1）选取含有 BH_4^- 的溶液作为还原剂，用缓冲溶液调节 pH 值 7~14，将其以一定的速率滴加到含有可溶性金属盐的溶液中，在反应器中不断搅拌下两者反应形成沉淀物，待反应完成后继续搅拌 0.5 h~1 h，所使用的可溶性金属盐包括：Fe、Ti、Cu、Zn、Al、Zr、Nd、Mo、V、Cr、Co、Ni、Ag、Mg 这些金属离子中的一种或几种；

（2）将步骤（1）中的沉淀物用洗涤剂进行反复洗涤后，抽滤，接着将沉淀物从室温下降至设定的冷冻温度；预先冷冻一定时间；然后将处于冻结状态的样品在真空度低于 10.0 Pa 下进行真空处理一定时间，使冻结的洗涤剂通过升华过程被除去，得到均分散的前驱物；

（3）将步骤（2）中得到的均分散的前驱物在氩气气氛中，或氮气气氛中，或真空条件下进行热处理得到均分散的硼化物材料，热处理温度为 50 ℃~850 ℃。

(2) 说明书

一种硼氢化物水解制氢催化剂

技术领域

本发明属于氢气制备和能源技术领域,提供了一种硼氢化物水解制氢催化剂。

背景技术

近年来,有关氢能源的开发及应用问题受到我国以及世界各国的高度重视,氢能源被认为是一种有望取代石化能源的洁净能源,"氢经济"概念正在深入人心。现有的制氢技术中,硼氢化物水解制氢技术是一种安全、方便的新型发生氢气的技术,也是目前一种比较热门的催化发生氢气的技术。具有对环境友好、储氢量高、产氢速率容易控制等优点的硼氢化物溶液体系作为储氢系统的技术的研究,为高容量储氢和制氢技术提供了一条新途径。

氢能源应用技术的关键技术之一在于如何提高制氢效率。已有文献报道,催化剂的性质对硼氢化物溶液水解反应的产氢量及产氢速率均有很重要的影响。目前研究的制氢催化剂中,贵金属催化剂的催化性能良好,但考虑到其高成本、在实际应用中很难大规模生产,且反应结束后,催化剂很难与反应产物分离而不能实现循环利用。因此需要提供一种成本低且催化效率高的制氢催化剂。本发明为对硼氢化物溶液水解制氢提供一种催化剂及其制备方法,脱氢效率达95%以上。

发明内容

本发明的目的在于提供一种硼氢化物水解制氢催化剂,该催化剂活性高,价格低廉,原材料容易得到。

另外本发明提供一种上述催化剂的制备方法。该方法制备的催化剂具有分散性好、比表面积和孔容更高、粒度分布均一等特点。

为实现上述目的,本发明提供一种硼氢化物水解制氢催化剂,其特征在于:催化剂为均分散硼化物材料,这种均分散硼化物材料的化学组成可写为 M_xB,其中 M 为 Fe、Ti、Cu、Zn、Al、Zr、Nd、Mo、V、Cr、Co、Ni、Ag、Mg 金属元素或其相互间组合,并且 $1 \leqslant x \leqslant 4$,且 x 可以为非整数。制氢催化剂的结构形态为晶态或无定形态。

所述硼氢化物水解制氢催化剂合成方法包括以下步骤：

(1) 选取含有 BH_4^- 的溶液作为还原剂，用缓冲溶液调节 pH 值 7~14，将其以一定的速率滴加到含有可溶性金属盐的溶液中，在反应器中不断搅拌下两者反应形成沉淀物，待反应完成后继续搅拌 0.5 h~1 h，所使用的可溶性金属盐包括：Fe、Ti、Cu、Zn、Al、Zr、Nd、Mo、V、Cr、Co、Ni、Ag、Mg 这些金属离子中的一种或几种；

(2) 将步骤 (1) 中的沉淀物用洗涤剂进行反复洗涤后，抽滤，接着将沉淀物从室温下降至设定的冷冻温度；预先冷冻一定时间；然后将处于冻结状态的样品在真空度低于 10.0 Pa 下进行真空处理一定时间，使冻结的洗涤剂通过升华过程被除去，得到均分散的前驱物；

(3) 将步骤 (2) 中得到的均分散的前驱物在氩气气氛中，或氮气气氛中，或真空条件下进行热处理得到均分散的硼化物材料，热处理温度为 50 ℃~850 ℃。

本发明所述的一种硼氢化物水解制氢催化剂，其特征在于所述制氢催化剂合成方法步骤 (1) 中所述的含有 BH_4^- 的溶液为 KBH_4、$NaBH_4$、$Al(BH_4)_3$ 中的一种或几种；缓冲溶液为 NaOH、KOH、LiOH、氨水、碳酸钠、碳酸氢钠、碳酸钾、碳酸氢钾、氢氧化钙、氢氧化钡、磷酸二氢钾、磷酸氢二钠、氨水-氯化铵缓冲溶液、硼砂-氯化钙缓冲溶液、硼砂-碳酸钠缓冲溶液中的一种或几种；搅拌为超声波振荡、玻璃棒搅拌、电动搅拌、磁力搅拌中的一种。

本发明所述的一种硼氢化物水解制氢催化剂，其特征在于所述制氢催化剂合成方法步骤 (1) 中的滴加速率为 1 mL/min~20 mL/min；反应器置于冰浴环境中，温度为-20 ℃至4 ℃。

本发明所述的一种硼氢化物水解制氢催化剂，其特征在于所述制氢催化剂合成方法步骤 (2) 中将沉淀物从室温下降至设定冷冻温度的过程为：室温下将样品放入冷阱中，与冷阱一起降至设定的冷冻温度，冷冻温度为-10 ℃~-200 ℃，降温速率为 5~90 ℃/min；冷冻时间为 1 h~12 h。

本发明所述的一种硼氢化物水解制氢催化剂，其特征在于所述制氢催化剂合成方法步骤 (2) 中将沉淀物从室温下降至设定的冷冻温度的过程为：将冷阱温度降至设定的冷冻温度，冷冻温度为-10 ℃~-200 ℃，降温速率为 5~90 ℃/min；然后将样品在冰箱或液氮中降温后放入冷阱中，冷冻时间为 1 h~12 h。

本发明所述的一种硼氢化物水解制氢催化剂,其特征在于所述制氢催化剂合成方法步骤(2)中真空处理时间为 1 h~48 h。

本发明所述的一种硼氢化物水解制氢催化剂,其特征在于所述制氢催化剂合成方法步骤(2)中所述的洗涤剂为蒸馏水、去离子水、无水乙醇、乙二醇、异丙醇、丙酮、甲乙酮中的一种或几种。

本发明所述的一种硼氢化物水解制氢催化剂,其特征在于所述制氢催化剂的粒径范围为 2 nm~50 μm。

本发明所述的一种硼氢化物水解制氢催化剂,其特征在于所述均制氢催化剂的比表面积为 5 m^2/g~200 m^2/g。

本发明制备沉淀物的反应时放热反应,将反应装置置于冰浴中,可以降低反应体系的温度,使反应温和进行,防止粒子因热团聚增长变大。通过降温预冷过程使催化剂材料首先处于冻结状态,然后冰通过升华过程被除去,避免了因固液界面表面张力的作用所导致的孔塌陷现象,使干燥后催化剂材料的组织结构与孔分布被最大限度地保存下来,可以有效地抑制颗粒硬团聚的产生,获得比表面积和孔容更高、粒度分布均一颗粒。

本发明所述的制备方法,其前期反应迅速,后继处理简单方便,可操作性强。并且反应副产物偏硼酸盐可以作为制备硼氢化物的原料进行回收再利用,对环境无害。制备的催化剂结构和催化性能良好,具有高的催化活性,其脱氢率可达95%以上。

附图说明

图1为本发明制氢催化剂材料的X光谱衍射图,其中曲线(a)为实施例1的晶态制氢催化剂材料,曲线(b)为实施例2的无定形制氢催化剂材料。

具体实施方式

下面通过具体实施例来详细描述本发明:

[实施例1]

将用 NaOH 调pH值至12的过量 $NaBH_4$ 溶液(0.5 mol/L,100 mL),以 1 mL/min 速率逐滴滴加至 0.1 mol/L,100 mL 的 $CoCl_2$ 溶液中,用磁力搅拌器搅拌,待反应完成后继续搅拌 0.5 h,以确保反应完全,反应器置于 4 ℃冰浴环境中。将所得的黑色沉淀抽滤,并用去离子水反复洗涤至少三次。室温下将样品放入冷阱中，与冷阱一起降至设定的冷冻温度 -90 ℃，降温速率为 15 ℃/min。将滤饼首先在冷阱中进行预冻，预冻阶段为降温过程之后的保温过程，即在 -90 ℃下保温 3 h，将湿物料中游离态的水完全冻结成冰，为干燥阶段做准备。样品预冻完毕后即可开始抽真空，使物料中冰升华，实现干燥过程。在真空度低于 10.0 Pa、温度为 -90 ℃的条件下进行真空处理 24 h。干燥后所得的前驱体在管式炉中 400 ℃煅烧即得到具有晶态的制氢催化剂材料，其比表面积为 36.04 m^2/g，粒径约为 300 nm 左右，其 X 光谱如附图（a）所示。

为检测该制氢催化剂的脱氢活性，预先将一定量的 NaBH$_4$ 溶液置于反应器中，然后将一定量的上述制氢催化剂材料加入反应器中；产生的氢气经由流量计记录体积。将流量计实际记录的氢气体积与理论上应产生的氢气体积之比作为脱氢效率。测得上述制氢催化剂的脱氢效率为 97.5%。

[**实施例 2**]

将用 NaOH 调 pH 值至 12 的过量 NaBH$_4$ 溶液（0.5 mol/L，100 mL），以 5 mL/min 速率逐滴滴加至 0.1 mol/L，100 mL 的 CoCl$_2$ 溶液中，用磁力搅拌器搅拌，待反应完成后继续搅拌 0.5 h，以确保反应完全，赶走氢气泡。反应器置于 4 ℃冰浴环境中，将所得的黑色沉淀抽滤，并用去离子水反复洗涤至少三次。室温下将样品放入冷阱中，与冷阱一起降至设定的冷冻温度 -90 ℃，降温速率为 15 ℃/min。将滤饼首先在冷阱中进行预冻，预冻阶段为降温过程之后的保温过程，即在 -90 ℃下保温 3 h，将湿物料中游离态的水完全冻结成冰，为干燥阶段做准备。样品预冻完毕后即可开始抽真空，使物料中冰升华，实现干燥过程。在真空度低于 10.0 Pa、温度为 -90 ℃的条件下进行真空处理 6 h。干燥后所得的前驱体在 50 ℃ 热处理得到无定形的制氢催化剂材料，其比表面积为 23.39 m^2/g，粒径约为 1 μm，其 X 光谱如附图（b）所示。

按实施例 1 中所述的步骤测试合成的制氢催化剂的脱氢活性，测得上述材料的脱氢效率为 96.4%。

[**实施例 3**]

将用浓氨水调 pH 值至 12 的过量 NaBH$_4$ 溶液（0.5 mol/L，100 mL），以 5 mL/min 速率逐滴滴加至 0.1 mol/L，100 mL 的 CoCl$_2$ 溶液中，用磁力搅拌器搅拌，待反应完成后继续搅拌 0.5 h，以确保反应完全，赶走氢气泡。反应器置于 -8 ℃冰浴环境中。将所得的黑色沉淀抽滤，并用无水乙醇和去离子水反复洗涤至少三次。先将冷阱温度降至-90 ℃，再将在低温冰箱中的样品放入冷阱中，降温速率为 35 ℃/min。将滤饼首先在冷阱中进行预冻，预冻阶段为降温过程之后的保温过程，即在-90 ℃下保温 6 h，将湿物料中游离态的水完全冻结成冰，为干燥阶段做准备。样品预冻完毕后开始抽真空，使物料中冰升华，实现干燥过程。在真空度低于 10.0 Pa、温度为-90 ℃的条件下进行真空处理干燥 48 h，干燥后所得的前驱体在管式炉中 500 ℃的煅烧即得到催化剂材料，其比表面积为 71.4 m^2/g，粒径约为 100 nm 左右。

按实施例 1 中所述的步骤测试合成的制氢催化剂脱氢活性，测得上述材料的脱氢效率为 98.6%。

[**实施例 4**]

将用 KOH 调 pH 值至 12 的 1.0 mol/L $NaBH_4$ 溶液 100 mL 以 10 mL/min 的速率逐滴滴加至 0.2 mol/L，100 mL 的 $CoCl_2$ 溶液中，用磁力搅拌器搅拌，待反应完成后继续搅拌 1 h，以确保反应完全，赶走氢气泡。反应器置于-8 ℃冰浴环境中。将所得的黑色沉淀抽滤，并用去离子水反复洗涤至少三次。先将冷阱温度降至-200 ℃，再将在低温冰箱中的样品放入冷阱中，降温速率为 90 ℃/min。将滤饼首先在冷阱中进行预冻 1 h，将湿物料中游离态的水完全冻结成冰。样品预冻完毕后即可开始抽真空，使物料中冰升华，实现干燥过程。在真空度低于 10.0 Pa、温度为-200 ℃的条件下进行真空处理干燥 24 h，干燥后所得的前驱体在管式炉中，在氩气气氛的保护下 300 ℃的煅烧即得到硼化物材料，其比表面积为 198.2 m^2/g，粒径约为 2 nm 左右。

按实施例 1 中所述的步骤测试合成的制氢催化剂脱氢活性，测得上述材料的脱氢效率为 99.3%。

[**实施例 5**]

将含有 NaOH 的 0.5 mol/L $NaBH_4$ 溶液（溶液 pH 值约为 14）100 mL 以 10 mL/min 的速率逐滴滴加至 0.1 mol/L，100 mL 的 $CoCl_2$ 溶液中，用磁力搅拌器搅拌，待反应完成后继续搅拌 0.5 h，以确保反应完全，赶走氢气泡。将所得的黑色沉淀抽滤，并用去离子水反复洗涤至少三次。预先将冷阱温度降至-90 ℃，再将室温下的样品放入冷阱中快速降温降至-90 ℃，降温速率约为 55 ℃/min。将滤饼首先在冷阱中进行预冻 12 h，将湿物料中游离态的水完全冻结成冰。样品预冻完毕后即可开始抽真空，使物料中冰升华，实现干燥过程。在真空度低于 10.0 Pa、温度为-90 ℃

的条件下进行真空处理干燥12 h，干燥后所得的前驱体在管式炉中，在氩气气氛的保护下700 ℃的煅烧即得到硼化物材料，其比表面积为10.59 m^2/g，粒径约为20 μm。

按实施例1中所述的步骤测试合成的制氢催化剂脱氢活性，测得上述材料的脱氢效率为95.6%。

[**实施例6**]

将含有氨水-氯化铵缓冲溶液的0.5 mol/L NaBH$_4$溶液（溶液pH值约为8）100 mL以20 mL/min的速率逐滴滴加至0.1 mol/L，100 mL的CoCl$_2$溶液中，用磁力搅拌器搅拌，待反应完成后继续搅拌0.5 h，以确保反应完全，赶走氢气泡。将所得的黑色沉淀抽滤，并用去离子水反复洗涤至少三次。预先将冷阱温度降至-10 ℃，再将室温下的样品放入冷阱中降温降至-10 ℃，降温速率约为5 ℃/min。将滤饼首先在冷阱中进行预冻12 h，将湿物料中游离态的水完全冻结成冰。样品预冻完毕后即可开始抽真空，使物料中冰升华，实现干燥过程。在真空度低于10.0 Pa、温度为-10 ℃的条件下进行真空处理干燥1 h，干燥后所得的前驱体在管式炉中，在氩气气氛的保护下850 ℃的煅烧即得到硼化物材料，其比表面积为5.23 m^2/g，粒径约为50 μm。

按实施例1中所述的步骤测试合成的制氢催化剂脱氢活性，测得上述材料的脱氢效率为95.2%。

[**实施例7**]

采用100毫升5wt% NaBH$_4$+1wt% NaOH溶液作为还原剂，金属盐采用比例为1∶1的CoCl$_2$和NiCl$_2$，为了确保还原反应的充分进行，NaBH$_4$和金属原子的摩尔比定为5∶1。100毫升CoCl$_2$和NiCl$_2$混合溶液置于三口烧瓶内，再将100毫升5wt% NaBH$_4$+1wt% NaOH溶液在蠕动泵的作用下以5 mL/min速率逐滴加入三口烧瓶内，反应器置于冰浴环境中，并用电子搅拌器搅拌，反应时间为0.5 h。将所得的黑色沉淀抽滤，并用去离子水反复洗涤至少三次。预先将冷阱温度降至预冻温度-80 ℃，再将室温下样品放入冷阱中快速降温降至-80 ℃，降温速率为40 ℃/min。将样品首先在冷阱中进行预冻3 h。样品预冻完毕后即可开始抽真空，使物料中冰升华，实现干燥过程。在真空度低于10.0 Pa、温度为-80 ℃的条件下进行真空冷冻干燥24 h，干燥后所得的前驱体在管式炉中，在氩气气氛的保护下400 ℃的煅烧即得到Co-Ni-B合金粉末样品，其比表面积为41.06 m^2/g，粒径约为200 nm左右。经诱导耦合等离子体光谱分析，Co∶Ni∶B=1.05∶1.01∶1。

按实施例 1 中所述的步骤测试合成的制氢催化剂的脱氢活性,测得上述材料的脱氢效率为 98.2%。

[**实施例 8**]

采用碳酸钠与 NaOH 调 pH 值至 12 的过量 100 毫升 NaBH$_4$ 溶液作为还原剂,金属盐采用比例为 5:1 的 CoCl$_2$ 和 MgCl$_2$,为了确保还原反应的充分进行,NaBH$_4$ 和金属原子的摩尔比定为 5:1。100 毫升 CoCl$_2$ 和 MgCl$_2$ 混合溶液置于三口烧瓶内,再将 100 毫升 NaBH$_4$ 溶液在蠕动泵的作用下以 7.5 mL/min 速率逐滴加入三口烧瓶内,反应器置于 0 ℃ 冰浴环境中,并用玻璃棒搅拌,待反应完成后继续搅拌 45 min。将所得的黑色沉淀抽滤,并用蒸馏水和无水乙醇反复洗涤至少三次。预先将冷阱温度降至预冻温度 -90 ℃,再将室温下样品放入冷阱中快速降温降至 -90 ℃,降温速率为 55 ℃/min。将样品首先在冷阱中进行预冻 3 h。样品预冻完毕后即可开始抽真空,使物料中冰升华,实现干燥过程。在真空度低于 10.0 Pa、温度为 -90 ℃ 的条件下进行真空冷冻干燥 24 h,干燥后所得的前驱体在管式炉中,在 N$_2$ 气氛的保护下 400 ℃ 的煅烧即得到 Co$_{1.79}$-Mg$_{0.02}$-B 合金粉末样品,其比表面积为 47.51 m^2/g,粒径约为 200 nm 左右。

按实施例 1 中所述的步骤测试合成的制氢催化剂的脱氢活性,测得上述材料的脱氢效率为 98.2%。

[**实施例 9**]

将用碳酸氢钾与 KOH 调 pH 值至 12 的过量 KBH$_4$ 溶液(0.5 mol/L,100 mL),以 1 mL/min 速率逐滴滴加至 0.1 mol/L,100 mL 的 FeCl$_3$ 溶液中,用超声波振荡,待反应完成后继续振荡 0.5 h,以确保反应完全,反应器置于 4 ℃ 冰浴环境中。将所得的黑色沉淀抽滤,并用去离子水和丙酮反复洗涤至少三次。室温下将样品放入冷阱中,与冷阱一起降至设定的冷冻温度 -90 ℃,降温速率为 15 ℃/min。将滤饼首先在冷阱中进行预冻,预冻阶段为降温过程之后的保温过程,即在 -90 ℃ 下保温 3 h,将湿物料中游离态的水完全冻结成冰,为干燥阶段做准备。样品预冻完毕后即可开始抽真空,使物料中冰升华,实现干燥过程。在真空度低于 10.0 Pa、温度为 -90 ℃ 的条件下进行真空处理 24 h。干燥后所得的前驱体在管式炉中,在 N$_2$ 气氛的保护下 500 ℃ 煅烧即得到硼化物材料,其比表面积为 30.24 m^2/g,粒径约为 600 nm 左右。

按实施例 1 中所述的步骤测试合成的制氢催化剂的脱氢活性,测得上述材料的脱氢效率为 96.9%。

2.4.2 中间文件

一种硼氢化物水解制氢催化剂及其制备方法

技术领域

本发明涉及一种硼氢化物水解制氢催化剂及其制备方法，属于氢气制备和能源技术领域。

背景技术

近年来，有关氢能源的开发及应用问题受到我国以及世界各国的高度重视，氢能源被认为是一种有望取代石化能源的洁净能源，"氢经济"概念正在深入人心。现有的制氢技术中，硼氢化物水解制氢技术是一种安全、方便的新型发生氢气的技术，也是目前催化发生氢气的技术的研究热点。硼氢化物溶液体系具有对环境友好、储氢量高、产氢速率容易控制等优点，为高容量储氢和制氢技术提供了一条新途径（Zhao J Z, Ma H, Chen J, International Journal of Hydrogen Engergy, 2007, (32)：4711-4716)。

硼氢化物可以按照下述反应式进行水解脱氢：

$$NaBH_4 + 2H_2O \longrightarrow NaBO_2 + 4H_2$$

氢能源应用技术的关键技术之一在于如何提高制氢效率。从已有文献报道可知，制氢催化剂的性质对硼氢化物溶液水解反应的产氢量及产氢速率均有很重要的影响。目前研究的制氢催化剂中，贵金属制氢催化剂的催化性能良好（Brown H C, Brown C A, Journal of the American Chemical Society, 1962, (84)：1493-1944; Hsueh C L, Chen C U, Ku J R, Journal of Power Sources, 2008, (177)：485-492)，例如 Steven C. Amendola 研究的 Ru 基制氢催化剂在催化硼氢化钠溶液水解制氢时脱氢效率可以达到93%以上（Steven C. Amendola, Stefanie L. Sharp-Goldman, M. Saleem Janjua, International Journal of Hydrogen Energy, 2000 (25)：969-975)。但考虑到贵金属制氢催化剂的成本高，在实际应用中很难大规模生产，因此需要提供一种成本低且催化效率高的制氢催化剂。

目前，价格低廉的过渡金属制氢催化剂逐渐引起人们的关注，白莹等人用传统化学还原法合成，并在不同温度处理下得到 Co-B 合金，发现表面积在 2.8~32 m²/g，5 000 处理下得到的 Co-B 具有最高的催化活性，脱氢效率在 80~85%。（白莹、吴锋、吴川. Co₂B 合金在 NaBH₄ 现场制氢中的应用研究. 现代化工, 2006, 26（4）: 282-311）吴川等通过溶液化学反应和两级热处理得到化学组成为 M$_x$B 的金属硼化物催化剂，该催化剂中除含有金属元素和硼元素外，还通过化学键或物理作用结合有 H 或 O 杂质，脱氢效率为 86~96%。（吴川, 吴锋, 陈实, 单忠强, 先毅. 一种对氢具有高活性的金属硼化物及其制备方法. 中国专利. 专利号 ZL200410088869.2）但上述方法合成的金属硼化物催化剂催化效率较低，且存在颗粒分布不均匀、粒子分布尺寸宽、含有杂相等问题。因此需要提供一种催化效率高、颗粒分散性好、比表面积高和粒度分布均一的硼氢化物水解制氢催化剂。

发明内容

针对现有技术中贵金属催化剂存在成本高的问题，金属硼化物催化剂存在催化效率较低、颗粒分布不均匀、粒子分布尺寸宽、含有杂相的问题，本发明的目的之一在于提供了一种硼氢化物水解制氢催化剂，所述制氢催化剂，价格低廉，原材料容易得到，活性高，除金属元素和硼元素以外不含其它杂质。

本发明的目的之二在于提供一种硼氢化物水解制氢催化剂的制备方法。所述方法制备的催化剂具有分散性好、比表面积高和粒度分布均一的特点。

为实现上述目的，本发明的技术方案如下：

一种硼氢化物水解制氢催化剂：所述制氢催化剂的化学式为 M$_x$B，其中 M 为 Fe、Ti、Cu、Zn、Al、Zr、Nd、Mo、V、Cr、Co、Ni、Ag 或 Mg 中一种或一种以上金属元素，1≤x≤4；所述制氢催化剂为均分散硼化物材料；结构形态为晶态或无定形态。

所述制氢催化剂的粒径为 2 nm~50 μm；比表面积为 5 m²/g~200 m²/g。

一种硼氢化物水解制氢催化剂的制备方法，所述方法步骤如下：

步骤一、将含有可溶性金属盐的溶液加入反应器中，再加入用碱或缓冲溶液调节 pH 值为 7~14 的含有 BH$_4^-$ 的溶液，混合反应得到沉淀物 1；

步骤二、将沉淀物 1 用洗涤剂洗涤≥2 次后，固液分离得到沉淀物 2；接着将沉淀物 2 降温至-10 ℃以下，然后在真空度≤10.0 Pa 下进行真空处理，得到前驱物；

步骤三、将前驱物在隔绝氧气条件下进行热处理,得到本发明所提供的一种硼氢化物水解制氢催化剂,化学式为 M_xB;

其中,步骤一中所述可溶性金属盐中的金属元素为 Fe、Ti、Cu、Zn、Al、Zr、Nd、Mo、V、Cr、Co、Ni、Ag 或 Mg 中的一种或一种以上;含有 BH_4^- 的溶液中的溶质为硼氢化钾、硼氢化钠或硼氢化铝中的一种或一种以上的混合物;碱为氢氧化钠、氢氧化钠、氢氧化锂、氨水、碳酸钠、碳酸氢钠、碳酸钾、碳酸氢钾、氢氧化钙、氢氧化钡、磷酸二氢钾或磷酸氢二钠中的一种或一种以上的混合物;缓冲溶液为氨水-氯化铵缓冲溶液、硼砂-氯化钙缓冲溶液或硼砂-碳酸钠缓冲溶液中的一种;

步骤二中的洗涤剂为蒸馏水、去离子水、无水乙醇、乙二醇、异丙醇、丙酮或甲乙酮;洗涤时可以用相同或不同的洗涤剂分别洗涤;固液分离方法为化学领域的常规手段;真空处理时间为 1 h~48 h;

步骤三中热处理温度为 50 ℃~850 ℃,热处理时间为 1~48 h。

其中,优选步骤一中滴加加入用碱或缓冲溶液调节 pH 值为 7~14 的含有 BH_4^- 的溶液,滴加速率为 1 mL/min~20 mL/min;混合结束后继续搅拌 0.5 h~1 h;混合条件为超声波振荡、玻璃棒搅拌、电动搅拌或磁力搅拌中的一种。

有益效果

1. 本发明所述的硼氢化物水解制氢催化剂 M_xB 为非贵金属制氢催化剂,成本低,可在实际中进行大规模生产;结构和性能良好,具有高的催化活性,脱氢率可达95%以上;所述制氢催化剂为均分散粉体颗粒组成、形状相同,粒子尺寸分布狭窄,粒子之间没有团聚的颗粒;

2. 本发明所述的一种硼氢化物水解制氢催化剂的制备方法,具有前期反应迅速,后继处理简单方便,可操作性强的优点;

3. 本发明所述制备方法,步骤一中通过滴加含有 BH_4^- 的溶液和滴加结束后继续搅拌,使反应进行完全;

4. 本发明所述制备方法,步骤一中混合反应得到沉淀物 1 为放热反应,将反应器置于-20 ℃~4 ℃的环境中,可以降低反应体系的温度,使反应温和进行,防止沉淀物 1 的粒子因热团聚增长变大;

5. 本发明所述制备方法,步骤二中通过冷冻过程使沉淀物 2 首先处于冻结状态,然后经过真空处理,使沉淀物 2 中液体通过升华过程被除去,避免了因固液界面表面张力的作用所导致的孔塌陷现象,使干燥后沉淀物 2 的组织结构与孔分布被最大限度地保存下来，可以有效地抑制颗粒硬团聚的产生，获得比表面积高、粒度分布均一的制氢催化剂颗粒；

6. 本发明所述制备方法，步骤三中的前驱物在隔绝氧气条件下进行热处理，有效避免了氧化反应的发生。

附图说明

图 1 为实施例 1 制备得到的一种硼氢化物水解制氢催化剂的 X 光谱衍射图。

图 2 为实施例 2 制备得到的一种硼氢化物水解制氢催化剂的 X 光谱衍射图。

图 3 为实施例 2 制备得到的一种硼氢化物水解制氢催化剂的扫描电镜图。

具体实施方式

下面通过具体实施例来详细描述本发明：

[实施例 1]

将反应器置于 4 ℃环境中，在磁力搅拌器搅拌条件下，将 0.1 mol/L，100 mL 的 $CoCl_2$ 溶液加入反应器中。再以 1 mL/min 的速率，逐滴滴加用 NaOH 调 pH 值至 12 的过量 $NaBH_4$ 溶液（0.5 mol/L，100 mL），滴加结束后继续搅拌 0.5 h，以确保反应完全，得到沉淀物 1。将所得的沉淀物 1 用去离子水洗涤 3 次后抽滤，得到沉淀物 2。将沉淀物 2 放入冷阱中，与冷阱一起降至 -90 ℃，降温速率为 15 ℃/min，在 -90 ℃下冷冻 3 h。冷冻完毕后抽真空，使沉淀物 2 中液体升华，实现干燥过程。在真空度 ≤10.0 Pa（本实验技术条件下真空度保持在 ≤10.0 Pa 即可，实际实验过程中真空度是不断变化的）、温度为 -90 ℃的条件下进行真空处理 24 h，得到前驱体。将前驱体在 Ar 气氛中，管式炉中以 400 ℃煅烧 4 h，得到最终产物。经检测所述最终产物化学组成为 $Co_{2.01}B$，为本发明所述的一种硼氢化物水解制氢催化剂。图 1 为实施例 1 最终产物的 X 光谱衍射图，图中含有多个彼此独立的很窄的"尖峰"，其中的特征峰为 Co_3B、CoB 和 Co 的衍射峰，表明最终产物为晶态。从扫描电镜图中可以得到所述最终产物为均分散粉体，即颗粒组成、形状相同，粒子尺寸分布狭窄，粒子之间没有团聚的颗粒。检测得所述最终产物的比表面积为 36.04 m^2/g，粒径为 300 nm，脱氢效率为 97.5%。

[实施例2]

将反应器置于4℃环境中,在磁力搅拌器搅拌条件下,将0.1 mol/L,100 mL的$CoCl_2$溶液加入反应器中。再以5 mL/min的速率,逐滴滴加用NaOH调pH值至12的过量$NaBH_4$溶液(0.1 mol/L,100 mL),滴加结束后继续搅拌0.5 h,以确保反应完全,赶走氢气泡,得到沉淀物1。将所得的沉淀物1用去离子水洗涤三次后抽滤,得到沉淀物2。将沉淀物2放入冷阱中,与冷阱一起降至-90℃,降温速率为15℃/min,在-90℃下冷冻3 h。冷冻完毕后抽真空,使沉淀物2中液体升华,实现干燥过程。在真空度≤10.0 Pa(本实验技术条件下真空度保持在≤10.0 Pa即可,实际实验过程中真空度是不断变化的)、温度为-90℃的条件下进行真空处理6 h,得到前驱体。将前驱体在真空度≤10.0 Pa条件下50℃热处理48 h,得到最终产物。经检测所述最终产物化学组成为$Co_{2.05}B$,为本发明所述的一种硼氢化物水解制氢催化剂。图2为实施例2最终产物的X光谱衍射图,在整个扫描角度范围内只观察到被散射的X射线强度的平缓的变化,无明显的特征峰,表明最终产物为无定形态。检测得所述最终产物的比表面积为23.39 m^2/g;图3为实施例2最终产物的的扫描电镜图,可得到粒径为1 μm,为均分散粉体,即颗粒组成、形状相同,粒子尺寸分布狭窄,粒子之间没有团聚的颗粒。测得所述最终产物的脱氢效率为96.4%。

[实施例3]

将反应器置于-8℃环境中,在磁力搅拌器搅拌条件下,将0.1 mol/L,100 mL的$CoCl_2$溶液加入反应器中。再以5 mL/min的速率,逐滴滴加用氨水调pH值至12的过量$NaBH_4$溶液(0.5 mol/L,100 mL),滴加结束后继续搅拌0.5 h,以确保反应完全,赶走氢气泡,得到沉淀物1。将所得的沉淀物1用无水乙醇洗涤3次,去离子水洗涤1次后抽滤,得到沉淀物2,在-4℃的冰箱中放置1小时。将冷阱温度降至-90℃,再将-4℃冰箱中放置1小时的沉淀物2放入冷阱中,在-90℃下冷冻6 h。冷冻完毕后抽真空,使沉淀物2中液体升华,实现干燥过程。在真空度≤10.0 Pa(本实验技术条件下真空度保持在≤10.0 Pa即可,实际实验过程中真空度是不断变化的)、温度为-90℃的条件下进行真空处理48 h,得到前驱体。将前驱体在Ar气氛管式炉中于500℃煅烧1 h,得到最终产物。经检测所述最终产物化学组成为Co_2B,为本发明所述的一种硼氢化物水解制氢催化剂。在X光谱衍射图中含有多个彼此独立的很窄的"尖峰",表明所述最终产物为晶态。从扫描电镜图中可以得到所述最终产物为均分散粉体,即颗粒组成、形状相同,粒子尺寸分布狭窄,粒子之间没有团聚的颗粒。检测得所述最终产物比表面积为 71.4 m²/g,粒径为 100 nm,脱氢效率为 98.6%。

[实施例 4]

将反应器置于-8 ℃环境中,在磁力搅拌器搅拌条件下,将 0.2 mol/L、100 mL 的 $CoCl_2$ 溶液加入反应器中。再以 10 mL/min 的速率,逐滴滴加用 KOH 调 pH 值至 12 的过量 $NaBH_4$ 溶液(1.0 mol/L,100 mL),滴加结束后继续搅拌 1 h,以确保反应完全,赶走氢气泡,得到沉淀物 1。将所得的沉淀物 1 用去离子水洗涤三次后抽滤,得到沉淀物 2,在-196 ℃ 的液氮中放置 2 小时。将冷阱温度降至-200 ℃,再将在-196 ℃ 的液氮中放置 2 小时的沉淀物 2 放入冷阱中在-200 ℃ 下冷冻 1 h。冷冻完毕后抽真空,使沉淀物 3 中液体升华,实现干燥过程。在真空度≤10.0 Pa(本实验技术条件下真空度保持在≤10.0 Pa 即可,实际实验过程中真空度是不断变化的)、温度为-200 ℃ 的条件下进行真空处理 24 h,得到前驱体。将前驱体在管式炉中氩气气氛下以 300 ℃ 煅烧 12 h,得到最终产物。经检测所述最终产物化学组成为 $Co_{1.85}B$,为本发明所述的一种硼氢化物水解制氢催化剂。在 X 光谱衍射图中含有多个彼此独立的很窄的"尖峰",表明所述最终产物为晶态。从扫描电镜图中可以得到所述最终产物为均分散粉体,即颗粒组成、形状相同,粒子尺寸分布狭窄,粒子之间没有团聚的颗粒。检测得所述最终产物比表面积为 198.2 m²/g,粒径为 2 nm,脱氢效率为 99.3%。

[实施例 5]

在磁力搅拌器搅拌条件下,将 0.1 mol/L、100 mL 的 $CoCl_2$ 溶液加入反应器中。再以 10 mL/min 的速率,逐滴滴加用 NaOH 调 pH 值至 14 的 $NaBH_4$ 溶液(0.5 mol/L,100 mL),滴加结束后继续搅拌 0.5 h,以确保反应完全,赶走氢气泡,得到沉淀物 1。将沉淀物 1 用去离子水洗涤 5 次后抽滤,得到沉淀物 2。将冷阱温度降至-90 ℃,再将沉淀物 2 放入冷阱中,在-90 ℃ 下冷冻 12 h。冷冻完毕后抽真空,使沉淀物 2 中液体升华,实现干燥过程。在真空度≤10.0 Pa(本实验技术条件下真空度保持在≤10.0 Pa 即可,实际实验过程中真空度是不断变化的)、温度为-90 ℃ 的条件下进行真空处理 12 h,得到前驱体。将前驱体在管式炉中氩气下以 700 ℃ 煅烧 36 h,得到最终产物。经检测所述最终产物化学组成为 $Co_{1.23}B$,

为本发明所述的一种硼氢化物水解制氢催化剂。在 X 光谱衍射图中含有多个彼此独立的很窄的"尖峰",表明所述最终产物为晶态。从扫描电镜图中可以得到所述最终产物为均分散粉体,即颗粒组成、形状相同,粒子尺寸分布狭窄,粒子之间没有团聚的颗粒。检测得所述最终产物比表面积为 10.59 m^2/g,粒径为 20 μm,脱氢效率为 95.6%。

[**实施例 6**]

在磁力搅拌器搅拌条件下,将 0.1 mol/L,100 mL 的 CoCl$_2$ 溶液加入反应器中。再以 20 mL/min 的速率,逐滴滴加含有氨水-氯化铵缓冲溶液的 0.5 mol/L 的 NaBH$_4$ 溶液,至溶液 pH 值为 8。滴加结束后继续搅拌 0.5 h,以确保反应完全,赶走氢气泡,得到沉淀物 1。将沉淀物 1 用去离子水洗涤 3 次后抽滤,得到沉淀物 2。将冷阱温度降至-10 ℃,再将沉淀物 2 放入冷阱中在-10 ℃下冷冻 12 h。冷冻完毕后抽真空,使沉淀物 2 中液体升华,实现干燥过程。在真空度≤10.0 Pa(本实验技术条件下真空度保持在≤10.0 Pa 即可,实际实验过程中真空度是不断变化的)、温度为 -10 ℃ 的条件下进行真空处理 1 h,得到前驱体。将前驱体在管式炉中氩气气氛下 850 ℃煅烧 24 h,得到最终产物。经检测所述最终产物化学组成为 Co$_{2.79}$B,为本发明所述的一种硼氢化物水解制氢催化剂。在 X 光谱衍射图中含有多个彼此独立的很窄的"尖峰",表明所述最终产物为晶态。从扫描电镜图中可以得到所述最终产物为均分散粉体,即颗粒组成、形状相同,粒子尺寸分布狭窄,粒子之间没有团聚的颗粒。检测得所述最终产物比表面积为 5.23 m^2/g,粒径为 50 μm,脱氢效率为 95.2%。

[**实施例 7**]

将三口烧瓶置于-20 ℃环境中,在电子搅拌器搅拌条件下,将 100 mL-CoCl$_2$ 和 NiCl$_2$ 混合溶液(Co 与 Ni 的物质的量之比为 1∶1)置于三口烧瓶内,再将 pH 值为 10 的 5wt%NaBH$_4$+1wt%NaOH 溶液 100 mL 在蠕动泵的作用下以 5 mL/min 速率逐滴加入三口烧瓶内,为了确保还原反应的充分进行,NaBH$_4$ 和金属原子的物质的量比为 5∶1。滴加结束后继续搅拌 0.5 h,得到沉淀物 1。将所得的沉淀物 1 用去离子水洗涤 4 次后抽滤,得到沉淀物 2。将冷阱温度降至-80 ℃,再将沉淀物 2 放入冷阱中在 -80 ℃下冷冻 3 h。冷冻完毕后抽真空,使沉淀物 2 中液体升华,实现干燥过程。在真空度≤10.0 Pa(本实验技术条件下真空度保持在≤10.0 Pa 即可,实际实验过程中真空度是不断变化的)、温度为-80 ℃的条件下进行真空处理 24 h，得到前驱体。将前驱体在管式炉中氩气气氛下 400 ℃ 煅烧 4 h，得到最终产物。经检测所述最终产物化学组成为 $Co_{1.05}Ni_{1.01}B$，为本发明所述的一种硼氢化物水解制氢催化剂。在 X 光谱衍射图中含有多个彼此独立的很窄的"尖峰"，表明所述最终产物为晶态。从扫描电镜图中可以得到所述最终产物为均分散粉体，即颗粒组成、形状相同，粒子尺寸分布狭窄，粒子之间没有团聚的颗粒。检测得所述最终产物比表面积为 41.06 m^2/g，粒径为 200 nm，脱氢效率为 98.2%。

[实施例 8]

将三口烧瓶置于 0 ℃ 冰浴环境中，在玻璃棒搅拌条件下，将 100 毫升 $CoCl_2$ 和 $MgCl_2$ 混合溶液（Co 与 Mg 的物质的量之比为 5∶1）置于三口烧瓶内，再将用 100 mL 碳酸钠与 NaOH 调 pH 为 12 的 $NaBH_4$ 溶液 100 mL 作为还原剂，在蠕动泵的作用以 7.5 mL/min 速率逐滴加入三口烧瓶内，滴加结束后继续搅拌 45 min 得到沉淀物 1。将所得的沉淀物 1 用蒸馏水洗涤 3 次，无水乙醇洗涤 1 次后抽滤，得到沉淀物 2。将冷阱温度降至 -90 ℃，再将沉淀物 2 放入冷阱中在 -90 ℃ 下冷冻 3 h。冷冻完毕后抽真空，使沉淀物 2 中液体升华，实现干燥过程。在真空度≤10.0 Pa（本实验技术条件下真空度保持在≤10.0 Pa 即可，实际实验过程中真空度是不断变化的）、温度为 -90 ℃ 的条件下进行真空处理 24 h，得到前驱体。将前驱体在管式炉中 N_2 气氛下以 400 ℃ 煅烧 4 h，得到最终产物。经检测所述最终产物化学组成为 $Co_{2.07}Mg_{1.89}B$，为本发明所述的一种硼氢化物水解制氢催化剂。在 X 光谱衍射图中含有多个彼此独立的很窄的"尖峰"，表明所述最终产物为晶态。从扫描电镜图中可以得到所述最终产物为均分散粉体，即颗粒组成、形状相同，粒子尺寸分布狭窄，粒子之间没有团聚的颗粒。检测得所述最终产物比表面积为 47.51 m^2/g，粒径为 200 nm，脱氢效率为 98.2%。

[实施例 9]

将反应器置于 4 ℃ 环境中，在超声波振荡条件下，将 0.1 mol/L，100 mL 的 $FeCl_3$ 溶液加入反应器中。再以 1 mL/min 的速率，逐滴滴加用碳酸氢钾与氢氧化钾调 pH 值至 12 的过量 KBH_4 溶液（0.5 mol/L，100 mL），滴加结束后继续振荡 0.5 h，以确保反应完全，得到沉淀物 1。将沉淀物 1 用去离子水洗涤 2 次，丙酮洗涤 1 次后抽滤，得到沉淀物 2。将沉淀物 2 放入冷阱中，与冷阱一起降至 -90 ℃，降温速率为 15 ℃/min。

在-90 ℃下保温3 h。冷冻完毕后抽真空，使沉淀物2中液体升华，实现干燥过程。在真空度≤10.0 Pa（本实验技术条件下真空度保持在≤10.0 Pa即可，实际实验过程中真空度是不断变化的）、温度为-90 ℃的条件下进行真空处理24 h，得到前驱体。将前驱体在管式炉中N_2气氛下以500 ℃煅烧1 h，得到最终产物。经检测所述最终产物化学组成为Fe_2B，为本发明所述的一种硼氢化物水解制氢催化剂。在X光谱衍射图中含有多个彼此独立的很窄的"尖峰"，表明所述最终产物为晶态。从扫描电镜图中可以得到所述最终产物为均分散粉体，即颗粒组成、形状相同，粒子尺寸分布狭窄，粒子之间没有团聚的颗粒。检测得所述最终产物比表面积为30.24 m^2/g，粒径为600 nm，脱氢效率为96.9%。

综上所述，以上仅为本发明的较佳实施例而已，并非用于限定本发明的保护范围。凡在本发明的精神和原则之内，所作的任何修改、等同替换、改进等，均应包含在本发明的保护范围之内。

2.4.3 专利文件申请稿

一种硼氢化物水解制氢催化剂及其制备方法

技术领域

本发明涉及一种硼氢化物水解制氢催化剂及其制备方法，属于氢气制备和能源技术领域。

背景技术

近年来，有关氢能源的开发及应用问题受到我国以及世界各国的高度重视，氢能源被认为是一种有望取代石化能源的洁净能源，"氢经济"概念正在深入人心。现有的制氢技术中，硼氢化物水解制氢技术是一种安全、方便的新型发生氢气的技术，也是目前催化发生氢气的技术的研究热点。硼氢化物溶液体系具有对环境友好、储氢量高、产氢速率容易控制等优点，为高容量储氢和制氢技术提供了一条新途径（Zhao J Z, Ma H, Chen J. International Journal of Hydrogen Engergy, 2007 (32): 4711-4716)。

硼氢化物可以按照下述反应式进行水解脱氢：

$$NaBH_4 + 2H_2O \longrightarrow NaBO_2 + 4H_2$$

氢能源应用技术的关键技术之一在于如何提高制氢效率。从已有文献报道可知，制氢催化剂的性质对硼氢化物溶液水解反应的产氢量及产氢速率均有很重要的影响。目前研究的制氢催化剂中，贵金属制氢催化剂的催化性能良好（Brown H C, Brown C A. Journal of the American Chemical Society, 1962 (84): 1493-1944; Hsueh C L, Chen C U, Ku J R. Journal of Power Sources, 2008, (177): 485-492），例如 Steven C. Amendola 研究的 Ru 基制氢催化剂在催化硼氢化钠溶液水解制氢时脱氢效率可以达到 93% 以上（Steven C. Amendola, Stefanie L. Sharp-Goldman, M. Saleem Janjua, International Journal of Hydrogen Energy, 2000 (25): 969-975）。但考虑到贵金属制氢催化剂的成本高，在实际应用中很难大规模生产，因此需要提供一种成本低且催化效率高的制氢催化剂。

目前，价格低廉的过渡金属制氢催化剂逐渐引起人们的关注，白莹等人用传统化学还原法合成，并在不同温度处理下得到 Co-B 合金，发现表面积在 2.8~32 m^2/g，500 ℃ 处理下得到的 Co-B 具有最高的催化活性，脱氢效率在 80%~85%（白莹，吴锋，吴川. Co_2B 合金在 $NaBH_4$ 现场制氢中的应用研究 [J]. 现代化工，2006，26 (4): 282-311）。吴川等通过溶液化学反应和两级热处理得到化学组成为 M_xB 的金属硼化物催化剂，该催化剂中除含有金属元素和硼元素外，还通过化学键或物理作用结合有 H 或 O 杂质，脱氢效率为 86%~96%（吴川，吴锋，陈实，单忠强，先毅. 一种对氢具有高活性的金属硼化物及其制备方法 [J]. 中国专利，专利号 ZL200410088869.2）。但上述方法合成的金属硼化物催化剂催化效率较低，且存在颗粒分布不均匀、粒子分布尺寸宽、含有杂相等问题。因此需要提供一种催化效率高、颗粒分散性好、比表面积高和粒度分布均一的硼氢化物水解制氢催化剂。

发明内容

针对现有技术中贵金属催化剂存在成本高的问题，金属硼化物催化剂存在催化效率较低、颗粒分布不均匀、粒子分布尺寸宽、含有杂相的问题，本发明的目的之一在于提供一种硼氢化物水解制氢催化剂。所述制氢催化剂，价格低廉，原材料容易得到，活性高，除金属元素和硼元素以外不含其他杂质。

本发明的目的之二在于提供一种硼氢化物水解制氢催化剂的制备方法。所述方法制备的催化剂具有分散性好、比表面积高和粒度分布均一的特点。

为实现上述目的，本发明的技术方案如下：

一种硼氢化物水解制氢催化剂：所述制氢催化剂的化学式为 M_xB，其中 M 为 Fe、Ti、Cu、Zn、Al、Zr、Nd、Mo、V、Cr、Co、Ni、Ag 或 Mg 中的一种或一种以上金属元素，$1 \leq x \leq 4$；所述制氢催化剂为均分散硼化物材料；结构形态为晶态或无定形态。

所述制氢催化剂的粒径为 2 nm~50 μm；比表面积为 5~200 m^2/g。

一种硼氢化物水解制氢催化剂的制备方法，所述方法步骤如下：

步骤一，将含有可溶性金属盐的溶液加入反应器中，再加入用碱或缓冲溶液调节 pH 值为 7~14 的含有 BH_4^- 的溶液，混合反应得到沉淀物 1。

步骤二，将沉淀物 1 用洗涤剂洗涤 2 次以上后，固液分离得到沉淀物 2；接着将沉淀物 2 降温至 -10 ℃ 以下，然后在真空度 ≤10.0 Pa 下进行真空处理，得到前驱物。

步骤三，将前驱物在隔绝氧气条件下进行热处理，得到本发明所提供的一种硼氢化物水解制氢催化剂，化学式为 M_xB。

其中，步骤一中所述可溶性金属盐中的金属元素为 Fe、Ti、Cu、Zn、Al、Zr、Nd、Mo、V、Cr、Co、Ni、Ag 或 Mg 中的一种或一种以上；含有 BH_4^- 的溶液中的溶质为硼氢化钾、硼氢化钠或硼氢化铝中的一种或一种以上的混合物；碱为氢氧化钠、氢氧化钾、氢氧化锂、氨水、碳酸钠、碳酸氢钠、碳酸钾、碳酸氢钾、氢氧化钙、氢氧化钡、磷酸二氢钾或磷酸氢二钠中的一种或一种以上的混合物；缓冲溶液为氨水-氯化铵缓冲溶液、硼砂-氯化钙缓冲溶液或硼砂-碳酸钠缓冲溶液中的一种。

步骤二中的洗涤剂为蒸馏水、去离子水、无水乙醇、乙二醇、异丙醇、丙酮或甲乙酮；洗涤时可以用相同或不同的洗涤剂分别洗涤；固液分离方法为化学领域的常规手段；真空处理时间为 1~48 h。

步骤三中热处理温度为 50~850 ℃，热处理时间为 1~48 h。

其中，优选步骤一中滴加用碱或缓冲溶液调节 pH 值为 7~14 的含有 BH_4^- 的溶液，滴加速率为 1~20 mL/min；混合结束后继续搅拌 0.5~1 h；混合条件为超声波振荡、玻璃棒搅拌、电动搅拌或磁力搅拌中的一种。

其中，优选步骤一中将反应器置于-20~4 ℃的环境中。

其中，优选步骤二中将沉淀物 2 降至-10 ℃以下的过程为：将沉淀物 2 放入冷阱中，与冷阱一起降至-10~-200 ℃，降温速率为 5~90 ℃/min；冷冻时间为 1~12 h。

其中，优选步骤二中将沉淀物 2 降至-10 ℃以下的过程为：将冷阱温度降至-10~-200 ℃，将沉淀物 2 在 0~-20 ℃的冰箱或-196~-209 ℃的液氮中放置 1 h 以上后，放入冷阱中冷冻 1~12 h。

其中，步骤三中隔绝氧气条件为充入惰性气体或保持真空度≤10.0 Pa；惰性气体为 Ar 气或 N_2 气。

有益效果

（1）本发明所述的硼氢化物水解制氢催化剂 M_xB 为非贵金属制氢催化剂，成本低，可在实际中进行大规模生产；结构和性能良好，具有高的催化活性，脱氢率可达 95% 以上；所述制氢催化剂为均分散粉体颗粒，即组成、形状相同，粒子尺寸分布狭窄，粒子之间没有团聚的颗粒。

（2）本发明所述的一种硼氢化物水解制氢催化剂的制备方法，具有前期反应迅速，后继处理简单方便，可操作性强的优点。

（3）本发明所述制备方法，步骤一中通过滴加含有 BH_4^- 的溶液和滴加结束后继续搅拌，使反应进行完全。

（4）本发明所述制备方法，步骤一中混合反应得到沉淀物 1 为放热反应，将反应器置于-20~4 ℃的环境中，可以降低反应体系的温度，使反应温和进行，防止沉淀物 1 的粒子因热团聚增长变大。

（5）本发明所述制备方法，步骤二中通过冷冻过程使沉淀物 2 首先处于冻结状态，然后经过真空处理，使沉淀物 2 中液体通过升华过程被除去，避免了因固液界面表面张力的作用所导致的孔塌陷现象，使干燥后沉淀物 2 的组织结构与孔分布被最大限度地保存下来，可以有效地抑制颗粒硬团聚的产生，获得比表面积高、粒度分布均一的制氢催化剂颗粒。

（6）本发明所述制备方法，步骤三中的前驱物在隔绝氧气条件下进行热处理，有效避免了氧化反应的发生。

附图说明

图 1 为实施例 1 制备得到的一种硼氢化物水解制氢催化剂的 X 光谱衍射图。

图 2 为实施例 2 制备得到的一种硼氢化物水解制氢催化剂的 X 光谱衍射图。

图 3 为实施例 2 制备得到的一种硼氢化物水解制氢催化剂的扫描电镜图。

具体实施方式

下面通过具体实施例来详细描述本发明。

通过下列仪器和方法对本发明实施例 1~9 的最终产物进行检测。

经电感耦合等离子体发射光谱仪（IRIS/AP，Thermo Jarrell Ash）分析元素组成，得到最终产物的化学组成；在 NOVA 1200e 氮吸附比表面分析仪上测定最终产物的比表面积；用 JEOL JSM-6301F 扫描电镜进行形貌表征，可得到最终产物的粒径值；采用 Rigaku DMAX2400 型 X 射线衍射仪表征最终产物的结构形态。

通过下述方法检测本发明实施例 1~9 的最终产物的脱氢活性：

将 $NaBH_4$ 溶液置于反应器中，然后将最终产物加入反应器中；产生的氢气经由气体流量计记录体积。气体流量计实际记录的氢气体积与理论上应产生的氢气体积之比为脱氢效率。

[**实施例 1**]

将反应器置于 4 ℃环境中，在磁力搅拌器搅拌条件下，将 0.1 mol/L、100 mL 的 $CoCl_2$ 溶液加入反应器中。再以 1 mL/min 的速率，逐滴滴加用 NaOH 调 pH 值至 12 的过量 $NaBH_4$ 溶液（0.5 mol/L、100 mL），滴加结束后继续搅拌 0.5 h，以确保反应完全，得到沉淀物 1。将所得的沉淀物 1 用去离子水洗涤 3 次后抽滤，得到沉淀物 2。将沉淀物 2 放入冷阱中，与冷阱一起降至-90 ℃，降温速率为 15 ℃/min，在-90 ℃下冷冻 3 h。冷冻完毕后抽真空，使沉淀物 2 中液体升华，实现干燥过程。在真空度≤10.0 Pa（本实验技术条件下真空度保持在≤10.0 Pa 即可，实际实验过程中真空度是不断变化的）、温度为-90 ℃的条件下进行真空处理 24 h，得到前驱体。将前驱体在 Ar 气氛的管式炉中以 400 ℃煅烧 4 h，得到最终产物。经检测所述最终产物化学组成为 $Co_{2.01}B$，为本发明所述的一种硼氢化物水解制氢催化剂。图 1 为实施例 1 最终产物的 X 光谱衍射图，图中含有多个彼此独立的很窄的"尖峰"，其中的特征峰为 Co_3B、CoB 和 Co 的衍射峰，表明最终产物为晶态。从扫描电镜图中可以得到所述最终产物为均分散粉体，即颗粒组成、形状相同，粒子尺寸分布狭窄，粒子之间没有团聚的颗粒。检测得所述最终产物的比表面积为 36.04 m^2/g，粒径为 300 nm，脱氢效率为 97.5%。

[实施例 2]

将反应器置于 4 ℃ 环境中，在磁力搅拌器搅拌条件下，将 0.1 mol/L、100 mL 的 CoCl$_2$ 溶液加入反应器中。再以 5 mL/min 的速率，逐滴滴加用 NaOH 调 pH 值至 12 的过量 NaBH$_4$ 溶液（0.1 mol/L、100 mL），滴加结束后继续搅拌 0.5 h，以确保反应完全，赶走氢气泡，得到沉淀物 1。将所得的沉淀物 1 用去离子水洗涤 3 次后抽滤，得到沉淀物 2。将沉淀物 2 放入冷阱中，与冷阱一起降至 -90 ℃，降温速率为 15 ℃/min，在 -90 ℃ 下冷冻 3 h。冷冻完毕后抽真空，使沉淀物 2 中液体升华，实现干燥过程。在真空度 ≤ 10.0 Pa（本实验技术条件下真空度保持在 ≤ 10.0 Pa 即可，实际实验过程中真空度是不断变化的）、温度为 -90 ℃ 的条件下进行真空处理 6 h，得到前驱体。将前驱体在真空度 ≤ 10.0 Pa 条件下 50 ℃ 热处理 48 h，得到最终产物。经检测所述最终产物化学组成为 Co$_{2.05}$B，为本发明所述的一种硼氢化物水解制氢催化剂。图 2 为实施例 2 最终产物的 X 光谱衍射图，在整个扫描角度范围内只观察到被散射的 X 射线强度的平缓的变化，无明显的特征峰，表明最终产物为无定形态。检测得所述最终产物的比表面积为 23.39 m^2/g；图 3 为实施例 2 最终产物的扫描电镜图，可得到粒径为 1 μm，为均分散粉体颗粒，即组成、形状相同，粒子尺寸分布狭窄，粒子之间没有团聚的颗粒。测得所述最终产物的脱氢效率为 96.4%。

[实施例 3]

将反应器置于 -8 ℃ 环境中，在磁力搅拌器搅拌条件下，将 0.1 mol/L、100 mL 的 CoCl$_2$ 溶液加入反应器中。再以 5 mL/min 的速率，逐滴滴加用氨水调 pH 值至 12 的过量 NaBH$_4$ 溶液（0.5 mol/L、100 mL），滴加结束后继续搅拌 0.5 h，以确保反应完全，赶走氢气泡，得到沉淀物 1。将所得的沉淀物 1 用无水乙醇洗涤 3 次，去离子水洗涤 1 次后抽滤，得到沉淀物 2，在 -4 ℃ 的冰箱中放置 1 h。将冷阱温度降至 -90 ℃，再将 -4 ℃ 冰箱中放置 1 h 的沉淀物 2 放入冷阱中，在 -90 ℃ 下冷冻 6 h。冷冻完毕后抽真空，使沉淀物 2 中液体升华，实现干燥过程。在真空度 ≤ 10.0 Pa（本实验技术条件下真空度保持在 ≤ 10.0 Pa 即可，实际实验过程中真空度是不断变化的）、温度为 -90 ℃ 的条件下进行真空处理 48 h，得到前驱体。将前驱体在 Ar 气氛的管式炉中以 500 ℃ 煅烧 1 h，得到最终产物。

经检测所述最终产物化学组成为 Co_2B,为本发明所述的一种硼氢化物水解制氢催化剂。在 X 光谱衍射图中含有多个彼此独立的很窄的"尖峰",表明所述最终产物为晶态。从扫描电镜图中可以得到所述最终产物为均分散粉体颗粒,即组成、形状相同,粒子尺寸分布狭窄,粒子之间没有团聚的颗粒。检测得所述最终产物比表面积为 71.4 m^2/g,粒径为 100 nm,脱氢效率为 98.6%。

[实施例 4]

将反应器置于-8 ℃环境中,在磁力搅拌器搅拌条件下,将 0.2 mol/L、100 mL 的 $CoCl_2$ 溶液加入反应器中。再以 10 mL/min 的速率,逐滴滴加用 KOH 调 pH 值至 12 的过量 $NaBH_4$ 溶液(1.0 mol/L、100 mL),滴加结束后继续搅拌 1 h,以确保反应完全,赶走氢气泡,得到沉淀物 1。将所得的沉淀物 1 用去离子水洗涤 3 次后抽滤,得到沉淀物 2,在-196 ℃的液氮中放置 2 h。将冷阱温度降至-200 ℃,再将在-196 ℃的液氮中放置 2 h 的沉淀物 2 放入冷阱中在-200 ℃下冷冻 1 h。冷冻完毕后抽真空,使沉淀物 3 中液体升华,实现干燥过程。在真空度≤10.0 Pa(本实验技术条件下真空度保持在≤10.0 Pa 即可,实际实验过程中真空度是不断变化的)、温度为-200 ℃的条件下进行真空处理 24 h,得到前驱体。将前驱体在管式炉中氩气气氛下以 300 ℃煅烧 12 h,得到最终产物。经检测所述最终产物化学组成为 $Co_{1.85}B$,为本发明所述的一种硼氢化物水解制氢催化剂。在 X 光谱衍射图中含有多个彼此独立的很窄的"尖峰",表明所述最终产物为晶态。从扫描电镜图中可以得到所述最终产物为均分散粉体颗粒,即组成、形状相同,粒子尺寸分布狭窄,粒子之间没有团聚的颗粒。检测得所述最终产物比表面积为 198.2 m^2/g,粒径为 2 nm,脱氢效率为 99.3%。

[实施例 5]

在磁力搅拌器搅拌条件下,将 0.1 mol/L、100 mL 的 $CoCl_2$ 溶液加入反应器中,再以 10 mL/min 的速率,逐滴滴加用 NaOH 调 pH 值至 14 的 $NaBH_4$ 溶液(0.5 mol/L、100 mL),滴加结束后继续搅拌 0.5 h,以确保反应完全,赶走氢气泡,得到沉淀物 1。将沉淀物 1 用去离子水洗涤 5 次后抽滤,得到沉淀物 2。将冷阱温度降至-90 ℃,再将沉淀物 2 放入冷阱中,在-90 ℃下冷冻 12 h。冷冻完毕后抽真空,使沉淀物 2 中液体升华,实现干燥过程。在真空度≤10.0 Pa(本实验技术条件下真空度保持在≤

10.0 Pa即可，实际实验过程中真空度是不断变化的）、温度为-90 ℃的条件下进行真空处理12 h，得到前驱体。将前驱体在管式炉中氩气气氛下以700 ℃煅烧36 h，得到最终产物。经检测所述最终产物化学组成为$Co_{1.23}B$，为本发明所述的一种硼氢化物水解制氢催化剂。在X光谱衍射图中含有多个彼此独立的很窄的"尖峰"，表明所述最终产物为晶态。从扫描电镜图中可以得到所述最终产物为均分散粉体颗粒，即组成、形状相同，粒子尺寸分布狭窄，粒子之间没有团聚的颗粒。检测得所述最终产物比表面积为10.59 m^2/g，粒径为20 μm，脱氢效率为95.6%。

[实施例6]

在磁力搅拌器搅拌条件下，将0.1 mol/L、100 mL的$CoCl_2$溶液加入反应器中，再以20 mL/min的速率，逐滴滴加含有氨水-氯化铵缓冲溶液的0.5 mol/L的$NaBH_4$溶液，至溶液pH值为8。滴加结束后继续搅拌0.5 h，以确保反应完全，赶走氢气泡，得到沉淀物1。将沉淀物1用去离子水洗涤3次后抽滤，得到沉淀物2。将冷阱温度降至-10 ℃，再将沉淀物2放入冷阱中在-10 ℃下冷冻12 h。冷冻完毕后抽真空，使沉淀物2中液体升华，实现干燥过程。在真空度≤10.0 Pa（本实验技术条件下真空度保持在≤10.0 Pa即可，实际实验过程中真空度是不断变化的）、温度为-10 ℃的条件下进行真空处理1 h，得到前驱体。将前驱体在管式炉中氩气气氛下850 ℃煅烧24 h，得到最终产物。经检测所述最终产物化学组成为$Co_{2.79}B$，为本发明所述的一种硼氢化物水解制氢催化剂。在X光谱衍射图中含有多个彼此独立的很窄的"尖峰"，表明所述最终产物为晶态。从扫描电镜图中可以得到所述最终产物为均分散粉体颗粒，即组成、形状相同，粒子尺寸分布狭窄，粒子之间没有团聚的颗粒。检测得所述最终产物比表面积为5.23 m^2/g，粒径为50 μm，脱氢效率为95.2%。

[实施例7]

将三口烧瓶置于-20 ℃环境中，在电子搅拌器搅拌条件下，将100 mL$CoCl_2$和$NiCl_2$混合溶液（Co与Ni的物质的量之比为1∶1）置于三口烧瓶内，再将pH值为10的$NaBH_4$（质量百分比浓度为5%）+NaOH（质量百分比浓度为1%）溶液100 mL在蠕动泵的作用下以5 mL/min速率逐滴加入三口烧瓶内，为了确保还原反应的充分进行，$NaBH_4$和金属原子的物质的量之比为5∶1。滴加结束后继续搅拌0.5 h，得到沉淀物1。将所得的沉淀物 1 用去离子水洗涤 4 次后抽滤，得到沉淀物 2。将冷阱温度降至 -80 ℃，再将沉淀物 2 放入冷阱中在 -80 ℃ 下冷冻 3 h。冷冻完毕后抽真空，使沉淀物 2 中液体升华，实现干燥过程。在真空度 ≤10.0 Pa（本实验技术条件下真空度保持在 ≤10.0 Pa 即可，实际实验过程中真空度是不断变化的）、温度为 -80 ℃ 的条件下进行真空处理 24 h，得到前驱体。将前驱体在管式炉中氩气气氛下 400 ℃ 煅烧 4 h，得到最终产物。经检测所述最终产物化学组成为 $Co_{1.05}Ni_{1.01}B$，为本发明所述的一种硼氢化物水解制氢催化剂。在 X 光谱衍射图中含有多个彼此独立的很窄的"尖峰"，表明所述最终产物为晶态。从扫描电镜图中可以得到所述最终产物为均分散粉体颗粒，即组成、形状相同，粒子尺寸分布狭窄，粒子之间没有团聚的颗粒。检测得所述最终产物比表面积为 41.06 m^2/g，粒径为 200 nm，脱氢效率为 98.2%。

[**实施例 8**]

将三口烧瓶置于 0 ℃ 冰浴环境中，在玻璃棒搅拌条件下，将 100 mL $CoCl_2$ 和 $MgCl_2$ 混合溶液（Co 与 Mg 的物质的量之比为 5:1）置于三口烧瓶内，再将用 100 mL Na_2CO_3 与 NaOH 调 pH 值为 12 的 $NaBH_4$ 溶液 100 mL 作为还原剂，在蠕动泵的作用下以 7.5 mL/min 速率逐滴加入三口烧瓶内，滴加结束后继续搅拌 45 min 得到沉淀物 1。将所得的沉淀物 1 用蒸馏水洗涤 3 次，无水乙醇洗涤 1 次后抽滤，得到沉淀物 2。将冷阱温度降至 -90 ℃，再将沉淀物 2 放入冷阱中在 -90 ℃ 下冷冻 3 h。冷冻完毕后抽真空，使沉淀物 2 中液体升华，实现干燥过程。在真空度 ≤10.0 Pa（本实验技术条件下真空度保持在 ≤10.0 Pa 即可，实际实验过程中真空度是不断变化的）、温度为 -90 ℃ 的条件下进行真空处理 24 h，得到前驱体。将前驱体在管式炉中 N_2 气氛下以 400 ℃ 煅烧 4 h，得到最终产物。经检测所述最终产物化学组成为 $Co_{2.07}Mg_{1.89}B$，为本发明所述的一种硼氢化物水解制氢催化剂。在 X 光谱衍射图中含有多个彼此独立的很窄的"尖峰"，表明所述最终产物为晶态。从扫描电镜图中可以得到所述最终产物为均分散粉体颗粒，即组成、形状相同，粒子尺寸分布狭窄，粒子之间没有团聚的颗粒。检测得所述最终产物比表面积为 47.51 m^2/g，粒径为 200 nm，脱氢效率为 98.2%。

[**实施例 9**]

将反应器置于 4 ℃ 环境中，在超声波振荡条件下，将 0.1 mol/L、100 mL 的 $FeCl_3$ 溶液加入反应器中。再以 1 mL/min 的速率，逐滴滴加用碳酸氢钾与氢氧化钾调 pH 值至 12 的过量 KBH_4 溶液（0.5 mol/L、100 mL），滴加结束后继续振荡 0.5 h，以确保反应完全，得到沉淀物 1。将沉淀物 1 用去离子水洗涤 2 次，丙酮洗涤 1 次后抽滤，得到沉淀物 2。将沉淀物 2 放入冷阱中，与冷阱一起降至-90 ℃，降温速率为 15 ℃/min。在-90 ℃ 下保温 3 h。冷冻完毕后抽真空，使沉淀物 2 中液体升华，实现干燥过程。在真空度≤10.0 Pa（本实验技术条件下真空度保持在≤10.0 Pa 即可，实际实验过程中真空度是不断变化的）、温度为-90 ℃ 的条件下进行真空处理 24 h，得到前驱体。将前驱体在管式炉中 N_2 气氛下以 500 ℃ 煅烧 1 h，得到最终产物。经检测所述最终产物化学组成为 Fe_2B，为本发明所述的一种硼氢化物水解制氢催化剂。在 X 光谱衍射图中含有多个彼此独立的很窄的"尖峰"，表明所述最终产物为晶态。从扫描电镜图中可以得到所述最终产物为均分散粉体颗粒，即组成、形状相同，粒子尺寸分布狭窄，粒子之间没有团聚的颗粒。检测得所述最终产物比表面积为 30.24 m^2/g，粒径为 600 nm，脱氢效率为 96.9%。

综上所述，以上仅为本发明的较佳实施例而已，并非用于限定本发明的保护范围。凡在本发明的精神和原则之内，所做的任何修改、等同替换、改进等，均应包含在本发明的保护范围之内。

2.4.4 案例分析

本案例技术交底书存在的问题如下：

（1）权利要求的类型只能为产品权利要求或方法权利要求，不能将两者混淆。

涉及法条——《指南》第二部分第二章 3.1.1 权利要求的类型。

（2）权利要求中不能出现含义不确定的词语，如"一定量""大约""类似物"等。

涉及法条——《专利法》第 26 条，《指南》第二部分第二章 3.2.2 节内容。

（3）必要技术特征应写入独立权利要求，非必要技术特征应写入从属权利要求，权利要求的层次应当清楚。

涉及法条——《细则》第 20 条。

经讨论得知，通过传统的沉淀-热处理方法，也可以制备得到硼氢化物水解制氢催化剂。本发明和现有技术的区别在于：

（1）步骤一中混合反应得到沉淀物 1 为放热反应，将反应器置于-20~

4 ℃的环境中，可以降低反应体系的温度，使反应温和进行，防止沉淀物 1 的粒子因热团聚增长变大。

（2）步骤二中通过冷冻过程使沉淀物 2 首先处于冻结状态，然后经过真空处理，使沉淀物 2 中液体通过升华过程被除去，避免了因固液界面表面张力的作用所导致的孔塌陷现象，使干燥后沉淀物 2 的组织结构与孔分布被最大限度地保存下来，可以有效地抑制颗粒硬团聚的产生，获得比表面积高、粒度分布均一的制氢催化剂颗粒。

重新撰写的权利要求书中，克服了前述问题。

（1）一种硼氢化物水解制氢催化剂，其特征在于：所述制氢催化剂的化学式为 M_xB，其中 M 为 Fe、Ti、Cu、Zn、Al、Zr、Nd、Mo、V、Cr、Co、Ni、Ag 或 Mg 中的一种或一种以上金属元素，$1 \leq x \leq 4$；所述制氢催化剂为均分散硼化物材料；结构形态为晶态或无定形态。

（2）根据权利要求 1 所述的一种硼氢化物水解制氢催化剂，其特征在于：所述制氢催化剂的粒径为 2 nm~50 μm；比表面积为 5~200 m^2/g。

（3）一种如权利要求 1 所述的硼氢化物水解制氢催化剂的制备方法，其特征在于：具体制备步骤如下：

步骤一，将含有可溶性金属盐的溶液加入反应器中，再加入过量的用碱或缓冲溶液调节 pH 值为 7~14 的含有 BH_4^- 的溶液，混合反应得到沉淀物 1。

步骤二，将沉淀物 1 用洗涤剂洗涤 2 次以上后，固液分离得到沉淀物 2；接着将沉淀物 2 降温至 -10 ℃以下，然后在真空度 ≤10.0 Pa 下进行真空处理，得到前驱物。

步骤三，将前驱物在隔绝氧气条件下进行热处理，得到化学式为 M_xB 的一种硼氢化物水解制氢催化剂；……

其中，（1）、（2）为产品权利要求，（3）为方法权利要求。

根据测试图谱进行详细分析，满足公开充分的要求。

2.5 案例 5 常压下催化转化 CO_2 合成环状碳酸酯的方法

2.5.1 技术交底书

常压下催化转化 CO_2 合成环状碳酸酯新技术

技术领域

本发明属于催化化学领域，涉及一种常压下催化转化 CO_2 与环氧化合物合成环状碳酸酯的技术。

背景技术

CO_2是最主要的温室气体,也是最丰富廉价的C1资源,其转化利用正在得到越来越多的关注。利用环氧化合物与CO_2反应合成环状碳酸酯是最有潜力的发展方向之一。环状碳酸酯作为一种无毒的高沸点溶剂,广泛应用于混合气脱除CO_2,聚碳酸酯合成、锂离子电池电解液等领域。CO_2与环氧化合物环加成合成环状碳酸酯的反应无副产物,是典型的原子经济反应,符合绿色化学发展理念。

目前已报道的相关文献开发了多种催化剂体系,包括金属Salen配合物[M. North, et al, *Angew. Chem. Int. Ed.* 2009, 48, 2946-2948],金属氧化物[M. Tu, et al, *Journal of Catalysis* 2001, 199, 85-91],离子液体[J. J. Peng, et al, *New J. Chem.* 2001, 25, 639-641],N-杂环卡宾[Y. Kayaki, et al, *Angew. Chem. Int. Ed.* 2009, 48, 4194-4197]等。大部分催化剂体系适用条件是高温(大于100℃)高压(大于2 MPa),能耗较高,其工业应用潜力受到限制。能够在常压下转化CO_2到环状碳酸酯催化剂鲜有报道,且一般是金属配合物-四丁基溴化铵二元组分,助催化剂种类有待扩展。基于该领域的发展现状,根据绿色化学发展理念和工业应用的指导思想,开发新型的常压催化转化CO_2到环状碳酸酯的新技术十分有必要。

发明内容

本发明的目的在于开发新型的常压催化转化CO_2到环状碳酸酯的新技术,能够实现在低于100℃,一个大气压的条件下将CO_2和多种环氧化合物高效转化为环状碳酸酯;并能实现催化剂回收利用和助催化剂体系的扩展。

一种常压下催化转化CO_2合成环状碳酸酯新技术,其特征在于以水杨醛-甘氨酸类配体为骨架,合成含过渡金属的有机金属框架(MOF)材料(以下简称L(M)),并将其分别与卤化季铵盐、离子液体、有机碱等助催化剂组合,在低于100℃、常压CO_2的条件下催化环氧化合物与CO_2反应得到环状碳酸酯。下图为催化剂单体结构:

本发明所述的水杨醛-甘氨酸类配体包括：水杨醛缩甘氨酸；3-甲基水杨醛缩甘氨酸；3-氟水杨醛缩甘氨酸；5-羟基水杨醛缩甘氨酸；5-硝基水杨醛缩甘氨酸；5-氟水杨醛缩甘氨酸；5-氯水杨醛缩甘氨酸；5-溴水杨醛缩甘氨酸；3,5-二叔丁基水杨醛缩甘氨酸；3,5-二溴水杨醛缩甘氨酸。

本发明所述的过渡金属包括：钒（V），铬（Cr），锰（Mn），铁（Fe），钴（Co），镍（Ni），铜（Cu），锌（Zn）。

本发明所述的卤化季铵盐包括：四乙基氯化铵，四丁基氯化铵，四己基氯化铵，四乙基溴化铵，四丁基溴化铵，四己基溴化铵，四乙基碘化铵，四丁基碘化铵，四己基碘化铵。

本发明所述的离子液体包括但不限于：1-甲基-3-丁基咪唑氯盐，1-甲基-3-己基咪唑溴盐，1-甲基-3-辛基咪唑四氟硼酸盐，1-甲基-3-丁基咪唑六氟磷酸盐。

本发明所述的有机碱包括：三乙胺，三丁胺，三苯基膦，咪唑，N,N-二甲氨基吡啶。

本发明所述的环氧化合物包括环氧乙烷，环氧丙烷，环氧氯丙烷，环氧溴丙烷，1,2-环氧丁烷，1,2-环氧己烷，1,2-环氧辛烷，氧化苯乙烯，异丙基缩水甘油醚，烯丙基缩水甘油醚，苯基缩水甘油醚，氧化环己烯。

本发明所述的 CO_2 初始压力为 0.1 MPa，反应温度为 0-100 ℃。

本发明所述的反应时间为 5-40 h。

本发明所述的催化剂用量为环氧化合物用量的 0.01-1 mol%。

本发明所述的助催化剂用量为环氧化合物用量的 0.1-5 mol%。

本发明的催化剂合成步骤的实施过程为：首先在烧杯中加入等摩尔量的甘氨酸和氢氧化钠固体，在无水乙醇中回流反应 1 h，得到甘氨酸钠的乙醇溶液。然后向其中加入等摩尔量的含取代基的水杨醛，回流反应 1 h 得到配体的乙醇溶液。之后向其中滴加等摩尔量的过渡金属硝酸盐的乙醇溶液，完成后继续回流反应 1 h，冷却，过滤，用冰水和冰乙醇交替洗涤，风干，得到含过渡金属的 MOF 催化剂 L（M）。

本发明的催化反应实施过程为：向三口烧瓶中加入环氧化合物，催化剂，助催化剂，同时鼓入 CO_2 气泡；在磁力搅拌和冷凝回流的条件下反应一定时间。反应结束后采用过滤、离心等手段回收催化剂 L（M），经过乙醇或乙酸乙酯简单洗涤干燥后，即可重复使用。反应后的产物经气相色谱 GC 和气质联用 GC-MS 进行定量分析。

具体实施方式

下面通过具体实施例来详细描述本发明：

下面结合实施例和附图详细说明本发明的技术方案，但保护范围不被此限制。实施例中所用设备或原料皆可从市场获得。

具体实例 1：

催化剂（3-甲基水杨醛缩甘氨酸）合锌的合成步骤为：分别取甘氨酸和氢氧化钠固体 10 mmol 并在 500 mL 圆底烧瓶中混合，加入 200 mL 无水乙醇，加热至 80 ℃，在磁力搅拌下回流反应 1 h。待溶液中固体消失后，称取 3-甲基水杨醛 10 mmol 并逐加入该反应液中。待溶液完全变色后继续回流反应 1 h，得到配体（3-甲基水杨醛缩甘氨酸）的乙醇溶液。之后逐滴加入 10 mmol Ni（NO$_3$）$_2$ 的乙醇溶液，反应至不再产生沉淀，过滤得到催化剂（3-甲基水杨醛缩甘氨酸）合锌。

具体实例 2：

催化剂（3,5-二叔丁基水杨醛缩甘氨酸）合钴的合成步骤为：分别取甘氨酸和氢氧化钠固体 10 mmol 并在 500 mL 圆底烧瓶中混合，加入 200 mL 无水乙醇，加热至 80 ℃，在磁力搅拌下回流反应 1 h。待溶液中固体消失后，称取 3,5-二叔丁基水杨醛和 Co Ni（NO$_3$）$_2$ 各 10 mmol 一并加入该反应液中，回流反应 2 h 直至沉淀不再生成。反应结束后自然冷却反应液，过滤得到催化剂（3,5-二叔丁基水杨醛缩甘氨酸）合钴。

具体实例 3：

催化剂（5-硝基水杨醛缩甘氨酸）合镍的合成步骤为：分别取甘氨酸和氢氧化钠固体 10 mmol 并在 500 mL 圆底烧瓶中混合，加入 200 mL 无水乙醇，加热至 80 ℃，在磁力搅拌下回流反应 1 h。待溶液中固体消失后，称取 5-硝基水杨醛和 Ni（NO$_3$）$_2$ 各 10 mmol，一并加入该反应液中，回流反应 2 h 直至沉淀不再生成。反应结束后自然冷却反应液，过滤得到催化剂（5-硝基水杨醛缩甘氨酸）合镍。

具体实例 4：

催化合成 1-辛烯碳酸酯的实施步骤为：在 25 mL 双口反应瓶中加入 1,2-环氧辛烷 10 mmol，加入实例 1 合成的催化剂 0.05 mmol，助催化剂四丁基碘化铵 0.1 mmol。控制反应温度为 80 ℃ 并以鼓泡的方式通入 CO$_2$，流量 5 mL/min。回流反应 10 h 后冷却，过滤回收催化剂，所得产物加入内标物联苯，通过气相色谱 GC-FID 定量分析，所得 1,2-环氧辛烷转化率 100%，1-辛烯碳酸酯选择性 >98%。

具体实例 5：

催化合成苯乙烯碳酸酯的实施步骤为：在 25 mL 双口反应瓶中加入氧化苯乙烯 20 mmol，加入实例 2 中合成的催化剂 0.05 mmol，助催化剂 1-甲基-3-己基咪唑溴盐 0.2 mmol。控制反应温度为 60 ℃ 并以鼓泡的方式通入 CO_2，流量 10 mL/min。回流反应 15 h 后冷却，过滤回收催化剂，所得产物加入内标物联苯，通过气相色谱 GC-FID 定量分析，所得氧化苯乙烯转化率 100%，苯乙烯碳酸酯选择性>97%。

具体实例 6：

催化合成氯丙烯碳酸酯的实施步骤为：在 25 mL 双口反应瓶中加入环氧氯丙烷 20 mmol，加入实例 3 中合成的催化剂 0.025 mmol，助催化剂三乙胺 0.1 mmol。控制反应温度为 40 ℃ 并以鼓泡的方式通入 CO_2，流量 10 mL/min。反应 20 h 后冷却，过滤回收催化剂，所得产物加入内标物联苯，通过气相色谱 GC-FID 定量分析，所得环氧氯丙烷转化率 99%，氯丙烯碳酸酯选择性>99%。

2.5.2 中间文件

常压下催化转化 CO_2 合成环状碳酸酯的方法

技术领域

本发明涉及一种常压下催化转化 CO_2 合成环状碳酸酯的方法，属于催化化学领域。

背景技术

CO_2 是最主要的温室气体，也是最丰富廉价的 C1 资源，其转化利用正在得到越来越多的关注。利用环氧化合物与 CO_2 反应合成环状碳酸酯是最有潜力的发展方向之一。环状碳酸酯作为一种无毒的高沸点溶剂，广泛应用于混合气脱除 CO_2、聚碳酸酯合成、锂离子电池电解液等领域。CO_2 与环氧化合物环加成合成环状碳酸酯的反应无副产物，是典型的原子经济反应，符合绿色化学发展理念。

目前已报道的相关文献开发了多种用于 CO_2 与环氧化合物环加成合成环状碳酸酯的催化剂体系，包括金属 Salen 配合物 [M. North, et al,

Angew. Chem. Int. Ed. 2009, 48, 2946-2948], 金属氧化物 [M. Tu, et al, *Journal of Catalysis* 2001, 199, 85-91], 离子液体 [J. J. Peng, et al, *New J. Chem.* 2001, 25, 639-641], N-杂环卡宾 [Y. Kayaki, et al, *Angew. Chem. Int. Ed.* 2009, 48, 4194-4197] 等。大部分上述催化剂体系适用条件是高温（大于100 ℃）高压（大于2 MPa），能耗较高，其工业应用潜力受到限制。能够在常压下将 CO_2 转化成环状碳酸酯的催化剂鲜有报道，一般是金属配合物-四丁基溴化铵二元组分，不易回收再利用；此外，助催化剂均为四丁基溴化铵，种类单一，成本较高，且由于溴元素的存在使其对环境有污染，因此，助催化剂的种类有待扩展。基于该领域的发展现状，根据绿色化学发展理念和工业应用的指导思想，开发常压下催化转化 CO_2 到环状碳酸酯的新技术十分有必要。

发明内容

针对现有技术中在常压下催化转化 CO_2 合成环状碳酸酯工艺存在的催化剂回收和污染的问题，本发明的目的在于提供一种常压下催化转化 CO_2 合成环状碳酸酯的方法，本发明所述方法中制备并使用的催化剂经过简单处理即可进行重复使用，易于回收；且助催化剂的范围得到了扩展。在该催化剂和助催化剂的条件下，合成环状碳酸酯的条件温和，且降低了环境污染。

本发明的目的由以下技术方案实现：

一种常压下催化转化 CO_2 合成环状碳酸酯的方法，步骤如下：

（1）将甘氨酸和氢氧化钠固体加入无水乙醇中，冷凝回流反应至固体完全消失，得到甘氨酸钠的无水乙醇溶液；然后向其中加入含取代基的水杨醛，冷凝回流反应至生成亮黄色溶液，且固体完全消失，得到甘氨酸与含取代基的水杨醛缩合物的无水乙醇溶液；之后向其中滴加过渡金属硝酸盐的无水乙醇溶液，滴加完成后继续冷凝回流反应至不再生成沉淀，冷却至室温，过滤得到固体，用冰水和冰乙醇交替洗涤至洗液无色，将固体风干，得到过渡金属配合物催化剂，该催化剂简称 L(M)，结构通式如式 I 所示，

I

(2) 向反应器中加入环氧化合物、L (M)、助催化剂，然后鼓入 CO_2 气泡；加热至 25;~800，在搅拌下冷凝回流反应 24 h 后，停止鼓入 CO_2，得到所述的环状碳酸酯。

反应结束后采用过滤、离心或吸附手段回收 L(M)，经过乙醇或乙酸乙酯简单洗涤干燥后，即可重复使用。

其中，所述步骤 (1) 中含取代基的水杨醛为 3-甲基水杨醛，3-氟水杨醛，5-羟基水杨醛，5-硝基水杨醛，5-氟水杨醛，5-氯水杨醛，5-溴水杨醛，3,5-二叔丁基水杨醛和 3,5-二溴水杨醛中的一种；

过渡金属为铬 (Cr)，锰 (Mn)，铁 (Fe)，钴 (Co)，镍 (Ni)，铜 (Cu) 和锌 (Zn) 中的任何一种二价或三价离子；

甘氨酸和氢氧化钠的物质的量比为 1:1；

含取代基的水杨醛与甘氨酸的物质的量比为 1:1；

过渡金属硝酸盐与甘氨酸的物质的量比为 1:1；

冷凝回流反应温度均优选为 80 反；

甘氨酸和氢氧化钠的冷凝回流反应时间优选 1 h；

无水乙醇的用量为使固体充分溶解即可。

所述步骤 (2) 中鼓入 CO_2 气泡的流量为 5 mL/min，鼓入 CO_2 的压力为 0.1 MPa；

环氧化合物为环氧乙烷，环氧丙烷，环氧氯丙烷，环氧溴丙烷，1,2-环氧丁烷，1,2-环氧己烷，1,2-环氧辛烷，氧化苯乙烯，烯丙基缩水甘油醚，苯基缩水甘油醚和氧化环己烯中的任何一种；

助催化剂为卤化季铵盐、离子液体和有机碱中的任何一种；

其中，卤化季铵盐优选四乙基氯化铵，四丁基氯化铵，四己基氯化铵，四乙基溴化铵，四丁基溴化铵，四己基溴化铵，四乙基碘化铵，四丁基碘化铵和四己基碘化铵中的任何一种；

离子液体优选 1-甲基-3-丁基咪唑氯盐，1-甲基-3-己基咪唑溴盐，1-甲基-3-辛基咪唑四氟硼酸盐和 1-甲基-3-丁基咪唑六氟磷酸盐中的任何一种；

有机碱优选三乙胺，三苯基膦，咪唑和 N,N-二甲氨基吡啶中的任何一种；

L (M) 用量为环氧化合物用量的 0.01-1 mol%；

助催化剂用量为环氧化合物用量的 0.1-5 mol%。

有益效果

（1）本发明由原料甘氨酸、氢氧化钠、含取代基的水杨醛合成了一类金属配合物催化剂，并将其用于环状碳酸酯的合成，催化活性高（多种环氧化合物均达到90%以上转化率，环状碳酸酯选择性均大于95%），且经过简单处理即可进行重复使用，易于回收。此外，该所述催化剂的制备原料价格低廉，成本低。

（2）本发明扩展了CO_2和环氧化物合成环状碳酸酯的助催化剂的范围，筛选出了廉价高效的助催化剂，有利于工业实际应用。

（3）采用本发明所述方法合成环状碳酸酯的条件温和，反应温度低于80 ℃，CO_2常压下即可与环氧化合物反应，无需加压。

（3）与现有技术中的金属配合物-四丁基溴化铵二元组分相比，本发明方法中所使用的催化剂和助催化剂均包含无卤素化合物，降低了环境污染。

具体实施方式

下面结合具体实施例来详述本发明，但不限于此。

[**实施例1**]

（1）催化剂（3-甲基水杨醛缩甘氨酸）合锌的合成步骤为：分别取甘氨酸和氢氧化钠固体10 mmol并在500 mL圆底烧瓶中混合，加入200 mL无水乙醇，加热至80 ℃，在磁力搅拌下冷凝回流反应1 h，溶液中固体完全消失，得到甘氨酸钠的无水乙醇溶液；向其中加入3-甲基水杨醛10 mmol，加热至80 ℃，冷凝回流反应1 h，生成亮黄色溶液，此时固体完全消失，得到配体（3-甲基水杨醛缩甘氨酸）的乙醇溶液。之后逐滴加入10 mmol Zn（NO_3）$_2$的乙醇溶液，冷凝回流反应1 h，不再产生沉淀，冷却至室温，过滤得到固体，用冰水和冰乙醇交替洗涤至洗液无色，将固体风干，即得到催化剂（3-甲基水杨醛缩甘氨酸）合锌。

（2）催化合成1-辛烯碳酸酯的实施步骤为：在25 mL双口反应瓶中加入1,2-环氧辛烷10 mmol，加入步骤（1）合成的催化剂0.001 mmol，助催化剂四丁基碘化铵0.05 mmol。以鼓泡的方式通入CO_2，流量为5 mL/min；控制反应温度为80 ℃，在搅拌下冷凝回流反应24 h后，停止鼓入CO_2，得到产物。冷却，过滤，乙醇洗涤并干燥后回收催化剂。所得产物加入内标物联苯，通过气相色谱GC-FID定量分析，所得1,2-环氧辛烷转化率为100%，1-辛烯碳酸酯选择性>98%。

[实施例 2]

(1) 催化剂（5-羟基水杨醛缩甘氨酸）合锰的合成步骤为：分别取甘氨酸和氢氧化钠固体 10 mmol 并在 500 mL 圆底烧瓶中混合，加入 200 mL 无水乙醇，加热至 80 ℃，在磁力搅拌下冷凝回流反应 1 h，溶液中固体完全消失，得到甘氨酸钠的无水乙醇溶液；向其中加入 5-羟基水杨醛 10 mmol，加热至 80 ℃，冷凝回流反应 1 h，生成亮黄色溶液，此时固体完全消失，得到配体（5-羟基水杨醛缩甘氨酸）的乙醇溶液。之后逐滴加入 10 mmol Mn(NO_3)$_2$ 的乙醇溶液，冷凝回流反应 1 h，不再产生沉淀，冷却至室温，过滤得到固体，用冰水和冰乙醇交替洗涤至洗液无色，将固体风干，即得到催化剂（5-羟基水杨醛缩甘氨酸）合锰。

(2) 催化合成苯氧基碳酸丙烯酯的实施步骤为：在 25 mL 双口反应瓶中加入苯氧基环氧丙烷 10 mmol，加入步骤（1）合成的催化剂 0.01 mmol，助催化剂四己基碘化铵 0.02 mmol。以鼓泡的方式通入 CO_2，流量为 5 mL/min；控制反应温度为 35 ℃，在搅拌下冷凝回流反应 24 h 后，停止鼓入 CO_2，得到产物。冷却，过滤，乙醇洗涤并干燥后回收催化剂。所得产物加入内标物联苯，通过气相色谱 GC-FID 定量分析，所得苯氧基环氧丙烷转化率为 98%，苯氧基碳酸丙烯酯选择性>95%。

[实施例 3]

(1) 催化剂（3,5-二叔丁基水杨醛缩甘氨酸）合钴的合成步骤为：分别取甘氨酸和氢氧化钠固体 10 mmol 并在 500 mL 圆底烧瓶中混合，加入 200 mL 无水乙醇，加热至 80 ℃，在磁力搅拌下冷凝回流反应 1 h，溶液中固体完全消失，得到甘氨酸钠的无水乙醇溶液；向其中加入 3,5-二叔丁基水杨醛 10 mmol，加热至 80 ℃，冷凝回流反应 1 h，生成亮黄色溶液，此时固体完全消失，得到配体（3,5-二叔丁基水杨醛缩甘氨酸）的乙醇溶液。之后逐滴加入 10 mmol Co(NO_3)$_2$ 的乙醇溶液，冷凝回流反应 1 h，不再产生沉淀，冷却至室温，过滤得到固体，用冰水和冰乙醇交替洗涤至洗液无色，将固体风干，即得到催化剂（3,5-二叔丁基水杨醛缩甘氨酸）合钴。

(2) 催化合成苯乙烯碳酸酯的实施步骤为：在 25 mL 双口反应瓶中加入氧化苯乙烯 10 mmol，加入步骤（1）合成的催化剂 0.05 mmol，助催化剂 1-甲基-3-己基咪唑溴盐 0.1 mmol。以鼓泡的方式通入 CO_2，流量为 5 mL/min；控制反应温度为 60 ℃，在搅拌下冷凝回流反应 24 h 后，停止鼓入 CO_2，得到产物。冷却，过滤，乙醇洗涤并干燥后回收催化剂。所得产物加入内标物联苯，通过气相色谱 GC-FID 定量分析，所得氧化苯乙烯转化率为 100%，苯乙烯碳酸酯选择性>97%。

2.5.3 专利文件申请稿

常压下催化转化 CO_2 合成环状碳酸酯的方法

技术领域

本发明涉及一种常压下催化转化 CO_2 合成环状碳酸酯的方法，属于催化化学领域。

背景技术

CO_2 是最主要的温室气体，也是最丰富廉价的 C1 资源，其转化利用正在得到越来越多的关注。利用环氧化合物与 CO_2 反应合成环状碳酸酯是最有潜力的发展方向之一。环状碳酸酯作为一种无毒的高沸点溶剂，广泛应用于混合气脱除 CO_2、聚碳酸酯合成、锂离子电池电解液等领域。CO_2 与环氧化合物环加成合成环状碳酸酯的反应无副产物，是典型的原子经济反应，符合绿色化学发展理念。

目前已报道的相关文献开发了多种用于 CO_2 与环氧化合物环加成合成环状碳酸酯的催化剂体系，包括金属 Salen 配合物 [M. North, et al. Angew. Chem. Int. Ed., 2009, 48, 2946-2948]、金属氧化物 [M. Tu, et al. Journal of Catalysis, 2001, 199, 85-91]、离子液体 [J. J. Peng, et al. New J. Chem., 2001, 25, 639-641]、N-杂环卡宾 [Y. Kayaki, et al. Angew. Chem. Int. Ed., 2009, 48, 4194-4197] 等。大部分上述催化剂体系适用条件是高温（大于 100 ℃）、高压（大于 2 MPa），能耗较高，其工业应用潜力受到限制。能够在常压下将 CO_2 转化成环状碳酸酯的催化剂鲜有报道，一般是金属配合物——四丁基溴化铵二元组分，不易回收再利用；此外，助催化剂均为四丁基溴化铵，种类单一，成本较高，且由于溴元素的存在使其对环境有污染，因此，助催化剂的种类有待扩展。基于该领域的发展现状，根据绿色化学发展理念和工业应用的指导思想，开发常压下催化转化 CO_2 到环状碳酸酯的新技术十分有必要。

发明内容

针对现有技术中在常压下催化转化 CO_2 合成环状碳酸酯工艺存在的

催化剂回收和污染的问题，本发明的目的在于提供一种常压下催化转化 CO_2 合成环状碳酸酯的方法，本发明所述方法中制备并使用的催化剂经过简单处理即可进行重复使用，易于回收；且助催化剂的范围得到了扩展。在该催化剂和助催化剂的条件下，合成环状碳酸酯的条件温和，且降低了环境污染。

本发明的目的由以下技术方案实现。

一种常压下催化转化 CO_2 合成环状碳酸酯的方法，步骤如下：

（1）将甘氨酸和氢氧化钠固体加入无水乙醇中，冷凝回流反应至固体完全消失，得到甘氨酸钠的无水乙醇溶液；然后向其中加入含取代基的水杨醛，冷凝回流反应至生成亮黄色溶液，且固体完全消失，得到甘氨酸与含取代基的水杨醛缩合物的无水乙醇溶液；之后向其中滴加过渡金属硝酸盐的无水乙醇溶液，滴加完成后继续冷凝回流反应至不再生成沉淀，冷却至室温，过滤得到固体，用冰水和冰乙醇交替洗涤至洗液无色，将固体风干，得到过渡金属配合物催化剂，该催化剂简称 L(M)，结构通式如式 I 所示。

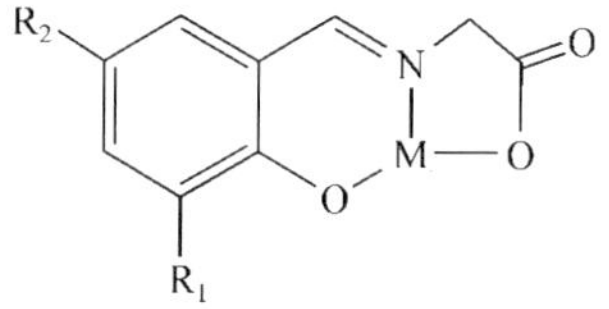

I

（2）向反应器中加入环氧化合物、L(M)、助催化剂，然后鼓入 CO_2 气泡；加热至 25~800 ℃，在搅拌下冷凝回流反应 24 h 后，停止鼓入 CO_2，得到所述的环状碳酸酯。

反应结束后采用过滤、离心或吸附手段回收 L(M)，经过乙醇或乙酸乙酯简单洗涤干燥后，即可重复使用。

其中，所述步骤（1）中含取代基的水杨醛为 3-甲基水杨醛、3-氟水杨醛、5-羟基水杨醛、5-硝基水杨醛、5-氟水杨醛、5-氯水杨醛、5-溴水杨醛、3,5-二叔丁基水杨醛和 3,5-二溴水杨醛中的一种；

R_1、R_2 与含取代基的水杨醛中的取代基相对应；

M 为过渡金属，过渡金属为铬（Cr）、锰（Mn）、铁（Fe）、钴（Co）、镍（Ni）、铜（Cu）和锌（Zn）中的任意一种二价或三价离子；

甘氨酸、氢氧化钠、含取代基的水杨醛和过渡金属硝酸盐的物质的量之比为 1:1:1:1；

冷凝回流反应温度均优选为 80 ℃；

甘氨酸和氢氧化钠的冷凝回流反应时间优选 1 h；

无水乙醇的用量为使固体充分溶解即可。

所述步骤（2）中鼓入 CO_2 气泡的流量为 5 mL/min，鼓入 CO_2 的压力为 0.1 MPa；

环氧化合物为环氧乙烷、环氧丙烷、环氧氯丙烷、环氧溴丙烷、1,2-环氧丁烷、1,2-环氧己烷、1,2-环氧辛烷、氧化苯乙烯、烯丙基缩水甘油醚、苯氧基环氧丙烷和氧化环己烯中的任意一种。

助催化剂为卤化季铵盐、离子液体和有机碱中的任意一种。

其中，卤化季铵盐优选四乙基氯化铵、四丁基氯化铵、四己基氯化铵、四乙基溴化铵、四丁基溴化铵、四己基溴化铵、四乙基碘化铵、四丁基碘化铵和四己基碘化铵中的任意一种；

离子液体优选 1-甲基-3-丁基咪唑氯盐、1-甲基-3-己基咪唑溴盐、1-甲基-3-辛基咪唑四氟硼酸盐和 1-甲基-3-丁基咪唑六氟磷酸盐中的任意一种；

有机碱优选三乙胺、三苯基膦、咪唑和 N,N-二甲氨基吡啶中的任意一种；

L(M) 用量为环氧化合物用量的 0.01~1 mol%；

助催化剂用量为环氧化合物用量的 0.1~5 mol%。

有益效果

（1）本发明由原料甘氨酸、氢氧化钠、含取代基的水杨醛合成了一类金属配合物催化剂，并将其用于环状碳酸酯的合成，催化活性高（环氧化合物转化率均达到 90% 以上，环状碳酸酯选择性均大于 95%），且经过简单处理即可进行重复使用，易于回收。此外，该所述催化剂的制备原料价格低廉，成本低。

（2）本发明扩展了 CO_2 和环氧化物合成环状碳酸酯的助催化剂的范围，筛选出了廉价高效的助催化剂，有利于工业实际应用。

（3）采用本发明所述方法合成环状碳酸酯的条件温和，反应温度低于 80 ℃，CO_2 常压下即可与环氧化合物反应，无须加压。

（4）与现有技术中的金属配合物——四丁基溴化铵二元组分催化剂相比，本发明方法包含了多种无卤素催化剂和助催化剂，降低了环境污染。

具体实施方式

下面结合具体实施例来详述本发明,但不限于此。

[**实施例1**]

(1) 催化剂(3-甲基水杨醛缩甘氨酸)合锌的合成步骤为:分别取甘氨酸和氢氧化钠固体10 mmol并在500 mL圆底烧瓶中混合,加入200 mL无水乙醇,加热至80 ℃,在磁力搅拌下冷凝回流反应1 h,溶液中固体完全消失,得到甘氨酸钠的无水乙醇溶液;向其中加入3-甲基水杨醛10 mmol,加热至80 ℃,在磁力搅拌下冷凝回流反应1 h,生成亮黄色溶液,此时固体完全消失,得到配体(3-甲基水杨醛缩甘氨酸)的乙醇溶液。之后逐滴加入10 mmol Zn(NO$_3$)$_2$的乙醇溶液,加热至80 ℃,在磁力搅拌下冷凝回流反应1 h,不再产生沉淀,冷却至室温,过滤得到固体,用冰水和冰乙醇交替洗涤至洗液无色,将固体风干,即得到催化剂(3-甲基水杨醛缩甘氨酸)合锌。

(2) 催化合成1-辛烯碳酸酯的实施步骤为:在25 mL双口反应瓶中加入1,2-环氧辛烷10 mmol,加入步骤(1)合成的催化剂0.001 mmol,助催化剂四丁基碘化铵0.05 mmol。以鼓泡的方式通入CO$_2$,流量为5 mL/min,压力为0.1 MPa;控制反应温度为80 ℃,在磁力搅拌下冷凝回流反应24 h后,停止鼓入CO$_2$,得到产物。冷却,过滤,乙醇洗涤并干燥后回收催化剂。所得产物加入内标物联苯,通过气相色谱GC-FID定量分析,所得1,2-环氧辛烷转化率为100%,1-辛烯碳酸酯选择性>98%。

[**实施例2**]

(1) 催化剂(3-氟水杨醛缩甘氨酸)合铬的合成步骤为:分别取甘氨酸和氢氧化钠固体10 mmol并在500 mL圆底烧瓶中混合,加入200 mL无水乙醇,加热至80 ℃,在磁力搅拌下冷凝回流反应1 h,溶液中固体完全消失,得到甘氨酸钠的无水乙醇溶液;向其中加入3-氟水杨醛10 mmol,加热至80 ℃,在磁力搅拌下冷凝回流反应1 h,生成亮黄色溶液,此时固体完全消失,得到配体(3-氟水杨醛缩甘氨酸)的乙醇溶液。之后逐滴加入10 mmol Cr(NO$_3$)$_3$的乙醇溶液,加热至80 ℃,在磁力搅拌下冷凝回流反应1 h,不再产生沉淀,冷却至室温,过滤得到固体,用冰水和冰乙醇交替洗涤至洗液无色,将固体风干,即得到催化剂(3-氟水杨醛缩甘氨酸)合铬。

(2) 催化合成碳酸丙烯酯的实施步骤为：在 25 mL 双口反应瓶中加入环氧丙烷 10 mmol，加入步骤 (1) 合成的催化剂 0.005 mmol，助催化剂四乙基溴化铵 0.1 mmol。以鼓泡的方式通入 CO_2，流量为 5 mL/min，压力为 0.1 MPa；控制反应温度为 25 ℃，在磁力搅拌下冷凝回流反应 24 h 后，停止鼓入 CO_2，得到产物。冷却，过滤，乙醇洗涤并干燥后回收催化剂。所得产物加入内标物联苯，通过气相色谱 GC-FID 定量分析，所得环氧丙烷转化率为 100%，苯乙烯碳酸酯选择性>97%。

[**实施例 3**]

(1) 催化剂 (5-羟基水杨醛缩甘氨酸) 合锰的合成步骤为：分别取甘氨酸和氢氧化钠固体 10 mmol 并在 500 mL 圆底烧瓶中混合，加入 200 mL 无水乙醇，加热至 80 ℃，在磁力搅拌下冷凝回流反应 1 h，溶液中固体完全消失，得到甘氨酸钠的无水乙醇溶液；向其中加入 5-羟基水杨醛 10 mmol，加热至 80 ℃，在磁力搅拌下冷凝回流反应 1 h，生成亮黄色溶液，此时固体完全消失，得到配体 (5-羟基水杨醛缩甘氨酸) 的乙醇溶液。之后逐滴加入 10 mmol $Mn(NO_3)_2$ 的乙醇溶液，加热至 80 ℃，在磁力搅拌下冷凝回流反应 1 h，不再产生沉淀，冷却至室温，过滤得到固体，用冰水和冰乙醇交替洗涤至洗液无色，将固体风干，即得到催化剂 (5-羟基水杨醛缩甘氨酸) 合锰。

(2) 催化合成苯氧基碳酸丙烯酯的实施步骤为：在 25 mL 双口反应瓶中加入苯氧基环氧丙烷 10 mmol，加入步骤 (1) 合成的催化剂 0.01 mmol，助催化剂四己基碘化铵 0.02 mmol。以鼓泡的方式通入 CO_2，流量为 5 mL/min，压力为 0.1 MPa；控制反应温度为 35 ℃，在磁力搅拌下冷凝回流反应 24 h 后，停止鼓入 CO_2，得到产物。冷却，过滤，乙醇洗涤并干燥后回收催化剂。所得产物加入内标物联苯，通过气相色谱 GC-FID 定量分析，所得苯氧基环氧丙烷转化率为 98%，苯氧基碳酸丙烯酯选择性>95%。

[**实施例 4**]

(1) 催化剂 (5-氯水杨醛缩甘氨酸) 合镍的合成步骤为：分别取甘氨酸和氢氧化钠固体 10 mmol 并在 500 mL 圆底烧瓶中混合，加入 200 mL 无水乙醇，加热至 80 ℃，在磁力搅拌下冷凝回流反应 1 h，溶液中固体完全消失，得到甘氨酸钠的无水乙醇溶液；向其中加入 5-氯水杨醛 10 mmol，加热至 80 ℃，在磁力搅拌下冷凝回流反应 1 h，生成亮黄色溶液，此时固体完全消失，得到配体 (5-氯水杨醛缩甘氨酸) 的乙醇溶液。之后逐滴加入 10 mmol Ni(NO$_3$)$_2$ 的乙醇溶液，加热至 80 ℃，在磁力搅拌下冷凝回流反应 1 h，不再产生沉淀，冷却至室温，过滤得到固体，用冰水和冰乙醇交替洗涤至洗液无色，将固体风干，即得到催化剂（5-硝基水杨醛缩甘氨酸）合镍。

（2）催化合成苯氧基碳酸丙烯酯的实施步骤为：在 25 mL 双口反应瓶中加入苯氧基环氧丙烷 10 mmol，加入步骤（1）合成的催化剂 0.05 mmol，助催化剂四丁基氯化铵 0.2 mmol。以鼓泡的方式通入 CO$_2$，流量为 5 mL/min，压力为 0.1 MPa；控制反应温度为 35 ℃，在磁力搅拌下冷凝回流反应 24 h 后，停止鼓入 CO$_2$，得到产物。冷却，过滤，乙醇洗涤并干燥后回收催化剂。所得产物加入内标物联苯，通过气相色谱 GC-FID 定量分析，所得苯氧基环氧丙烷转化率为 99%，苯氧基碳酸丙烯酯选择性>96%。

[实施例 5]

（1）催化剂（5-氟水杨醛缩甘氨酸）合锌的合成步骤为：分别取甘氨酸和氢氧化钠固体 10 mmol 并在 500 mL 圆底烧瓶中混合，加入 200 mL 无水乙醇，加热至 80 ℃，在磁力搅拌下冷凝回流反应 1 h，溶液中固体完全消失，得到甘氨酸钠的无水乙醇溶液；向其中加入 5-氟水杨醛 10 mmol，加热至 80 ℃，在磁力搅拌下冷凝回流反应 1 h，生成亮黄色溶液，此时固体完全消失，得到配体（5-氟水杨醛缩甘氨酸）的乙醇溶液。之后逐滴加入 10 mmol Zn(NO$_3$)$_2$ 的乙醇溶液，加热至 80 ℃，在磁力搅拌下冷凝回流反应 1 h，不再产生沉淀，冷却至室温，过滤得到固体，用冰水和冰乙醇交替洗涤至洗液无色，将固体风干，即得到催化剂（5-氟水杨醛缩甘氨酸）合锌。

（2）催化合成苯乙烯碳酸酯的实施步骤为：在 25 mL 双口反应瓶中加入氧化苯乙烯 10 mmol，加入步骤（1）合成的催化剂 0.08 mmol，助催化剂四己基溴化铵 0.01 mmol。以鼓泡的方式通入 CO$_2$，流量为 5 mL/min，压力为 0.1 MPa；控制反应温度为 70 ℃，在磁力搅拌下冷凝回流反应 24 h 后，停止鼓入 CO$_2$，得到产物。冷却，过滤，乙醇洗涤并干燥后回收催化剂。所得产物加入内标物联苯，通过气相色谱 GC-FID 定量分析，所得氧化苯乙烯转化率为 99%，苯乙烯碳酸酯选择性>98%。

[实施例 6]

（1）催化剂（3,5-二叔丁基水杨醛缩甘氨酸）合钴的合成步骤为：分别取甘氨酸和氢氧化钠固体 10 mmol 并在 500 mL 圆底烧瓶中混合，加入 200 mL 无水乙醇，加热至 80 ℃，在磁力搅拌下冷凝回流反应 1 h，溶液中固体完全消失，得到甘氨酸钠的无水乙醇溶液；向其中加入 3，5-二叔丁基水杨醛 10 mmol，加热至 80 ℃，在磁力搅拌下冷凝回流反应 1 h，生成亮黄色溶液，此时固体完全消失，得到配体（3，5-二叔丁基水杨醛缩甘氨酸）的乙醇溶液。之后逐滴加入 10 mmol Co(NO_3)$_2$ 的乙醇溶液，加热至 80 ℃，在磁力搅拌下冷凝回流反应 1 h，不再产生沉淀，冷却至室温，过滤得到固体，用冰水和冰乙醇交替洗涤至洗液无色，将固体风干，即得到催化剂（3，5-二叔丁基水杨醛缩甘氨酸）合钴。

（2）催化合成苯乙烯碳酸酯的实施步骤为：在 25 mL 双口反应瓶中加入氧化苯乙烯 10 mmol，加入步骤（1）合成的催化剂 0.05 mmol，助催化剂 1-甲基-3-己基咪唑溴盐 0.1 mmol。以鼓泡的方式通入 CO_2，流量为 5 mL/min，压力为 0.1 MPa；控制反应温度为 60 ℃，在磁力搅拌下冷凝回流反应 24 h 后，停止鼓入 CO_2，得到产物。冷却，过滤，乙醇洗涤并干燥后回收催化剂。所得产物加入内标物联苯，通过气相色谱 GC-FID 定量分析，所得氧化苯乙烯转化率为 100%，苯乙烯碳酸酯选择性>97%。

[**实施例 7**]

（1）催化剂（3，5-二溴水杨醛缩甘氨酸）合铁的合成步骤为：分别取甘氨酸和氢氧化钠固体 10 mmol 并在 500 mL 圆底烧瓶中混合，加入 200 mL 无水乙醇，加热至 80 ℃，在磁力搅拌下冷凝回流反应 1 h，溶液中固体完全消失，得到甘氨酸钠的无水乙醇溶液；向其中加入 3，5-二溴水杨醛 10 mmol，加热至 80 ℃，在磁力搅拌下冷凝回流反应 1 h，生成亮黄色溶液，此时固体完全消失，得到配体（3，5-二溴水杨醛缩甘氨酸）的乙醇溶液。之后逐滴加入 10 mmol Fe(NO_3)$_2$ 的乙醇溶液，加热至 80 ℃，在磁力搅拌下冷凝回流反应 1 h，不再产生沉淀，冷却至室温，过滤得到固体，用冰水和冰乙醇交替洗涤至洗液无色，将固体风干，即得到催化剂（3，5-二溴水杨醛缩甘氨酸）合铁。

（2）催化合成 1-丁烯碳酸酯的实施步骤为：在 25 mL 双口反应瓶中加入 1，2-环氧丁烷 10 mmol，加入步骤（1）合成的催化剂 0.02 mmol，助催化剂 1-甲基-3-丁基咪唑氯盐 0.2 mmol。以鼓泡的方式通入 CO_2，流量为 5 mL/min，压力为 0.1 MPa；控制反应温度为 60 ℃，在磁力搅拌下冷凝回流反应 24 h 后，停止鼓入 CO_2，得到产物。冷却，过滤，乙醇洗涤并干燥后回收催化剂。所得产物加入内标物联苯,通过气相色谱GC-FID定量分析,所得1,2-环氧丁烷转化率为98%,1-丁烯碳酸酯选择性>95%。

[**实施例8**]

(1) 催化剂(5-硝基水杨醛缩甘氨酸)合镍的合成步骤为:分别取甘氨酸和氢氧化钠固体10 mmol并在500 mL圆底烧瓶中混合,加入200 mL无水乙醇,加热至80 ℃,在磁力搅拌下冷凝回流反应1 h,溶液中固体完全消失,得到甘氨酸钠的无水乙醇溶液;向其中加入5-硝基水杨醛10 mmol,加热至80 ℃,在磁力搅拌下冷凝回流反应1 h,生成亮黄色溶液,此时固体完全消失,得到配体(5-硝基水杨醛缩甘氨酸)的乙醇溶液。之后逐滴加入10 mmol Ni(NO$_3$)$_2$的乙醇溶液,加热至80 ℃,在磁力搅拌下冷凝回流反应1 h,不再产生沉淀,冷却至室温,过滤得到固体,用冰水和冰乙醇交替洗涤至洗液无色,将固体风干,即得到催化剂(5-硝基水杨醛缩甘氨酸)合镍。

(2) 催化合成氯丙烯碳酸酯的实施步骤为:在25 mL双口反应瓶中加入环氧氯丙烷10 mmol,加入步骤(1)合成的催化剂0.025 mmol,助催化剂三乙胺0.3 mmol。以鼓泡的方式通入CO$_2$,流量为5 mL/min,压力为0.1 MPa;控制反应温度为60 ℃,在磁力搅拌下冷凝回流反应24 h后,停止鼓入CO$_2$,得到产物。冷却,过滤,乙醇洗涤并干燥后回收催化剂。所得产物加入内标物联苯,通过气相色谱GC-FID定量分析,所得环氧氯丙烷转化率为99%,氯丙烯碳酸酯选择性>99%。

[**实施例9**]

(1) 催化剂(5-溴水杨醛缩甘氨酸)合铜的合成步骤为:分别取甘氨酸和氢氧化钠固体10 mmol并在500 mL圆底烧瓶中混合,加入200 mL无水乙醇,加热至80 ℃,在磁力搅拌下冷凝回流反应1 h,溶液中固体完全消失,得到甘氨酸钠的无水乙醇溶液;向其中加入5-溴水杨醛10 mmol,加热至80 ℃,在磁力搅拌下冷凝回流反应1 h,生成亮黄色溶液,此时固体完全消失,得到配体(5-溴水杨醛缩甘氨酸)的乙醇溶液。之后逐滴加入10 mmol Cu(NO$_3$)$_2$的乙醇溶液,加热至80 ℃,在磁力搅拌下冷凝回流反应1 h,不再产生沉淀,冷却至室温,过滤得到固体,用冰水和冰乙醇交替洗涤至洗液无色,将固体风干,即得到催化剂(5-溴水杨醛缩甘氨酸)合铜。

(2) 催化合成溴丙烯碳酸酯的实施步骤为：在 25 mL 双口反应瓶中加入环氧溴丙烷 10 mmol，加入步骤 (1) 合成的催化剂 0.1 mmol，助催化剂 N，N-二甲氨基吡啶 0.5 mmol。以鼓泡的方式通入 CO_2，流量为 5 mL/min，压力为 0.1 MPa；控制反应温度为 80 ℃，在磁力搅拌下冷凝回流反应 24 h 后，停止鼓入 CO_2，得到产物。冷却，过滤，乙醇洗涤并干燥后回收催化剂。所得产物加入内标物联苯，通过气相色谱 GC-FID 定量分析，所得环氧溴丙烷转化率为 98%，溴丙烯碳酸酯选择性>95%。

综上所述，以上仅为本发明的较佳实施例而已，并非用于限定本发明的保护范围。凡在本发明的精神和原则之内，所做的任何修改、等同替换、改进等，均应包含在本发明的保护范围之内。

2.5.4 案例分析

本案例技术交底书存在的问题如下：

(1) 发明名称不符合要求。

涉及法条——《指南》第一部分第一章 4.1.1 发明名称：发明名称应当简短、准确地表明发明专利申请要求保护的主题和类型。

发明人提供的技术交底书中发明名称为"常压下催化转化 CO_2 合成环状碳酸酯新技术"，其中的"新技术"为非技术用语，且不能准确地表明发明专利申请要求保护的主题和类型。根据技术交底书中的背景技术可以判断，该专利申请要解决的技术问题为：在常压下催化转化 CO_2 合成环状碳酸酯工艺存在的催化剂回收困难和污染的问题。该专利申请提供了一种新的方法以解决所述技术问题，因此，该专利申请属于方法类专利申请。基于以上分析，将发明名称修改为"常压下催化转化 CO_2 合成环状碳酸酯的方法"，使其符合《专利审查指南 2010》第一部分第一章 4.1.1 中的相关规定。

(2) 说明书中缺乏有益效果。

涉及法条——《指南》第二部分第二章 2.2.4 发明或者实用新型内容：说明书应当清楚、客观地写明发明或者实用新型与现有技术相比所具有的有益效果。

有益效果是指由构成发明或者实用新型的技术特征直接带来的，或者由所述的技术特征必然产生的技术效果。有益效果是确定发明是否具有"显著的进步"，实用新型是否具有"进步"的重要依据。

通常，有益效果可以由产率、质量、精度和效率的提高，能耗、原材料、工序的节省，加工、操作、控制、使用的简便，环境污染的治理或者根治，以及有用性能的出现等发明面反映出来。有益效果可以通过对发明或者实用新型结构特点的分析和理论说明相结合,或者通过列出实验数据的方式予以说明,不得只断言发明或者实用新型具有有益的效果。

根据以上要求,该专利申请的有益效果如下:

(1) 本发明由原料甘氨酸、氢氧化钠、含取代基的水杨醛合成了一类金属配合物催化剂,并将其用于环状碳酸酯的合成,催化活性高(环氧化合物转化率均达到90%以上,环状碳酸酯选择性均大于95%),且经过简单处理即可进行重复使用,易于回收。此外,该所述催化剂的制备原料价格低廉,成本低。

(2) 本发明扩展了 CO_2 和环氧化合物合成环状碳酸酯的助催化剂的范围,筛选出了廉价高效的助催化剂,有利于工业实际应用。

(3) 采用本发明所述方法合成环状碳酸酯的条件温和,反应温度低于 80 ℃,CO_2 常压下即可与环氧化合物反应,无须加压。

(4) 与现有技术中的金属配合物——四丁基溴化铵二元组分催化剂相比,本发明方法包含了多种无卤素催化剂和助催化剂,降低了环境污染。

2.6 案例6 一种介孔结构硅酸锰锂正极材料的制备方法

2.6.1 技术交底书

模板法制备介孔结构硅酸锰锂正极材料

技术领域

本发明属锂离子电池技术领域,涉及一种模板法制备锂离子电池电极材料介孔结构硅酸锰锂。

背景技术

面对日益严重的能源危机和环境污染问题,使用绿色材料及研发环境友好的锂离子电池材料是当务之急。电子产品的巨大需求和电动汽车电池等工业用电池潜在的巨大市场,使得开发高比容量、价格便宜、安全可靠的新一代锂离子电池成为化学电源研究领域的重点。锂离子二次电池具有工作电压高、能量密度大、安全性能好、循环寿命长、自放电率低等优点,因而被广泛应用于移动通讯、仪器仪表、计算机、电动运载工具等领域。

正极材料是影响锂离子电池的关键因素之一。目前商品化的锂离子电池正极材主要有 $LiCoO_2$，$LiFePO_4$，$LiMn_2O_4$ 以及三元系材料，然而各自存在一些问题。$LiCoO_2$ 合成容易、充放电性能稳定，但是金属钴价格昂贵，且充电态 $LiCoO_2$ 热稳定性差，安全性欠佳，不能满足电动车电源等动力型电池的需要。Li_2MnO_4 成本低廉，但是由于 Mn^{3+} 的溶解及 Jahn-Teller 效应使该材料循环性能不好，安全性能也不好。1997 年报道的 $LiMPO_4$（M=Fe，Mn，Co，Ni）正极材料，发现这是一类很有前途的正极材料。然而 $LiFePO_4$ 材料的电子导电率与振实密度很难同时提高。因此，开发比容量高、热稳定性好、价格低廉、安全性好的正极材料是进一步扩宽锂离子电池的应用领域并实现可持续发展的关键。

作为同是聚阴离子型正极材料的 Li_2MnSiO_4，由于 Mn 资源丰富，与 $LiFeSiO_4$ 相比较有两个自由锂而具有较大的理论比容量，及其具有较高的安全性和环境友好性而受到人们的关注。2006 年，R. Dominko 及其研究小组采用改进溶胶-凝胶法，利用传统的柠檬酸作为络合剂首次合成了 Li_2MnSiO_4 正极材料，得到了较为理想的电化学性能。由于硅酸盐原料易得，成本低，Li_2MnSiO_4 理论容量高，循环电压高等优势，因此是极具发展潜力的新型锂离子电池正极材料。

Li_2MnSiO_4 属正交晶系，空间群 $Pmn2_1$，晶格常数 a = 6.3109（9），b = 5.3800（9），c = 4.9662（8）Å，与 Li_3PO_4 的低温结构相似。在 Li_2MnSiO_4 晶体中，Li、Si、Mn 都与 O 形成四面体结构。由于强 Si-O 共价键的存在，Li_2MnSiO_4 具有与 $LiFePO_4$ 相同晶体结构稳定性。但也具有相同的缺陷：电子导电与离子导电能力差导致大电流放电性能极差。同时由于 Mn^{3+} 的存在及其 J-T 效应，使得其循环过程中结构容易塌陷，使得循环性能变差。为了提高硅酸锰锂材料的电化学性能，一般采用细化材料的晶粒与颗粒；加入导电剂提高导电性；制备介孔材料增加其反应位和电子导电率等。

目前，文献报道的 Li_2MnSiO_4 的典型制备方法有高温固相合成法、溶胶-凝胶法、改性溶胶凝胶法等。目前合成的硅酸锰锂材料均为实体材料，没有介孔结构硅酸锰锂材料的报道。上述合成方法当中，传统的高温固相法需要较高的合成温度，得到的材料颗粒大，不利用硅酸锰锂电化学性能的提高；溶胶-凝胶合成的材料易团聚，密度低，对于提高其电化学性能没有大的突破；对于合成的实体材料由于其与电解液的接触面积以及低的电子电导率使得锂离子释放的量较少。因此，研究开发兼具电化学性能及较高比表面积的硅酸锰锂正极材料对于推动硅酸锰锂正极材料的研发与产业化进程有重要意义。

总之，目前制备的硅酸锰锂正极材料主要为高温固相法和溶胶-凝胶法，合成出的材料形貌结构对硅酸锰锂正极材料的电化学性能的提高没有显著提高。采用模板法利用介孔硅基分子筛模板剂以及含碳模板剂制备介孔结构的硅酸锰锂正极材料尚未见报道。

发明内容

针对目前的正极材料硅酸锰锂导电性差以及大电流充放电倍率性能差等问题，采用模板法合成介孔硅酸锰锂正极材料来解决上述问题。合成过程中加入硅基介孔分子筛、含碳模板剂，合成比表面积大、孔径分布均匀、结构稳定、电化学性能良好的硅酸锰锂正极材料。

本发明具体的方案步骤：

液相反应：将硅基介孔分子筛（或普通二氧化硅粉末与含碳模板剂）超声分散于锂盐溶液中；将锰盐溶解于有机溶剂中；将所得到的上述两种溶液混合搅拌 1~2 h，在 100 ℃~200 ℃下反应 24 h~72 h，经过 5~7 次水洗，过滤，真空下 40 ℃~100 ℃下干燥 6~48 h 得到非晶态硅酸锰锂。

原位高温固相烧结：将所得到的非晶态硅酸锰锂在丙酮介质中在行星式高速球磨机中以转速为 100~400 r/min 机械球磨 1~5 h 后，在氩气气氛下在管式炉中煅烧 6~12 h，氩气流速为 100~5 000 mL/min，升温速率为 1~10 ℃/min，煅烧温度为 500 ℃~1 000 ℃，得到目标产物介孔硅酸锰锂正极材料。

按照权利要求 1 所述的一种锂离子电池正极材硅酸锰锂的制备方法，其特征在于所述的硅基分子筛为介孔结构 MCM-41、MCM-48、SBA-15 中的至少一种，其分子式均为 SiO_2，孔径分布在 3~15 nm 之间，比表面积分布在 900~1 500 m^2/g。

按照权利要求 1 所述的一种锂离子电池正极材硅酸锰锂的制备方法，其特征在于所述的含碳模板剂为十六烷基三甲基溴化铵（CTAB）、聚乙二醇（PEG）、聚乙烯醚-聚丙烯醚-聚乙烯醚三嵌段共聚物（P123）中的至少一种。

按照权利要求 1 所述的一种锂离子电池正极材硅酸锰锂的制备方法，其特征在于所述的锂盐为氢氧化锂、碳酸锂、硝酸锂、醋酸锂中的至少一种。

按照权利要求 1 所述的一种锂离子电池正极材硅酸锰锂的制备方法，其特征在于所述的锰盐为氯化锰、醋酸锰、硝酸锰中的至少一种。

按照权利要求 1 所述的一种锂离子电池正极材硅酸锰锂的制备方法，其特征在于所述的氢氧化锂、二氧化硅、锰盐，按摩尔比为 4:1:1，此处二氧化硅为硅基介孔分子筛或普通二氧化硅粉末。

按照权利要求 1 所述的一种锂离子电池正极材硅酸锰锂的制备方法，其特征在于所述的有机溶剂为无水乙醇、乙二醇中的至少一种。

按照权利要求 1 所述的一种锂离子电池正极材硅酸锰锂的制备方法，其特征在于所述的液相反应在高压反应釜中或其他加热设备如硅油油浴锅中进行。

本发明中采用的模板剂有两类：硅基模板剂以及含碳有机模板剂。当采用硅基模板剂时不加入含碳有机模板剂，同样采用含碳有机模板剂时，硅源改用普通二氧化硅粉末。

采用具有均匀孔道结构的硅基介孔分子筛作为硅源和模板时，由于制备的材料含孔结构，所以比表面积要大于普通实体结构的硅酸锰锂材料。而模板又作为硅源，其孔道结构在反应过程中大部分被破坏，所以得到的正极材料的 BET 值远远小于硅基分子筛的（如 MCM-41 约为 1 000 m^2/g），而且太大的比表面积会使电极表面由于电解液分解和表面成膜产生的容量损失较大，致使材料的充放电效率降低，因而比表面积需控制在一定范围。采用含碳有机物作模板剂时，在原料混合的同时加入一定量的模板剂，保证了工艺过程相对简单的前提下，合成出具有一定独特形貌，内部多孔，比表面积大的 Li$_2$MnSiO$_4$ 材料，而且有效减小了合成硅酸锰锂结晶尺寸，其高温绝氧裂解的产物无定型的碳可以增强硅酸锰锂的电子导电能力，并且可以阻碍材料的过度长大。

本发明制备得到的介孔材料，利用介孔中液相传质速率快，介孔孔壁较薄易于离子扩散，以此来提高材料的导电性及大电流放电性能。制得的材料具有比普通实体材料更大的比表面积，较低的充放电极化，较大的放电比容量及放电电压平台，有效解决了硅酸锰锂本身导电率差，大电流放电差的问题。

具体实施方式

[实施例 1]

称取 4.2 gLiOH·H$_2$O 加入 40 mL 去离子水中，搅拌 1 h 使其溶解，

称取 1.5 g 硅基分子筛 MCM-41，加入上述锂盐溶液中，超声波震荡 1 h 使 MCM-41 均匀分散到溶液中；另称取 5.96 g$MnCl_2 \cdot 4H_2O$，加入 20 mL 乙二醇中，搅拌 1 h 至完全溶解；将以上两种溶液混合搅拌 2 h，然后加入到 100 mL 聚四氟乙烯内衬的高压反应釜中，在 120 ℃ 下反应 48 h，经过 5 次水洗，过滤出产物，在 60 ℃ 下干燥 12 h。得到的材料在丙酮介质中机械球磨 2 h，在氩气保护气氛下，550 ℃ 加热 12 h 得到介孔硅酸锰锂正极材料。

[实施例 2]

称取 1.3 g 含碳模板剂十六烷基三甲基溴化铵（CTAB）和 0.1 mol 二氧化硅粉末，将其溶解分散到 0.4 mol$LiAc \cdot 2H_2O$ 的水溶液，搅拌 2 h 至混合均匀，加入氨水调节溶液 PH 值为 10；将 0.1 mol$Mn(Ac)_2 \cdot 4H_2O$ 溶解于无水乙醇中；将上述溶液混合搅拌 1 h；将混合液移至 400 mL 聚四氟乙烯内衬的高压反应釜中，在 150 ℃ 下水热反应 36 h，经过 6 次水洗，过滤出产物，在 90 ℃ 下干燥一夜，得到的产物在丙酮介质中机械球磨 3 h，在氩气气氛下 700 ℃ 下加热 9 h 得到介孔硅酸锰锂材料。

[实施例 3]

称取 2.52 g$LiOH \cdot H_2O$ 加入 40 mL 水中，搅拌使其溶解，称 0.90 g 硅基分子筛 SBA-15，加入氢氧化锂溶液中，超声波震荡使 SBA-15 均匀分散到该溶液中；另称取 3.68 g$MnAc_2 \cdot 4H_2O$，加入 20 mL 乙二醇中，搅拌至全溶；将上述两种溶液搅拌 1 h 至混合均匀；将混合液在 150 ℃ 下硅油油浴中密闭加热 24 h，经七次水洗，过滤出产物，在 70 ℃ 下干燥一夜。得到的产物在丙酮介质中机械球磨 5 h，在氩气气氛下 800 ℃ 下加热 8 h 得到介孔硅酸锰锂正极材料。

[实施例 4]

称取 0.5 g 含碳模板剂聚乙二醇 PEG800 和 0.01 mol 普通二氧化硅粉末，将其分散到 0.04 molLiCl 的水溶液中，搅拌 2 h；将 0.01 mol$Mn(Ac)_2 \cdot 4H_2O$ 溶解于无水乙醇中，搅拌 2 h；将上述两种溶液混合搅拌 1 h；将此混合液移至 100 mL 聚四氟乙烯内衬的高压反应釜中，在 180 ℃ 下水热反应 36 h，经过 5 次水洗，过滤出产物，在 100 ℃ 下干燥一夜，得到的产物在丙酮介质中机械球磨 2 h，在氩气气氛下 1 000 ℃ 下加热 6 h，得到介孔硅酸锰锂材料。

2.6.2 中间文件

一种介孔结构硅酸锰锂正极材料的制备方法

技术领域

本发明涉及一种介孔结构硅酸锰锂正极材料的制备方法,属于锂离子电池领域。

背景技术

面对日益严重的能源危机和环境污染问题,使用绿色材料及研发环境友好的锂离子电池材料是当务之急。电子产品的巨大需求和电动汽车电池等工业用电池潜在的巨大市场,使得开发高比容量、价格便宜、安全可靠的新一代锂离子电池成为化学电源研究领域的重点。锂离子二次电池具有工作电压高、能量密度大、安全性能好、循环寿命长、自放电率低等优点,因而被广泛应用于移动通讯、仪器仪表、计算机、电动运载工具等领域。

正极材料是影响锂离子电池的关键因素之一。目前商品化的锂离子电池正极材主要有 $LiCoO_2$、$LiFePO_4$、Li_2MnO_4 以及三元系材料,然而这些材料各自存在问题:$LiCoO_2$ 合成容易、充放电性能稳定,但是金属钴价格昂贵,且充电态 $LiCoO_2$ 热稳定性差,安全性欠佳,不能满足电动车电源等动力型电池的需要;Li_2MnO_4 成本低廉,但是由于 Mn^{3+} 的溶解及 Jahn-Teller 效应使该材料循环性能不好,安全性能也不好;$LiFePO_4$ 材料的循环性能好,但电子导电率与振实密度很难同时提高。因此,开发比容量高、热稳定性好、价格低廉、安全性好的正极材料是进一步扩宽锂离子电池的应用领域并实现可持续发展的关键。

作为与 $LiFePO_4$ 同是聚阴离子型正极材料的 Li_2MnSiO_4,由于 Mn 资源丰富,有两个可自由脱嵌的锂离子而具有较大的理论比容量,以及具有较高的安全性和环境友好性而受到人们的关注。2006 年,R.Dominko 及其研究小组采用改进溶胶-凝胶法,用柠檬酸作为络合剂首次合成了 Li_2MnSiO_4 正极材料,得到了较为理想的电化学性能。由于硅酸盐原料易得,成本低,Li_2MnSiO_4 理论容量高,循环电压高等优势,因此是极具发展潜力的新型锂离子电池正极材料。

Li$_2$MnSiO$_4$属正交晶系，空间群Pmn2$_1$，晶格常数a=6.310 9（9），b=5.380 0（9），c=4.966 2（8）Å，与Li$_3$PO$_4$的低温结构相似。在Li$_2$MnSiO$_4$晶体中，Li、Si、Mn都与O形成四面体结构。由于强Si-O共价键的存在，Li$_2$MnSiO$_4$具有与LiFePO$_4$相同晶体结构稳定性。但也具有相同的缺陷：电子导电与离子导电能力差导致大电流放电性能极差。同时由于Mn^{3+}的存在及其Jahn-Teller效应，使得其在循环过程中结构容易塌陷，循环性能变差。为了提高硅酸锰锂材料的电化学性能，一般采用细化材料的晶粒与颗粒、加入导电剂提高导电性等方法。

目前，文献报道的Li$_2$MnSiO$_4$的典型制备方法有高温固相合成法、溶胶-凝胶法、改性溶胶凝胶法等。目前合成的硅酸锰锂材料均为实体材料，没有介孔结构硅酸锰锂材料的报道。上述合成方法当中，传统的高温固相法需要较高的合成温度，得到的材料颗粒大，不利用硅酸锰锂电化学性能的提高；溶胶-凝胶合成的材料易团聚，密度低，对于提高电化学性能没有大的突破；上述方法得到的硅酸锰锂材料由于比表面积小、电子电导率低使得锂离子释放的量较少，电化学性能没有明显提高。因此需要一种制备方法来得到比表面积大、电子电导率高的介孔结构的硅酸锰锂正极材料。

发明内容

针对目前的制备方法得到的硅酸锰锂正极材料比表面积小、电子电导率低、电化学性能没有明显提高的问题，本发明提供了一种介孔结构硅酸锰锂正极材料的制备方法，所述方法在制备过程中加入硅基分子筛和含碳模板剂，得到比表面积大、孔径分布均匀、结构稳定、电化学性能良好的硅酸锰锂正极材料。

为实现上述目的，本发明的技术方案如下：

一种介孔结构硅酸锰锂正极材料的制备方法，所述方法具体步骤如下：

步骤一、液相反应

（1）将硅基分子筛或二氧化硅与含碳模板剂的混合物超声分散于锂盐的水溶液中，得到分散液；

（2）将锰盐溶解于有机溶剂中得到溶液1；

（3）将所述分散液和溶液1混合后搅拌1~2 h，在1 202~1 808下反应24 h~48 h，得到沉淀物1；

(4) 所述沉淀物 1 经水洗 5~7 次、过滤、在 600~100 滤下真空干燥 6~48 h 后，得到沉淀物 2；

步骤二、高温固相烧结

将所述沉淀物 2 机械球磨 2~5 h 后，氩气气氛下在管式炉中煅烧 6~12 h，氩气流速为 100~300 mL/min，升温速率为 2~8 ℃/min，煅烧温度为 5 505~10 000，得到本发明所述的介孔结构硅酸锰锂正极材料；

其中，步骤一（1）中，

所述锂盐的物质的量：硅基分子筛的物质的量：锰盐的物质的量 = 4：1：1；所述硅基分子筛为介孔结构的 SiO_2，孔径为 3~15 nm，比表面积为 900~1 500 m^2/g，优选为 MCM-41、MCM-48 或 SBA-15 中的一种；

所述锂盐的物质的量：二氧化硅的物质的量：锰盐的物质的量 = 4：1：1；所述含碳模板剂为十六烷基三甲基溴化铵（CTAB）、聚乙二醇（PEG）或聚乙烯醚-聚丙烯醚-聚乙烯醚三嵌段共聚物（P123）中的一种，含碳模板剂重量为硅酸锰锂预测产量的 8~10%；

所述锂盐为氢氧化锂、碳酸锂、硝酸锂或醋酸锂中的一种；所述锰盐为氯化锰、醋酸锰或硝酸锰中的一种；所述有机溶剂为无水乙醇或乙二醇中的一种；

有益效果

1. 本发明在液相反应中，当采用具有均匀孔道结构的硅基分子筛作为硅源和模板时，得到的产物的比表面积（BET 值）要大于用常规方法制备得到的硅酸锰锂。因为硅基分子筛的孔道结构在反应过程中大部分被破坏，所以得到的硅酸锰锂正极材料的 BET 值远小于硅基分子筛的 BET 值（如 MCM-41 约为 1 000 m^2/g），因此将所得硅酸锰锂正极材料 BET 值控制在一定范围内。当采用二氧化硅和含碳模板剂作为硅源和模板时，得到具有特殊形貌、内部多孔、比表面积大的硅酸锰锂正极材料，同时含碳模板剂高温裂解产生的无定型碳，可增强硅酸锰锂正极材料的电子导电能力，并且可以阻碍材料的过度长大。

2. 本发明制备得到的介孔结构硅酸锰锂正极材料，利用介孔中液相传质速率快，介孔孔壁较薄易于离子扩散的特点，提高硅酸锰锂正极材料的导电性及大电流放电性能。制得的硅酸锰锂正极材料具有比普通实体材料更大的比表面积、较低的充放电极化、较大的放电比容量及放电电压平台，有效解决了硅酸锰锂正极材料自身导电率差，大电流放电差的问题。

附图说明

图 1 是实施例 1 步骤一（1）中的硅基分子筛 MCM-41 的透射电镜图；

图 2 是实施例 1 得到的介孔结构硅酸锰锂正极材料的透射电镜图；

图 3 是实施例 1 得到的介孔结构硅酸锰锂正极材料的 X 射线衍射图；

具体实施方式

[实施例 1]

步骤一、液相反应

（1）称取 0.1 mol LiOH·H$_2$O 加入 40 mL 去离子水中，搅拌 1 h 使其溶解，将 0.025 mol 硅基分子筛 MCM-41 加入上述锂盐溶液中，超声分散 1 h 得到分散液；

（2）称取 0.025 mol MnCl$_2$·4H$_2$O，加入 20 mL 乙二醇中，搅拌 1 h 至完全溶解，得到溶液 1；

（3）将上述分散液和溶液 1 混合后搅拌 2 h，加入到容积为 100 mL 的聚四氟乙烯内衬的水热反应釜中，在 120 ℃下水热反应 48 h，得到沉淀物 1；

（4）将所述沉淀物 1 经过水洗 5 次、过滤、在 60 ℃下真空干燥 12 h 后，得到沉淀物 2；

步骤二、高温固相烧结

将所述沉淀物 2 在丙酮介质中，以 100 r/min 的转速在球磨机中机械球磨 2 h 后，在氩气气氛下，在管式炉中煅烧 12 h，氩气流速为 100 mL/min，升温速率为 2 升/min，煅烧温度为 550 ℃，得到本发明所述的介孔结构硅酸锰锂正极材料；其中图 1 是实施例 1 步骤一（1）中的硅基分子筛 MCM-41 的透射电镜图，从图中可知所用硅基分子筛 MCM-41 为介孔结构材料；图 3 为所述介孔结构硅酸锰锂正极材料的 X 射线衍射图，其中纵坐标为 X 射线强度，横坐标为 X 射线扫描角度，所述介孔结构硅酸锰锂正极材料在扫描角度 16.36°处具有（010）晶面上的特征峰，在 24.32°处具有（110）晶面上的特征峰，在 28.2°处具有（011）晶面上的特征峰，在 32.8°处具有（210）晶面上的特征峰，在 36.08°处具有（002）晶面上的特征峰，在 37.58°处具有（211）晶面上的特征峰，在 42.42°处具有（112）晶面上的特征峰，在 44.26°处具有（220）晶面上的特征峰，在46.40°处具有（202）晶面上的特征峰，在47.92°处具有（221）晶面上的特征峰，在49.72°处具有（212）晶面上的特征峰，在58.34°处具有（400）晶面上的特征峰，在59.08°处具有（230）晶面上的特征峰，在X射线衍射图中无杂峰，说明产物为纯相硅酸锰锂。

[**实施例2**]

步骤一、液相反应

（1）将0.1 mol二氧化硅粉末和1.3 g含碳模板剂十六烷基三甲基溴化铵加入到500 mL含有0.4 mol LiAc·2H$_2$O的水溶液中，加入氨水调节pH值为10，超声分散2 h得到分散液；其中硅酸锰锂预测产量为16.1 g；

（2）将0.1 mol Mn（Ac）$_2$·4H$_2$O溶解于200 mL无水乙醇中得到溶液1；

（3）将上述分散液和溶液1混合后搅拌1 h，加入到容积为400 mL的聚四氟乙烯内衬的水热反应釜中，在150氟下水热反应36 h，得到沉淀物1；

（4）将所述沉淀物1经过6次水洗、过滤、在90洗下真空干燥36 h后，得到沉淀物2；

步骤二、高温固相烧结

将所述沉淀物2在丙酮介质中，以200 r/min的转速在球磨机中机械球磨3 h后，氩气气氛下在管式炉中煅烧9 h，氩气流速为200 mL/min，升温速率为4升/min，煅烧温度为700温，得到本发明所述的介孔结构硅酸锰锂正极材料；

[**实施例3**]

步骤一、液相反应

（1）称取0.06 mol LiOH·H$_2$O加入40 mL去离子水中，搅拌1 h使其溶解，将0.015 mol硅基分子筛SBA-15加入上述锂盐溶液中，超声分散1 h得到分散液；

（2）称取0.015 mol MnAc$_2$·4H$_2$O，加入20 mL乙二醇中，搅拌1 h至完全溶解，得到溶液1；

（3）将上述分散液和溶液1混合后搅拌1 h，在硅油油浴中150油下反应24 h，得到沉淀物1；

（4）将所述沉淀物1经水洗7次、过滤、在70过下真空干燥6 h后，得到沉淀物2；

步骤二、高温固相烧结

将所述沉淀物2在丙酮介质中，以300 r/min的转速在球磨机中机械球磨5 h后，氩气气氛下在管式炉中煅烧8 h，氩气流速为300 mL/min，升温速率为6升/min，煅烧温度为800温，得到本发明所述的介孔结构硅酸锰锂正极材料。

[实施例4]

步骤一、液相反应

（1）将0.01 mol 二氧化硅粉末和0.16 g含碳模板剂聚乙二醇PEG 800加入到50 mL含有0.04 mol LiCl的水溶液中，超声分散2 h得到分散液；其中硅酸锰锂预测产量为1.61 g；

（2）将0.01 mol Mn（Ac）$_2$·4H$_2$O溶解于20 mL无水乙醇中得到溶液1；

（3）将上述分散液和溶液1混合搅拌2 h后，加入到容积为100 mL的聚四氟乙烯内衬的水热反应釜中，在180氟下水热反应36 h，得到沉淀物1；

（4）将所述沉淀物1经过5次水洗、过滤、在100、下真空干燥48 h后，得到沉淀物2；

步骤二、高温固相烧结

将所述沉淀物2在丙酮介质中，以400 r/min的转速在球磨机中机械球磨2 h后，在氩气气氛下在管式炉中煅烧6 h，氩气流速为300 mL/min，升温速率为8升/min，煅烧温度为1 000度，得到本发明所述的介孔结构硅酸锰锂正极材料。

其中，在实施例2~4中，介孔结构硅酸锰锂正极材料的X射线衍射图中无杂峰，特征衍射峰与图3相同，说明产物为纯相硅酸锰锂。

2.6.3 专利文件申请稿

一种介孔结构硅酸锰锂正极材料的制备方法

技术领域

本发明涉及一种介孔结构硅酸锰锂正极材料的制备方法，属于锂离子电池领域。

背景技术

面对日益严重的能源危机和环境污染问题,使用绿色材料及研发环境友好的锂离子电池材料是当务之急。电子产品的巨大需求和电动汽车电池等工业用电池潜在的巨大市场,使得开发高比容量、价格便宜、安全可靠的新一代锂离子电池成为化学电源研究领域的重点。锂离子二次电池具有工作电压高、能量密度大、安全性能好、循环寿命长、自放电率低等优点,因而被广泛应用于移动通信、仪器仪表、计算机、电动运载工具等领域。

正极材料是影响锂离子电池的关键因素之一。目前商品化的锂离子电池正极材料主要有 $LiCoO_2$、$LiFePO_4$、Li_2MnO_4 以及三元系材料,然而这些材料各自存在问题:$LiCoO_2$ 合成容易、充放电性能稳定,但是金属钴价格昂贵,且充电态 $LiCoO_2$ 热稳定性差,安全性欠佳,不能满足电动车电源等动力型电池的需要;Li_2MnO_4 成本低廉,但是由于 Mn^{3+} 的溶解及 Jahn-Teller 效应使该材料循环性能不好,安全性能也不好;$LiFePO_4$ 材料的循环性能好,但电子导电率与振实密度很难同时提高。因此,开发比容量高、热稳定性好、价格低廉、安全性好的正极材料是进一步扩宽锂离子电池的应用领域并实现可持续发展的关键。

作为与 $LiFePO_4$ 同是聚阴离子型正极材料的 Li_2MnSiO_4,由于 Mn 资源丰富,有两个可自由脱嵌的锂离子而具有较大的理论比容量,以及具有较高的安全性和环境友好性而受到人们的关注。2006 年,R. Dominko 及其研究小组采用改进溶胶-凝胶法,用柠檬酸作为络合剂首次合成了 Li_2MnSiO_4 正极材料,得到了较为理想的电化学性能。由于硅酸盐原料易得,成本低,Li_2MnSiO_4 理论容量高,循环电压高等优势,因此是极具发展潜力的新型锂离子电池正极材料。

Li_2MnSiO_4 属正交晶系,空间群 $Pmn2_1$,晶格常数 $a = 6.3109$(9),$b = 5.3800$(9),$c = 4.9662$(8) Å,与 Li_3PO_4 的低温结构相似。在 Li_2MnSiO_4 晶体中,Li、Si、Mn 都与 O 形成四面体结构。由于强 Si—O 共价键的存在,Li_2MnSiO_4 具有与 $LiFePO_4$ 相同晶体结构稳定性。但也具有相同的缺陷:电子导电与离子导电能力差导致大电流放电性能极差。同时由于 Mn^{3+} 的存在及其 Jahn-Teller 效应,使得其在循环过程中结构容易塌陷,循环性能变差。为了提高硅酸锰锂材料的电化学性能,一般采用细化材料的晶粒与颗粒、加入导电剂提高导电性等方法。

目前，文献报道的 Li$_2$MnSiO$_4$ 的典型制备方法有高温固相合成法、溶胶-凝胶法、改性溶胶凝胶法等。目前合成的硅酸锰锂材料均为实体材料，没有介孔结构硅酸锰锂材料的报道。上述合成方法中，传统的高温固相法需要较高的合成温度，得到的材料颗粒大，不利用硅酸锰锂电化学性能的提高；溶胶-凝胶合成的材料易团聚，密度低，对于提高电化学性能没有大的突破；上述方法得到的硅酸锰锂材料由于比表面积小、电子电导率低使得锂离子释放的量较少，电化学性能没有明显提高。因此需要一种制备方法来得到比表面积大、电子电导率高的介孔结构的硅酸锰锂正极材料。

发明内容

针对目前的制备方法得到的硅酸锰锂正极材料比表面积小、电子电导率低、电化学性能没有明显提高的问题，本发明提供了一种介孔结构硅酸锰锂正极材料的制备方法，所述方法在制备过程中加入硅基分子筛和含碳模板剂，得到比表面积大、孔径分布均匀、结构稳定、电化学性能良好的硅酸锰锂正极材料。

为实现上述目的，本发明的技术方案如下。

一种介孔结构硅酸锰锂正极材料的制备方法，所述方法具体步骤如下：

步骤一，液相反应。

（1）将硅基分子筛或二氧化硅与含碳模板剂的混合物超声分散于锂盐的水溶液中，得到分散液。

（2）将锰盐溶解于有机溶剂中得到溶液 1。

（3）将所述分散液和溶液 1 混合后搅拌 1~2 h，在 120~180 ℃下反应 24~48 h，得到沉淀物 1。

（4）所述沉淀物 1 经水洗 5~7 次、过滤、在 60~100 ℃下真空干燥 6~48 h 后，得到沉淀物 2。

步骤二，高温固相烧结。

将所述沉淀物 2 机械球磨 2~5 h 后，在氩气气氛下的管式炉中煅烧 6~12 h，氩气流速为 100~300 mL/min，升温速率为 2~8 ℃/min，煅烧温度为 550~1 000 ℃，得到本发明所述的介孔结构硅酸锰锂正极材料。

其中，步骤一（1）中：

所述锂盐的物质的量∶硅基分子筛的物质的量∶锰盐的物质的量=4∶1∶1；所述硅基分子筛为介孔结构的 SiO_2，孔径为 3~15 nm，比表面积为 900~1 500 m^2/g，优选为 MCM-41、MCM-48 或 SBA-15 中的一种。

所述锂盐的物质的量∶二氧化硅的物质的量∶锰盐的物质的量=4∶1∶1；所述含碳模板剂为十六烷基三甲基溴化铵（CTAB）、聚乙二醇（PEG）或聚乙烯醚-聚丙烯醚-聚乙烯醚三嵌段共聚物（P123）中的一种，含碳模板剂重量为硅酸锰锂预测产量的 8%~10%。

所述锂盐为氢氧化锂、碳酸锂、硝酸锂或醋酸锂中的一种；所述锰盐为氯化锰、醋酸锰或硝酸锰中的一种；所述有机溶剂为无水乙醇或乙二醇中的一种。

其中，所述锂盐溶液为将锂盐溶于去离子水中得到的，锂盐溶液的浓度为 0.8~2.5 mol/L，所述锰盐溶液的浓度为 0.5~1.25 mol/L。

优选在步骤一（3）中，反应在水热反应釜或硅油油浴锅中进行。

优选在步骤二中，所述机械球磨在球磨机中进行，球磨机转速为 100~400 r/min，球磨介质为丙酮。

有益效果

（1）本发明在液相反应中，当采用具有均匀孔道结构的硅基分子筛作为硅源和模板时，得到的产物的比表面积（BET 值）要大于用常规方法制备得到的硅酸锰锂。因为硅基分子筛的孔道结构在反应过程中大部分被破坏，所以得到的硅酸锰锂正极材料的 BET 值远小于硅基分子筛的 BET 值（如 MCM-41 约为 1 000 m^2/g），因此将所得硅酸锰锂正极材料 BET 值控制在一定范围内。当采用二氧化硅和含碳模板剂作为硅源和模板时，得到具有特殊形貌、内部多孔、比表面积大的硅酸锰锂正极材料，同时含碳模板剂高温裂解产生的无定型碳，可增强硅酸锰锂正极材料的电子导电能力，并且可以阻碍材料的过度长大。

（2）本发明制备得到的介孔结构硅酸锰锂正极材料，利用介孔中液相传质速率快，介孔孔壁较薄易于离子扩散的特点，提高硅酸锰锂正极材料的导电性及大电流放电性能。制得的硅酸锰锂正极材料具有比普通实体材料更大的比表面积、较低的充放电极化、较大的放电比容量及放电电压平台，有效解决了硅酸锰锂正极材料自身导电率差，大电流放电差的问题。

附图说明

图 1 是实施例 1 步骤一（1）中的硅基分子筛 MCM-41 的透射电镜图；

图 2 是实施例 1 得到的介孔结构硅酸锰锂正极材料的透射电镜图；

图 3 是实施例 1 得到的介孔结构硅酸锰锂正极材料的 X 射线衍射图。

具体实施方式

[**实施例 1**]

步骤一，液相反应。

（1）称取 0.1 mol LiOH·H$_2$O 加入 40 mL 去离子水中，搅拌 1 h 使其溶解，将 0.025 mol 硅基分子筛 MCM-41 加入上述锂盐溶液中，超声分散 1 h 后得到分散液。

（2）称取 0.025 mol MnCl$_2$·4H$_2$O，加入 20 mL 乙二醇中，搅拌 1 h 至完全溶解，得到溶液 1。

（3）将上述分散液和溶液 1 混合后搅拌 2 h，加入容积为 100 mL 的聚四氟乙烯内衬的水热反应釜中，在 120 ℃下水热反应 48 h，得到沉淀物 1。

（4）将所述沉淀物 1 经过水洗 5 次、过滤、在 60 ℃下真空干燥 12 h 后，得到沉淀物 2。

步骤二，高温固相烧结。

将所述沉淀物 2 在丙酮介质中，以 100 r/min 的转速在球磨机中机械球磨 2 h 后，在氩气气氛下，在管式炉中煅烧 12 h，氩气流速为 100 mL/min，升温速率为 2 L/min，煅烧温度为 550 ℃，得到本发明所述的介孔结构硅酸锰锂正极材料；其中图 1 是实施例 1 步骤一（1）中的硅基分子筛 MCM-41 的透射电镜图，从图中可知所用硅基分子筛 MCM-41 为介孔结构材料；图 3 为所述介孔结构硅酸锰锂正极材料的 X 射线衍射图，其中纵坐标为 X 射线强度，横坐标为 X 射线扫描角度，所述介孔结构硅酸锰锂正极材料在扫描角度为 16.36°处具有（010）晶面上的特征峰，在 24.32°处具有（110）晶面上的特征峰，在 28.2°处具有（011）晶面上的特征峰，在 32.8°处具有（210）晶面上的特征峰，在 36.08°处具有（002）晶面上的特征峰，在 37.58°处具有（211）晶面上的特征峰，在 42.42°处具有（112）晶面上的特征峰，在 44.26°处具有（220）晶面上的特征峰，在46.40°处具有（202）晶面上的特征峰，在47.92°处具有（221）晶面上的特征峰，在49.72°处具有（212）晶面上的特征峰，在58.34°处具有（400）晶面上的特征峰，在59.08°处具有（230）晶面上的特征峰，在X射线衍射图中无杂峰，说明产物为纯相硅酸锰锂。

[实施例2]

步骤一，液相反应。

（1）将0.1 mol二氧化硅粉末和1.3 g含碳模板剂十六烷基三甲基溴化铵加入500 mL含有0.4 mol LiAc·2H$_2$O的水溶液中，加入氨水调节pH值为10，超声分散2 h后得到分散液；其中硅酸锰锂预测产量为16.1 g。

（2）将0.1 mol Mn(Ac)$_2$·4H$_2$O溶解于200 mL无水乙醇中得到溶液1。

（3）将上述分散液和溶液1混合后搅拌1 h，加入容积为400 mL的聚四氟乙烯内衬的水热反应釜中，在150 ℃下水热反应36 h，得到沉淀物1。

（4）将所述沉淀物1经过6次水洗、过滤、在90 ℃下真空干燥36 h后，得到沉淀物2。

步骤二，高温固相烧结。

将所述沉淀物2在丙酮介质中，以200 r/min的转速在球磨机中机械球磨3 h后，在氩气气氛下的管式炉中煅烧9 h，氩气流速为200 mL/min，升温速率为4 ℃/min，煅烧温度为700 ℃，得到本发明所述的介孔结构硅酸锰锂正极材料。

[实施例3]

步骤一，液相反应。

（1）称取0.06 mol LiOH·H$_2$O加入40 mL去离子水中，搅拌1 h使其溶解，将0.015 mol硅基分子筛SBA-15加入上述锂盐溶液中，超声分散1 h得到分散液。

（2）称取0.015 mol MnAc$_2$·4H$_2$O，加入20 mL乙二醇中，搅拌1 h至完全溶解，得到溶液1。

（3）将上述分散液和溶液1混合后搅拌1 h，在硅油油浴中150 ℃下反应24 h，得到沉淀物1。

（4）将所述沉淀物1经水洗7次、过滤、在70 ℃下真空干燥6 h后，得到沉淀物2。

步骤二，高温固相烧结。

将所述沉淀物2在丙酮介质中，以300 r/min的转速在球磨机中机械球磨5 h后，在氩气气氛下的管式炉中煅烧8 h，氩气流速为300 mL/min，升温速率为6 ℃/min，煅烧温度为800 ℃，得到本发明所述的介孔结构硅酸锰锂正极材料。

[实施例4]

步骤一，液相反应。

(1) 将0.01 mol二氧化硅粉末和0.16 g含碳模板剂聚乙二醇PEG 800加入50 mL含有0.04 mol LiCl的水溶液中，超声分散2 h后得到分散液；其中硅酸锰锂预测产量为1.61 g。

(2) 将0.01 mol Mn(Ac)$_2$·4H$_2$O溶解于20 mL无水乙醇中得到溶液1。

(3) 将上述分散液和溶液1混合搅拌2 h后，加入容积为100 mL的聚四氟乙烯内衬的水热反应釜中，在180 ℃下水热反应36 h，得到沉淀物1。

(4) 将所述沉淀物1经过5次水洗、过滤、在100 ℃下真空干燥48 h后，得到沉淀物2。

步骤二，高温固相烧结。

将所述沉淀物2在丙酮介质中，以400 r/min的转速在球磨机中机械球磨2 h后，在氩气气氛下的管式炉中煅烧6 h，氩气流速为300 mL/min，升温速率为8 ℃/min，煅烧温度为1 000 ℃，得到本发明所述的介孔结构硅酸锰锂正极材料。

其中，在实施例2~4中，介孔结构硅酸锰锂正极材料的X射线衍射图中无杂峰，特征衍射峰与图3相同，说明产物为纯相硅酸锰锂。

综上所述，以上仅为本发明的较佳实施例而已，并非用于限定本发明的保护范围。凡在本发明的精神和原则之内，所做的任何修改、等同替换、改进等，均应包含在本发明的保护范围之内。

2.6.4 案例分析

本案例技术交底书存在的问题如下：

(1) 发明人不理解权利要求书和说明书的撰写区别，虽然在交底书中公开充分，但说明书中不能出现"如权利要求所述……"的表述形式。

涉及法条——《指南》第二部分第二章的2.说明书和3.权利要求书。

(2) 实施例中，没有对生成产物的验证。

涉及法条——《细则》第 17 条，《指南》第二部分第二章 2.2.4 发明或者实用新型内容和 2.2.6 具体实施方式。

经过讨论，补充了产物相应的电镜照片，如图 1、图 2 所示。

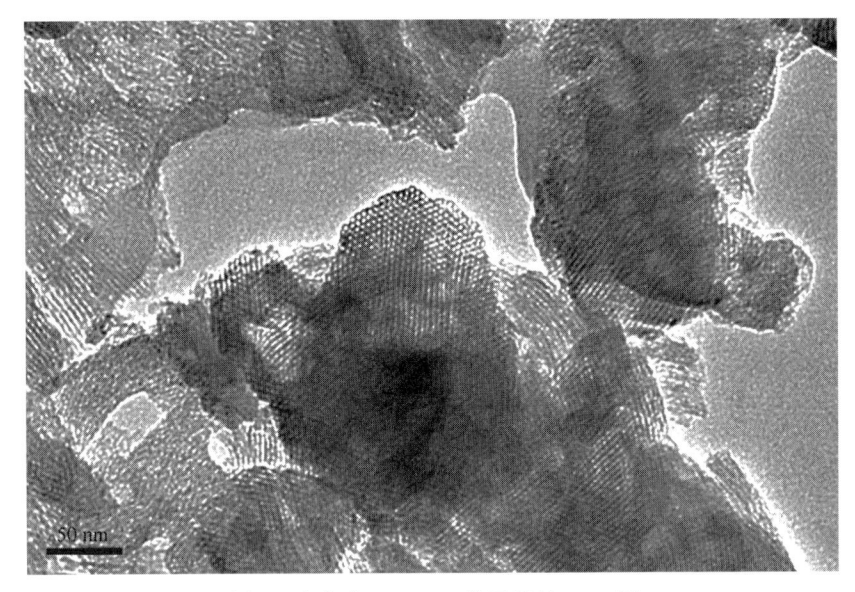

图 1 自合成 MCM-41 分子筛的 TEM 图

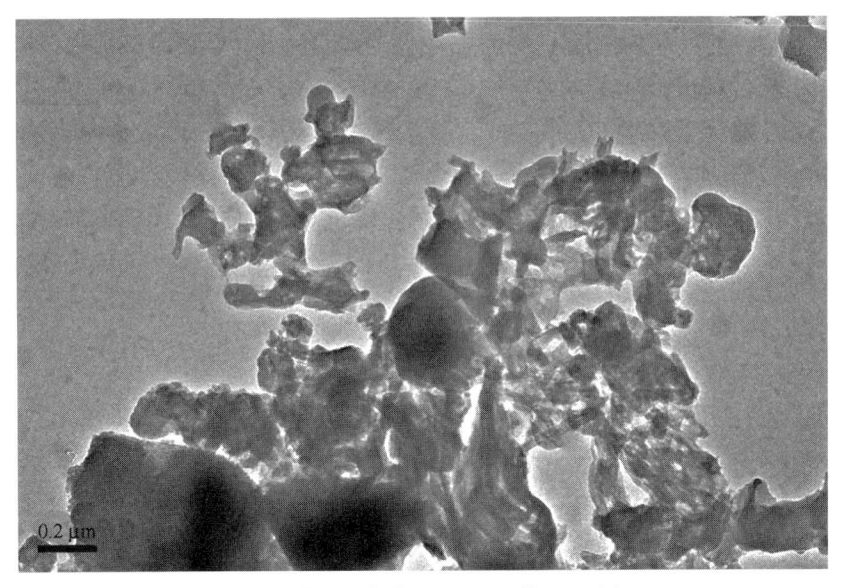

图 2 模板法合成 Li_2MnSiO_4 的 TEM 图

2.7 案例7 一种生物淋滤浸提废旧电池中有价金属离子的方法

2.7.1 技术交底书

高固液比条件下生物淋滤高效浸提废旧电池中有价金属离子的方法

技术领域

本发明涉及一种利用生物淋滤技术在高固液比条件下高效浸取高废旧锌锰电池中锌锰、锂离子电池中锂钴、镍氢电池中镍钴的方法，属于废旧电池无害化和资源化处理技术领域。

背景技术

当前电池的使用正以前所未有的速度深入到社会生活的各个方面，从便携式家电电池到大功率动力电池，从消费性使用电池到工业性使用电池，从组扣形电池到圆柱形电池，从一次电池到二次电池；据统计，世界电池的产量和用量分别以每年20%和10%以上的速度增长。我国是世界上最大的电池生产国和消费国，2009年我国电池产量超过400亿只，占世界总产量50%以上；电池消费约235亿只，接近世界总用量的30%。作为含高浓度锌、锰、镍、铅、钴、镉、汞等多种金属的集合体，废旧电池的产生及随意排放已成为重金属污染的主要来源之一，对受纳环境和人体健康构成巨大威胁。另一方面，电池中这些金属离子的含量通常都很高，而且由于消耗量的不断增加它们的价格也持续上升，因此废旧电池的随意处置同时也造成了资源的巨大浪费。综上所述，对废旧电池中的有毒和有价金属离子进行浸提和回收，不但是环境保护的需要而且是资源再生的需要，具有双重的价值和效益。

目前废旧电池的处理处置技术主要有火法冶金和湿法冶金。湿法冶金是基于金属及离子易于酸溶的原理，酸解浸出并通过不同工艺分离纯化，该法具有投资小、成本低、工艺灵活的特点，但流程长、效率低、存在二次污染。火法冶金是在高温下使电池中的金属及其化合物氧化、还原、分解、挥发和冷凝以达到不同组分分离的目的；该法具有金属回收效率高,二次污染小的特点,但投资大、费用高、技术要求苛刻。虽然我国一些科研单位如清华大学、北京科技大学、中南工业大学、上海交通大学等针对其缺点开发了适合中国国情的火法和湿法改进工艺,但这些改进技术仍然具有传统火法和湿法冶金流程长、能耗大、操作复杂、材质要求严、运行费用高的特点,因此经济效益并不显著。

生物淋滤是利用自然界中特定微生物的直接作用或其代谢产物的间接作用,将固相中某些不溶性成分分离浸提的一种技术。与需要大量耗酸的湿法冶金工艺相比,生物淋滤具有耗酸量少、处理成本低、重金属溶出高、常温常压操作、安全环保、绿色工艺等优点而表现出良好的应用前景。这一技术目前已广泛用于世界范围的低品矿石冶炼、重金属污染土壤修复、剩余污泥重金属脱除、有害飞灰脱毒、废催化剂贵重金属回收等许多方面。中南大学在紫金矿业已建立生产性的生物冶金(生物淋滤)示范工程用于低品黄铜矿中铜的浸提,南京农业大学正建立用于城市污泥重金属脱除的生产性生物淋滤示范工程,展示了技术卓越的应用潜力。

近年来应用生物淋滤技术浸提回收废旧电池中的有价金属离子也受到研究者的广泛关注。研究表明,生物淋滤对于废旧锌锰中锌锰离子、锂离子电池中锂钴离子、镍氢电池中镍钴离子和镍镉电池中镍镉离子都具有很好的溶释效能,浸提率超过80%。但由于溶出的有毒金属离子有可能对淋滤菌株产生毒性作用;而且废旧电池中其他的有毒有害物质如有机粘结剂、隔膜和碱性物质等也可能释放于淋滤液中直接毒害淋滤菌株或造成生长条件诸如pH、ORP和粘度等的恶化从而间接的危害淋滤菌株,导致废旧电池中金属离子溶出效率的下降,因此现有的废旧电池生物淋滤研究报道都基于1%或更低的固液比,即废旧电池固体材料的投加量只有淋滤液体积的1%(w/v)或更低。但对于实际工程应用来说,提高固液比是非常重要的技术要求。如果固液比从1%提高到2%,意味着淋滤液的用量将减少到原来的50%,那么淋滤成本相应的大幅下降;另一方面,如果能保持相同的淋滤效率,那么浸提出来的金属离子浓度就会提高1倍,这对于后续有价金属离子的分离和回收也大有益处。因此,研究高固液比条件下废旧电池中有价金属离子高效溶释的关键技术和工艺手段对于生物淋滤的实际工程应用具有重要意义。

发明内容

本发明目的是为了改善和提高在2%或更高固液比条件下生物淋滤对三种废旧电池中有价金属离子的的浸提效能。

通过对淋滤菌株进行驯化、应用混合菌株进行淋滤、应用不同淋滤菌株进行串联淋滤、应用混合能源底物进行淋滤、降低淋滤液的起始pH、提高能源底物浓度、在淋滤过程应用外源化学酸调节以满足淋滤菌株生长的最佳pH条件,可以显著提高三种废旧电池中有价金属离子的溶出率。本发明目的是通过下述技术方案实现的。

步骤一、淋滤菌株的筛选和培养

氧化硫硫杆菌筛选培养基：硫粉10.0 g,$(NH_4)_2SO_4$ 2.0 g,KH_2PO_4 1.0 g,$MgSO_4·7H_2O$ 0.5 g,$CaCl_2$ 0.25 g,蒸馏水1 000 mL,pH 5.5。氧化亚铁硫杆菌筛选培养基用$FeSO_4·7H_2O$溶液10 mL(质量分数30%,pH 2.0)替代硫粉,其余相同。从矿山、温泉和污泥中广泛采样,按2%(W/V)接种量分别接入含有500 mL两类筛选培养基的1 000 mL烧杯中,加热棒加热保温(28±1 ℃),小型空气压缩机曝气提供CO_2和O_2,每7天按10%接种量更换新鲜培养基,并监测培养基之pH和颜色变化。经大约4周的筛选和富集,氧化硫硫杆菌筛选培养基转接2-3天后其pH即快速下降至2.0以下;氧化亚铁硫杆菌筛选培养基转接2-3天后其颜色即转变为红棕色,筛选便可结束。

步骤二、废旧电池的拆解和淋滤菌株的驯化

将废旧锌锰电池、锂离子电池和镍氢电池经过手工拆解,去除隔膜、塑料、外皮、铜帽、碳棒等成分。收集含有高浓度有价金属离子的正负极电池材料,混合、干燥、研磨、过筛,装瓶备用。

筛选完成后,原来的筛选培养基继续作为两种淋滤菌株的日常保存和接种之用,即每隔一周更换新鲜培养基并按10%接种。向作为日常保存的培养基中加入1%(w/v)从各废旧电池中获取的电极材料进行淋滤菌株驯化,监测培养基之pH和颜色变化。经过大约4周的驯化,氧化硫硫杆菌筛选培养基转接2-3天后其pH即快速下降至2.0以下;氧化亚铁硫杆菌筛选培养基转接2-3天后其颜色即转变为红棕色,两种淋滤菌株即可作为种子液用于后续废旧电池生物淋滤实验接种之用。

步骤三、生物淋滤培养基的配置和培养

生物淋滤培养基：$(NH_4)_2SO_4$，2.0 g；$MgSO_4$，0.5 g；$CaCl_2$，0.25 g；KH_2PO_4，1.0 g；$FeSO_4$，0.1 g；还原性能源底物（硫粉、黄铁矿或硫粉+黄铁矿），4.0~40 g；蒸馏水，1 000 mL；自然 pH（约 5.5）。配制含有混合能源底物或单一能源底物的生物淋滤培养基，按 100 mL/瓶分装于 250 mL 三角瓶中，分别接种驯化的氧化硫硫杆菌（10%，V/V）、氧化亚铁硫杆菌（10%，V/V）或氧化硫硫杆菌+氧化亚铁硫杆菌于淋滤培养基之中（各 5%，V/V）。将接种的三角瓶置于摇床培养（25 ℃~40 ℃，120 rpm）并监测溶液 pH 和 ORP 变化。

步骤四、废旧电池的生物淋滤和有价金属离子的溶释

大约培养 8~12 天之后，待生物淋滤培养基之 pH 值降至 0.5~2.0，向其中加入不同固液比的电极材料（2%~10%），继续摇床培养以完成生物淋滤。在生物淋滤过程中，如果需要则用外源的稀硫酸溶液对淋滤液之 pH 值进行调节使其维持在 1.5~2.5 之间以保证混合淋滤菌株良好的活性和生长条件。定期取样，用原子吸收分光光度计测定有价金属离子的溶出浓度，并进而计算它们的溶出率。计算生物淋滤溶出浓度时减去接种驯化菌株时带入淋滤液之中的金属离子浓度。大约 10~20 天，溶出的有价金属离子浓度不再提高，生物淋滤结束。

具体的方法描述如下：

第一种方法：用氧化硫硫杆菌和氧化亚铁硫杆菌的混合菌株对三种废旧电池进行生物淋滤

按步骤三配制含有硫磺和黄铁矿的混合能源底物生物淋滤培养基，硫磺和黄铁矿的总浓度 4.0~40.0 g/L，二者质量比 0.2~5.0。按 100 mL/瓶分装于 250 mL 三角瓶中，分别接种驯化的氧化硫硫杆菌和氧化亚铁硫杆菌于同一淋滤培养基之中（各 5%，V/V）。将接种的三角瓶置于摇床培养（25 ℃~40 ℃，120 rpm）并监测溶液 pH 和 ORP 变化。

按步骤四完成生物淋滤。大约培养 8~12 天之后，待生物淋滤培养基之 pH 值降至 0.5~2.0，向其中加入不同废旧电池的电极材料（2%~10%），继续摇床培养以完成生物淋滤。在生物淋滤过程中，如果需要则用外源的稀硫酸溶液对淋滤液之 pH 值进行调节使其维持在 1.5~2.5 之间以保证混合淋滤菌株良好的活性和生长条件。定期取样，用原子吸收分光光度计测定有价金属离子的溶出浓度，并进而计算它们的溶出率。大约 10~20 天，生物淋滤结束。

第二种方法：用氧化硫硫杆菌和氧化亚铁硫杆菌进行串联淋滤

按步骤三配制含有硫磺或黄铁矿的单一能源底物生物淋滤培养基，硫磺或黄铁矿的浓度4.0~40.0 g/L。按100 mL/瓶分装于250 mL三角瓶中，接种驯化的氧化硫硫杆菌于含有硫磺的生物淋滤培养基之中；接种驯化的氧化亚铁硫杆菌于含有黄铁矿的淋滤培养基之中（10%，V/V）。将接种的三角瓶置于摇床培养（25 ℃~40 ℃，120 rpm）并监测溶液pH和ORP变化。

按步骤四完成生物淋滤。向pH值降至0.5~2.0的氧化硫硫杆菌-硫磺生物淋滤体系之中加入不同废旧电池的电极材料（2%~10%），继续摇床培养以完成生物淋滤。大约15天后，离心收集在氧化硫硫杆菌-硫磺生物淋滤体系完成淋滤的废旧电极材料，沥掉水分并投入到pH值降至淋滤要求的氧化亚铁硫杆菌-黄铁矿淋滤体系，继续摇床培养完成氧化亚铁硫杆菌的生物淋滤。在生物淋滤过程中，如果需要则用外源的稀硫酸溶液对淋滤液之pH值进行调节使其维持在15~2.5之间以保证混合淋滤菌株良好的活性和生长条件。定期取样测定两生物淋滤体系中有价金属离子的溶出浓度，计算两体系串联淋滤溶出有价金属离子的总浓度和总溶出率。

第三种方法：用氧化亚铁硫杆菌和氧化硫硫杆菌进行串联淋滤

与第二种方法基本相同，不同之处在于废旧电机材料先在氧化亚铁硫杆菌-黄铁矿体系进行淋滤，后在氧化硫硫杆菌-硫磺体系进行淋滤，以此形成串联。

第四种方法：用氧化亚铁硫杆菌对废旧电池进行生物淋滤

按步骤三配制含黄铁矿的单一能源底物生物淋滤培养基，黄铁矿浓度4.0~40.0 g/L。按100 mL/瓶分装于250 mL三角瓶中，接种驯化的氧化亚铁硫杆菌于含有黄铁矿的淋滤培养基之中（10%，V/V）。将接种的三角瓶置于摇床培养（25 ℃~40 ℃，120 rpm）并监测溶液pH和ORP变化。

按步骤四完成生物淋滤。大约培养8~12天之后，待生物淋滤培养基之pH值降至0.5~2.0，向其中加入不同废旧电池的电极材料（2%~10%），继续摇床培养以完成生物淋滤。在生物淋滤过程中，如果需要则用外源的稀硫酸溶液对淋滤液之pH值进行调节使其维持在1.5~2.5之间以保证混合淋滤菌株良好的活性和生长条件。定期取样，用原子吸收分光光度计测定有价金属离子的溶出浓度，并进而计算它们的溶出率。大约10~20天，生物淋滤结束。

第五种方法：用氧化硫硫杆菌对废旧电池进行生物淋滤

与第四种方法基本相同，不同之处在于废旧电机材料在氧化硫硫杆菌-硫磺体系进行生物淋滤。

综上所述，本发明首次研究了高固液比下生物淋滤技术浸提三种废旧电极材料中有价金属离子的可行性并确立了优化条件。对于废旧锌锰电极材料，可以获得50%~100%的锌浸提率和45%~99%的锰浸提率；对于废旧锂离子电极材料，可以获得30%~85%的锂溶出率和40%~95%的钴溶出率；对于废旧镍氢电极材料，可以获得35%~90%的镍溶出率和35%~90%的钴溶出率。为生物淋滤处理浸提回收废旧电极材料中有价金属离子之实际应用奠定了基础。

具体实施方式

下面结合实施例对本发明作详细说明。

[实施例1]

（1）废旧锌锰电极经过手工拆解，去除隔膜塑料等，挑出含锌锰金属离子的正负极材料105膜烘干、研磨、过40目筛后得到废旧锌锰电极材料。

（2）然后配制硫磺含量和黄铁矿含量各8.0 g/L的生物淋滤培养液，按100 mL/瓶分装入250 mL锥形瓶中。向含有淋滤培养液的锥形瓶中接入氧化硫硫杆菌（5%，V/V）和氧化亚铁硫杆菌（5%，V/V），并在28并、120 r/min条件下摇床培养大约10天后，当淋滤培养液pH值由5.5降至1.5时，向淋滤培养液中加入4.0 g（固液比4%）废旧锌锰电极材料，并继续摇床培养以完成生物淋滤；同时定期取样在10 000 r/min条件下取样离心10 min，测定上清液中锌锰离子的溶出浓度。淋滤10天后，锌溶出率为80.0%，锰溶出率为70.0%。

[实施例2]

（1）废旧锌锰电极经过手工拆解，去除隔膜塑料等，挑出含锌锰金属离子的正负极材料105膜烘干、研磨、过40目筛后得到废旧锌锰电极材料。

（2）然后配制黄铁矿和硫磺含量均为2.0 g/L的生物淋滤培养液，按100 mL/瓶分装入250 mL锥形瓶中。向含有淋滤培养液的锥形瓶中接入氧化亚铁硫杆菌（5%，V/V）和氧化硫硫杆菌（5%，V/V），并在28并、120 r/min条件下摇床培养大约10天后，当淋滤培养液pH值由5.5

降至 1.5 时，向淋滤培养液中加入 4.0 g 锌锰电极材料，并每天用 3 mol/L 之 H_2SO_4 调节淋滤体系 pH 至 2.0。淋滤 10 天后，锌溶出率为 75.0%，锰的溶出率为 65.0%。

[实施例 3]

(1) 废旧锌锰电极经过手工拆解，去除隔膜塑料等，挑出含锌锰金属离子的正负极材料 105 膜烘干、研磨、过 40 目筛后得到废旧锌锰电极材料。

(2) 配制黄铁矿含量为 4.0 g/L 的生物淋滤培养液，按 100 mL/瓶分装入 250 mL 锥形瓶中。向含有淋滤培养液的锥形瓶中接入氧化亚铁硫杆菌 (10%，V/V)，并在 28 V、120 r/min 条件下摇床培养大约 10 天后，当黄铁矿-淋滤培养液 pH 值由 5.5 降至 2.0 左右时，向淋滤培养液均加入 4.0 g 废旧锌锰电极材料，继续摇床培养以完成生物淋滤；同时在 10 000 r/min 条件下取样离心 10 min，淋滤 10 天，测定上清液中锌锰离子的溶出浓度。

同时配制硫磺含量为 4.0 g/L 的生物淋滤培养液，按 100 mL/瓶分装入 250 mL 锥形瓶中。向含有淋滤培养液的锥形瓶中接入氧化硫硫杆菌 (10%，V/V)，并在 28 V、120 r/min 条件下摇床培养大约 10 天后，当硫磺-淋滤培养液 pH 值由 5.5 降至 1.0 左右时，离心收集在 4.0 g/l 黄铁矿-氧化亚铁硫杆菌淋滤培养液中完成 10 天左右淋滤的废旧锌锰电极材料残渣并沥掉水分。将完成氧化亚铁硫杆菌淋滤的废旧锌锰电极材料残渣投入 pH 已降至 1.0 左右的 4.0 g/l 硫磺-氧化硫硫杆菌淋滤培养液之中，继续摇床培养完成氧化硫硫杆菌的生物淋滤。分别计算氧化亚铁硫杆菌和氧化硫硫杆菌串联淋滤溶出锌锰离子总浓度和总溶出率，锌的总溶出率达到 99.7%，锰的总溶出率可达 96.9%。

[实施例 4]

(1) 废旧锌锰电极经过手工拆解，去除隔膜塑料等，挑出含锌锰金属离子的正负极材料 105 料烘干、研磨、过 40 目筛后得到废旧锌锰电极材料。

(2) 然后配制硫磺和黄铁矿含量均为 16.0 g/l 的生物淋滤培养液，按 100 mL/瓶分装入 250 mL 锥形瓶中。向含有淋滤培养液的锥形瓶中接入氧化硫硫杆菌 (5%，V/V) 和氧化亚铁硫杆菌 (5%，V/V)，并在 28 并、120 r/min 条件下摇床培养大约 10 天后，当淋滤培养液 pH 值由 5.5 降至 1.5 左右时，向淋滤培养液均加入 8.0 g 废旧锌锰电极材料，并定期用 3 mol/l 的 H_2SO_4 调节 pH2.0 左右，继续摇床培养以完成生物淋滤。淋滤 10 天后，锌溶出率 90.0%，锰溶出率 73.0%。

[实施例 5]

(1) 废旧锂离子电极经过手工拆解，去除隔膜塑料等，挑出含锂钴金属离子的正负极材料 105 膜烘干、研磨、过 40 目筛后得到废旧锂离子电极材料。

(2) 然后配制硫磺和黄铁矿含量均为 2.0 g/l 的生物淋滤培养液，按 100 mL/瓶分装入 250 mL 锥形瓶中。向含有淋滤培养液的锥形瓶中接入驯化的氧化硫硫杆菌 (5%，V/V) 和氧化亚铁硫杆菌 (5%，V/V)，并在 28 并、120 r/min 条件下摇床培养大约 10 天后，当驯化混合菌之淋滤培养液 pH 值由 5.5 降至 1.8 左右时，向淋滤培养液均加入 2.0 g 废旧锂离子电极材料，并继续摇床培养以完成生物淋滤。淋滤 10 天后，锂溶出率为 84.8%，钴溶出率为 55.2%。

[实施例 6]

(1) 废旧锂离子电极经过手工拆解，去除隔膜塑料等，挑出含锂钴金属离子的正负极材料 105 膜烘干、研磨、过 40 目筛后得到废旧锂离子电极材料。

(2) 然后配制硫磺和黄铁矿含量均为 2.0 g/l 的生物淋滤培养液，按 100 mL/瓶分装入 250 mL 锥形瓶中。向含有淋滤培养液的锥形瓶中接入氧化硫硫杆菌 (5%，V/V) 和氧化亚铁硫杆菌 (5%，V/V)，并在 28 并、120 r/min 条件下摇床培养大约 10 天后，当淋滤培养液 pH 值由 5.5 降至 1.5 左右时，向淋滤培养液均加入 2.0 g 废旧锂离子电极材料，并定期用 3 mol/l 的 H_2SO_4 调节淋滤体系 pH2.0，同时继续摇床培养以完成生物淋滤。淋滤 10 天后，锂溶出率为 78.9%，钴的溶出率为 52.0%。

[实施例 7]

(1) 废旧镍氢电极经过手工拆解，去除隔膜塑料等，挑出含镍钴金属离子的正负极材料 105 膜烘干、研磨、过 40 目筛后得到废旧锂离子电极材料。

(2) 然后配制硫磺和黄铁矿含量均为 8.0 g/l 的淋滤培养液，按 100 mL/瓶分装入 250 mL 锥形瓶中。向含有淋滤培养液的锥形瓶中接入氧化硫硫杆菌 (5%，V/V) 和氧化亚铁硫杆菌 (5%，V/V)，并在 28 并、120 r/min 条件下摇床培养大约 10 天后，当硫磺+黄铁矿-淋滤培养液 pH 值由 5.5 降至 1.5 左右时，向淋滤培养液均加入 4.0 g 废旧镍氢电极材料，并继续摇床培养以完成生物淋滤。淋滤 10 天后，镍溶出率为 39.9%，钴溶出率为 37.2%。

[实施例 8]

(1) 废旧镍氢电极经过手工拆解，去除隔膜塑料等，挑出含镍钴金属离子的正负极材料 105 膜烘干、研磨、过 40 目筛后得到废旧锂离子电极材料。

(2) 然后配制硫磺和黄铁矿含量均为 2.0 g/l 的淋滤培养液，按 100 mL/瓶分装入 250 mL 锥形瓶中。向含有淋滤培养液的锥形瓶中接入氧化硫硫杆菌 (5%，V/V) 和氧化亚铁硫杆菌 (5%，V/V)，并在 28 并、120 r/min 条件下摇床培养大约 10 天后，当硫磺+黄铁矿-淋滤培养液 pH 值由 5.5 降至 1.5 左右时，向淋滤培养液均加入 4.0 g 废旧镍氢电极材料，并定期用 3 mol/l 的 H_2SO_4 调节淋滤体系 pH2.0 并继续摇床培养以完成生物淋滤。淋滤 10 天后，镍的溶出率为 48.9%，钴的溶出率为 39.3%。

本发明包括但不限于以上实施例，凡是在本发明的精神和原则之下进行的任何等同替换或局部改进，都将视为在本发明的保护范围之内。

2.7.2　中间文件

一种生物淋滤浸提废旧电池中有价金属离子的方法

技术领域

本发明涉及一种生物淋滤浸提废旧电池中有价金属离子的方法，具体地说，涉及一种利用生物淋滤技术在高固液比条件下高效浸提废旧锌锰电池中的锌锰离子、锂离子电池中的锂钴离子、镍氢电池中的镍钴离子的方法，属于废旧电池无害化和资源化处理技术领域。

背景技术

当前电池的使用正以前所未有的速度深入到社会生活的各个方面，从便携式家电电池到大功率动力电池，从消费性使用电池到工业性使用电池，从纽扣形电池到圆柱形电池，从一次电池到二次电池；据统计，世界电池的产量和用量分别以每年 20% 和 10% 以上的速度增长。我国是世界上最大的电池生产国和消费国，2009 年我国电池产量超过 400 亿只，占世界总产量 50% 以上；电池消费约 235 亿只，接近世界总用量的 30%。作为含高浓度锌、锰、镍、铅、钴、镉、汞等多种金属的集合体，废旧电池的产生及随意排放已成为重金属污染的主要来源之一，对受纳环境和人体健康构成巨大威胁。另一方面，电池中这些金属离子的含量通常都很高，而且由于消耗量的不断增加它们的价格也持续上升，因此废旧电池的随意处置同时也造成了资源的巨大浪费。综上所述，对废旧电池中的有毒和有价金属离子进行浸提和回收，不但是环境保护的需要而且是资源再生的需要，具有双重的价值和效益。

目前废旧电池的处理处置技术主要有火法冶金和湿法冶金。湿法冶金是基于金属及离子易于酸溶的原理，酸解浸出并通过不同工艺分离纯化，该法具有投资小、成本低、工艺灵活的特点，但流程长、效率低、存在二次污染。火法冶金是在高温下使电池中的金属及其化合物氧化、还原、分解、挥发和冷凝以达到不同组分分离的目的；该法具有金属回收效率高，二次污染小的特点，但投资大、费用高、技术要求苛刻。虽然我国一些科研单位如清华大学、北京科技大学、中南工业大学、上海交通大学等针对其缺点开发了适合中国国情的火法和湿法改进工艺，但这些改进技术仍然具有传统火法和湿法冶金流程长、能耗大、操作复杂、材质要求严、运行费用高的特点，因此经济效益并不显著。

生物淋滤是利用自然界中特定微生物的直接作用或其代谢产物的间接作用，将固相中某些不溶性成分分离浸提的一种技术。与需要大量耗酸的湿法冶金工艺相比，生物淋滤具有耗酸量少、处理成本低、重金属溶出高、常温常压操作、安全环保、绿色工艺等优点而表现出良好的应用前景。这一技术目前已广泛用于世界范围的低品矿石冶炼、重金属污染土壤修复、剩余污泥重金属脱除、有害飞灰脱毒、废催化剂贵重金属回收等许多方面。中南大学在紫金矿业已建立生产性的生物冶金（生物淋滤）示范工程用于低品黄铜矿中铜的浸提，南京农业大学正建立用于城市污泥重金属脱除的生产性生物淋滤示范工程，展示了技术卓越的应用潜力。

近年来应用生物淋滤技术浸提回收废旧电池中的有价金属离子也受到研究者的广泛关注。研究表明，生物淋滤对于废旧锌锰电池中的锌锰离子、锂离子电池中的锂钴离子、镍氢电池中的镍钴离子和镍镉电池中的镍镉离子都具有很好的溶释效能，浸提率超过80%。但由于溶出的有毒金属离子有可能对淋滤菌株产生毒性作用；而且废旧电池中其他的有毒有害物质如有机粘结剂、隔膜和碱性物质等也可能释放于淋滤液中直接毒害淋滤菌株或造成生长条件诸如pH、ORP（氧化还原电位）和粘度等的恶化从而间接的危害淋滤菌株，导致废旧电池中金属离子溶出效率的下降。因此现有的废旧电池生物淋滤研究报道都基于1%或更低的固液比，即废旧电池固体材料的投加量只有淋滤液体积的1%（w/v）或更低。但对于实际工程应用来说，提高固液比是非常重要的技术要求。如果固液比从1%提高到2%，意味着淋滤液的用量将减少到原来的50%，那么淋滤成本相应的大幅下降；另一方面，如果能保持相同的淋滤效率，那么浸提出来的金属离子浓度就会提高1倍，这对于后续有价金属离子的分离和回收也大有益处。因此，研究高固液比条件下废旧电池中有价金属离子高效溶释的关键技术和工艺手段对于生物淋滤的实际工程应用具有重要意义。

发明内容

针对现有生物淋滤技术中废旧电池固体材料的投加量只有淋滤液体积的1%（w/v）或更低的缺陷，本发明的目的在于提供一种生物淋滤浸提废旧电池中有价金属离子的方法，具体地说，涉及一种利用生物淋滤技术在高固液比条件下高效浸提废旧锌锰电池中的锌锰离子、锂离子电池中的锂钴离子、镍氢电池中的镍钴离子的方法，可改善和提高在2%或更高固液比条件下生物淋滤对所述三种废旧电池中有价金属离子的浸提效能。

本发明目的是通过下述技术方案实现的。

步骤一、淋滤菌株的筛选和培养

氧化硫硫杆菌筛选培养基：硫粉10.0 g，$(NH_4)_2SO_4$ 2.0 g，KH_2PO_4 1.0 g，$MgSO_4 \cdot 7H_2O$ 0.5 g，$CaCl_2$ 0.25 g，蒸馏水1 000 mL，pH5.5。氧化亚铁硫杆菌筛选培养基用$FeSO_4 \cdot 7H_2O$溶液10 mL（质量分数30%，pH2.0）替代硫粉，其余相同。从矿山、温泉和污泥中广泛采样，按2%（W/V）接种量分别接入含有500 mL两类筛选培养基的1 000 mL烧杯中，加热棒加热保温（28±1 ℃），小型空气压缩机曝气提供CO_2和O_2，每7天按10%接种量更换新鲜培养基，并监测培养基的pH和颜色变化。经大约4周的筛选和富集，氧化硫硫杆菌筛选培养基转接2~3天后其pH即快速下降至2.0以下；氧化亚铁硫杆菌筛选培养基转接2~3天后其颜色即转变为红棕色，筛选便可结束。

步骤二、废旧电池的拆解和淋滤菌株的驯化

将废旧锌锰电池、锂离子电池和镍氢电池经过拆解，回收含有价金属离子的正负极电池材料烘干研磨成粉末，装瓶备用。

淋滤菌株筛选完成后，原来的筛选培养基继续作为两种淋滤菌株的日常保存和接种之用，即每隔一周更换新鲜培养基并按10%接种。【向作为日常保存的培养基中加入1%（w/v）从各废旧电池中获取的电极材料进行淋滤菌株驯化，监测培养基的pH和颜色变化。氧化硫硫杆菌筛选培养基转接2~3天后其pH至2.0以下；氧化亚铁硫杆菌筛选培养基转接2~3天后其颜色即转变为红棕色，两种淋滤菌株即可作为种子液用于后续废旧电池生物淋滤实验接种之用】【优选】。

步骤三、生物淋滤培养基的配置和培养

生物淋滤培养基：$(NH_4)_2SO_4$，2.0 g；$MgSO_4$，0.5 g；$CaCl_2$，0.25 g；KH_2PO_4，1.0 g；$FeSO_4$，0.1 g；还原性能源底物（硫粉、黄铁矿或硫粉+黄铁矿），4.0~40 g；蒸馏水，1 000 mL；自然pH（约5.5）（非必要）。配制含有混合能源底物或单一能源底物的生物淋滤培养基，分别接种驯化的氧化硫硫杆菌、氧化亚铁硫杆菌或氧化硫硫杆菌+氧化亚铁硫杆菌于淋滤培养基之中。将接种的三角瓶置于摇床培养（25~40 ℃）。

步骤四、废旧电池的生物淋滤和有价金属离子的溶释

待生物淋滤培养基的pH值降至0.5~2.0，向其中加入不同固液比的电极材料（2%~10%）（加入方式，单一），继续摇床培养以完成生物淋滤。在生物淋滤过程中，如果需要则用稀硫酸溶液对淋滤液的pH值进行调节使其维持在1.5~2.5之间以保证混合淋滤菌株良好的活性和生长条件。定期取样，用原子吸收分光光度计测定有价金属离子的溶出浓度，并进而计算它们的溶出率。计算生物淋滤溶出浓度时减去接种驯化菌株时带入淋滤液之中的金属离子浓度。溶出的有价金属离子浓度不再提高，生物淋滤结束。

具体的方法描述如下：

第一种方法：用氧化硫硫杆菌和氧化亚铁硫杆菌的混合菌株对三种废旧电池进行生物淋滤

按步骤三配制含有硫磺和黄铁矿的混合能源底物生物淋滤培养基，硫磺和黄铁矿的总浓度为4.0~40.0 g/L，二者质量比为0.2~5.0。按100 mL/瓶分装于250 mL三角瓶中，分别接种驯化的氧化硫硫杆菌和氧化亚铁硫杆菌于同一淋滤培养基之中（各5%，V/V）。将接种的三角瓶置于摇床培养（25~40 ℃，120 rpm）并监测溶液pH和ORP变化。

按步骤四完成生物淋滤。大约培养8~12天之后，待生物淋滤培养基的pH值降至0.5~2.0，向其中加入不同废旧电池的电极材料（2~10%），继续摇床培养以完成生物淋滤。在生物淋滤过程中，如果需要则用外源的稀硫酸溶液对淋滤液的pH值进行调节使其维持在1.5~2.5之间以保证混合淋滤菌株良好的活性和生长条件。定期取样，用原子吸收分光光度计测定有价金属离子的溶出浓度，并进而计算它们的溶出率。大约10~20天，生物淋滤结束。

第二种方法：用氧化硫硫杆菌和氧化亚铁硫杆菌进行串联淋滤

按步骤三配制含有硫磺或黄铁矿的单一能源底物生物淋滤培养基，硫磺或黄铁矿的浓度为4.0~40.0 g/L。按100 mL/瓶分装于250 mL三角瓶中，接种驯化的氧化硫硫杆菌于含有硫磺的生物淋滤培养基之中；接种驯化的氧化亚铁硫杆菌于含有黄铁矿的淋滤培养基之中（10%，V/V）。将接种的三角瓶置于摇床培养（25~40 ℃，120 rpm）并监测溶液的pH和ORP变化。

按步骤四完成生物淋滤。向pH值降至0.5~2.0的氧化硫硫杆菌-硫磺生物淋滤体系之中加入不同废旧电池的电极材料（2~10%），继续摇床培养以完成生物淋滤。（用原子吸收分光光度计测定有价金属离子的浓度不再增加），离心收集在氧化硫硫杆菌-硫磺生物淋滤体系完成淋滤的废旧电极材料，沥掉水分并投入到pH值降至淋滤要求（0.5~2.0）的氧化亚铁硫杆菌-黄铁矿淋滤体系，继续摇床培养完成氧化亚铁硫杆菌的生物淋滤。在生物淋滤过程中，如果需要则用外源的稀硫酸溶液对淋滤液的pH值进行调节使其维持在1.5~2.5之间以保证混合淋滤菌株良好的活性和生长条件。定期取样测定两生物淋滤体系中有价金属离子的溶出浓度，计算两体系串联淋滤溶出有价金属离子的总浓度和总溶出率。

第三种方法：用氧化亚铁硫杆菌和氧化硫硫杆菌进行串联淋滤

与第二种方法基本相同，不同之处在于废旧电极材料先在氧化亚铁硫杆菌-黄铁矿体系进行淋滤，后在氧化硫硫杆菌-硫磺体系进行淋滤，以此形成串联。

第四种方法：用氧化亚铁硫杆菌对废旧电池进行生物淋滤

按步骤三配制含黄铁矿的单一能源底物生物淋滤培养基，黄铁矿浓度4.0~40.0 g/L。按100 mL/瓶分装于250 mL三角瓶中，接种驯化的氧化亚铁硫杆菌于含有黄铁矿的淋滤培养基之中（10%，V/V）。将接种的三角瓶置于摇床培养（25~40 ℃，120 rpm）并监测溶液的pH和ORP变化。

按步骤四完成生物淋滤。大约培养8~12天之后，待生物淋滤培养基的 pH 值降至 0.5~2.0，向其中加入不同废旧电池的电极材料（2~10%），继续摇床培养以完成生物淋滤。在生物淋滤过程中，如果需要则用外源的稀硫酸溶液对淋滤液的 pH 值进行调节使其维持在 1.5~2.5 之间以保证混合淋滤菌株良好的活性和生长条件。定期取样，用原子吸收分光光度计测定有价金属离子的溶出浓度，并进而计算它们的溶出率。大约 10~20 天，生物淋滤结束。

第五种方法：用氧化硫硫杆菌对废旧电池进行生物淋滤

与第四种方法基本相同，不同之处在于废旧电极材料在氧化硫硫杆菌-硫磺体系进行生物淋滤。

有益效果

1. 本发明方法首次研究了高固液比下生物淋滤技术浸提三种废旧电极材料中有价金属离子的可行性并确立了优化条件；解决了现有生物淋滤技术中废旧电池固体材料的投加量只有淋滤液体积的 1%（w/v）或更低的缺陷可改善和提高在 2% 或更高固液比条件下生物淋滤对所述三种废旧电池中有价金属离子的浸提效能。

2. 本发明方法通过对淋滤菌株进行驯化、应用混合菌株进行淋滤、应用不同淋滤菌株进行串联淋滤、应用混合能源底物进行淋滤、降低淋滤液的起始 pH、提高能源底物浓度、在淋滤过程应用外源化学酸调节以满足淋滤菌株生长的最佳 pH 条件，可以显著提高三种废旧电池中有价金属离子的溶出率；对于废旧锌锰电极材料，可以获得 50~100% 的锌浸提率和 45~99% 的锰浸提率；对于废旧锂离子电极材料，可以获得 30~85% 的锂溶出率和 40~95% 的钴溶出率；对于废旧镍氢电极材料，可以获得 35~90% 的镍溶出率和 35~90% 的钴溶出率。为生物淋滤处理浸提回收废旧电极材料中有价金属离子的实际应用奠定了基础

具体实施方式

下面结合实施例对本发明作详细说明。

[实施例1]

（1）淋滤菌株的筛选和培养

（2）废旧电池的拆解和淋滤菌株的驯化

废旧锌锰电极经过手工拆解，回收含锌锰金属离子的正负极材料，在 105℃烘干、研磨、过 40 目筛后得到用于生物淋滤的废旧锌锰电极材料。

淋滤菌株筛选完成后，原来的筛选培养基继续作为两种淋滤菌株的日常保存和接种之用，即每隔一周更换新鲜培养基并按10%接种。向作为日常保存的培养基中加入1%（w/v）从各废旧电池中获取的电极材料进行淋滤菌株驯化，监测培养基的pH和颜色变化。经过大约4周的驯化，氧化硫硫杆菌筛选培养基转接2~3天后其pH即快速下降至2.0以下；氧化亚铁硫杆菌筛选培养基转接2~3天后其颜色即转变为红棕色，两种淋滤菌株即可作为种子液用于后续废旧电池生物淋滤实验接种之用。

（3）生物淋滤培养基的配置和培养

配制生物淋滤培养基：$(NH_4)_2SO_4$，2.0 g；$MgSO_4$，0.5 g；$CaCl_2$，0.25 g；KH_2PO_4，1.0 g；$FeSO_4$，0.1 g；还原性能源底物硫磺含量和黄铁矿含量各8.0 g/L，蒸馏水，1 000 mL；pH约5.5；按100 mL/瓶分装入250 mL锥形瓶中。向含有淋滤培养液的锥形瓶中接入驯化的氧化硫硫杆菌（5%，V/V）和氧化亚铁硫杆菌（5%，V/V），并在28井、120 r/min条件下摇床培养，监测溶液pH和ORP变化。

（4）废旧电池的生物淋滤和有价金属离子的溶释

大约培养10天后，当淋滤培养液pH值由5.5降至1.5时，向淋滤培养液中加入4.0 g（固液比4%）废旧锌锰电极材料，并继续摇床培养以完成生物淋滤；同时定期取样在10 000 r/min条件下离心10 min，测定（用原子吸收分光光度计（型号、厂家、测定条件）测定）上清液中锌锰离子的溶出浓度。淋滤10天后，溶出的有价金属离子浓度不再提高，生物淋滤结束。锌溶出率为80.0%，锰溶出率为70.0%。

［实施例2］

（1）废旧锌锰电极经过手工拆解，去除隔膜塑料等，挑出含锌锰金属离子的正负极材料105工烘干、研磨、过40目筛后得到废旧锌锰电极材料。

（2）然后配制黄铁矿和硫磺含量均为2.0 g/L的生物淋滤培养液，按100 mL/瓶分装入250 mL锥形瓶中。向含有淋滤培养液的锥形瓶中接入氧化亚铁硫杆菌（5%，V/V）和氧化硫硫杆菌（5%，V/V），并在28井、120 r/min条件下摇床培养大约10天后，当淋滤培养液pH值由5.5降至1.5时，向淋滤培养液中加入4.0 g锌锰电极材料，并每天用3 mol/L之H_2SO_4调节淋滤体系pH至2.0。淋滤10天后，锌溶出率为75.0%，锰的溶出率为65.0%。

[实施例 3]

（1）废旧锌锰电极经过手工拆解，去除隔膜塑料等，挑出含锌锰金属离子的正负极材料 105 解烘干、研磨、过 40 目筛后得到废旧锌锰电极材料。

（2）配制黄铁矿含量为 4.0 g/L 的生物淋滤培养液，按 100 mL/瓶分装入 250 mL 锥形瓶中。向含有淋滤培养液的锥形瓶中接入氧化亚铁硫杆菌（10%，V/V），并在 28 并、120 r/min 条件下摇床培养大约 10 天后，当黄铁矿-淋滤培养液 pH 值由 5.5 降至 2.0 左右时，向淋滤培养液均加入 4.0 g 废旧锌锰电极材料，继续摇床培养以完成生物淋滤；同时在 10 000 r/min 条件下取样离心 10 min，淋滤 10 天，测定上清液中锌锰离子的溶出浓度。

同时配制硫磺含量为 4.0 g/L 的生物淋滤培养液，按 100 mL/瓶分装入 250 mL 锥形瓶中。向含有淋滤培养液的锥形瓶中接入氧化硫硫杆菌（10%，V/V），并在 28 并、120 r/min 条件下摇床培养大约 10 天后，当硫磺-淋滤培养液 pH 值由 5.5 降至 1.0 左右时，离心收集在 4.0 g/l 黄铁矿-氧化亚铁硫杆菌淋滤培养液中完成 10 天左右淋滤的废旧锌锰电极材料残渣并沥掉水分。将完成氧化亚铁硫杆菌淋滤的废旧锌锰电极材料残渣投入 pH 已降至 1.0 左右的 4.0 g/l 硫磺-氧化硫硫杆菌淋滤培养液之中，继续摇床培养完成氧化硫硫杆菌的生物淋滤，测定上清液中锌锰离子的溶出浓度。氧化亚铁硫杆菌和氧化硫硫杆菌串联淋滤溶出锌锰离子总浓度；锌的总溶出率达到 99.7%，锰的总溶出率可达 96.9%。

[实施例 4]

（1）废旧锌锰电极经过手工拆解，去除隔膜塑料等，挑出含锌锰金属离子的正负极材料 105 工烘干、研磨、过 40 目筛后得到废旧锌锰电极材料。

（2）然后配制硫磺和黄铁矿含量均为 16.0 g/l 的生物淋滤培养液，按 100 mL/瓶分装入 250 mL 锥形瓶中。向含有淋滤培养液的锥形瓶中接入氧化硫硫杆菌（5%，V/V）和氧化亚铁硫杆菌（5%，V/V），并在 28 并、120 r/min 条件下摇床培养大约 10 天后，当淋滤培养液 pH 值由 5.5 降至 1.5 左右时，向淋滤培养液均加入 8.0 g 废旧锌锰电极材料，并定期用 3 mol/l 的 H_2SO_4 调节 pH2.0 左右，继续摇床培养以完成生物淋滤。淋滤 10 天后，锌溶出率 90.0%，锰溶出率 73.0%。

[实施例 5]

(1) 废旧锂离子电极经过手工拆解，去除隔膜塑料等，挑出含锂钴金属离子的正负极材料 105 工烘干、研磨、过 40 目筛后得到废旧锂离子电极材料。

(2) 然后配制硫磺和黄铁矿含量均为 2.0 g/l 的生物淋滤培养液，按 100 mL/瓶分装入 250 mL 锥形瓶中。向含有淋滤培养液的锥形瓶中接入驯化的氧化硫硫杆菌（5%，V/V）和氧化亚铁硫杆菌（5%，V/V），并在 28 并、120 r/min 条件下摇床培养大约 10 天后，当驯化混合菌之淋滤培养液 pH 值由 5.5 降至 1.8 左右时，向淋滤培养液均加入 2.0 g 废旧锂离子电极材料，并继续摇床培养以完成生物淋滤。淋滤 10 天后，锂溶出率为 84.8%，钴溶出率为 55.2%。

[实施例 6]

(1) 废旧锂离子电极经过手工拆解，去除隔膜塑料等，挑出含锂钴金属离子的正负极材料 105 工烘干、研磨、过 40 目筛后得到废旧锂离子电极材料。

(2) 然后配制硫磺和黄铁矿含量均为 2.0 g/l 的生物淋滤培养液，按 100 mL/瓶分装入 250 mL 锥形瓶中。向含有淋滤培养液的锥形瓶中接入氧化硫硫杆菌（5%，V/V）和氧化亚铁硫杆菌（5%，V/V），并在 28 并、120 r/min 条件下摇床培养大约 10 天后，当淋滤培养液 pH 值由 5.5 降至 1.5 左右时，向淋滤培养液均加入 2.0 g 废旧锂离子电极材料，并定期用 3 mol/l 的 H_2SO_4 调节淋滤体系 pH 2.0，同时继续摇床培养以完成生物淋滤。淋滤 10 天后，锂溶出率为 78.9%，钴的溶出率为 52.0%。

[实施例 7]

(1) 废旧镍氢电极经过手工拆解，去除隔膜塑料等，挑出含镍钴金属离子的正负极材料 105 工烘干、研磨、过 40 目筛后得到废旧锂离子电极材料。

(2) 然后配制硫磺和黄铁矿含量均为 8.0 g/l 的淋滤培养液，按 100 mL/瓶分装入 250 mL 锥形瓶中。向含有淋滤培养液的锥形瓶中接入氧化硫硫杆菌（5%，V/V）和氧化亚铁硫杆菌（5%，V/V），并在 28 并、120 r/min 条件下摇床培养大约 10 天后，当硫磺+黄铁矿-淋滤培养液 pH 值由 5.5 降至 1.5 左右时，向淋滤培养液均加入 4.0 g 废旧镍氢电极材料，并继续摇床培养以完成生物淋滤。淋滤 10 天后，镍溶出率为 39.9%，钴溶出率为 37.2%。

[实施例 8]

（1）废旧镍氢电极经过手工拆解，去除隔膜塑料等，挑出含镍钴金属离子的正负极材料 105℃烘干、研磨、过 40 目筛后得到废旧锂离子电极材料。

（2）然后配制硫磺和黄铁矿含量均为 2.0 g/l 的淋滤培养液，按 100 mL/瓶分装入 250 mL 锥形瓶中。向含有淋滤培养液的锥形瓶中接入氧化硫硫杆菌（5%，V/V）和氧化亚铁硫杆菌（5%，V/V），并在 28℃、120 r/min 条件下摇床培养大约 10 天后，当硫磺+黄铁矿-淋滤培养液 pH 值由 5.5 降至 1.5 左右时，向淋滤培养液均加入 4.0 g 废旧镍氢电极材料，并定期用 3 mol/l 的 H_2SO_4 调节淋滤体系 pH2.0 并继续摇床培养以完成生物淋滤。淋滤 10 天后，镍的溶出率为 48.9%，钴的溶出率为 39.3%。

综上所述，以上仅为本发明的较佳实施例而已，并非用于限定本发明的保护范围。凡在本发明的精神和原则之内，所作的任何修改、等同替换、改进等，均应包含在本发明的保护范围之内。

2.7.3　专利文件申请稿

一种生物淋滤浸提废旧电池中有价金属离子的方法

技术领域

本发明涉及一种生物淋滤浸提废旧电池中有价金属离子的方法，具体地说，涉及一种利用生物淋滤技术在高固液比条件下高效浸提废旧锌锰电池中的锌锰离子、锂离子电池中的锂钴离子以及镍氢电池中的镍钴离子的方法，属于废旧电池无害化和资源化处理技术领域。

背景技术

当前电池的使用正以前所未有的速度深入社会生活的各个方面，从便携式家电电池到大功率动力电池，从消费性使用电池到工业性使用电池，从纽扣形电池到圆柱形电池，从一次电池到二次电池；据统计，世界电池的产量和用量分别以每年 20% 和 10% 以上的速度增长。我国是世界上最大的电池生产国和消费国，2009 年我国电池产量超过 400 亿只，占世界总产量 50% 以上；电池消费约 235 亿只，接近世界总用量的 30%。作为含高浓度锌、锰、镍、铅、钴、镉、汞等多种金属的集合体，废旧电池的产生及随意排放已成为重金属污染的主要来源之一，对受纳环境和人体健康构成巨大威胁。另外，电池中这些金属离子的含量通常都很高，而且由于消耗量的不断增加它们的价格也持续上升，因此废旧电池的随意处置同时也造成了资源的巨大浪费。综上所述，对废旧电池中的有毒和有价金属离子进行浸提和回收，不但是环境保护的需要而且是资源再生的需要，具有双重的价值和效益。

目前废旧电池的处理处置技术主要有火法冶金和湿法冶金。湿法冶金是基于金属及离子易于酸溶的原理，酸解浸出并通过不同工艺分离纯化，该法具有投资小、成本低、工艺灵活的特点，但流程长、效率低、存在二次污染。火法冶金是在高温下使电池中的金属及其化合物氧化、还原、分解、挥发和冷凝以达到不同组分分离的目的。该法具有金属回收效率高、二次污染小的特点，但投资大、费用高、技术要求苛刻。虽然我国一些科研单位如清华大学、北京科技大学、中南工业大学、上海交通大学等针对其缺点开发了适合中国国情的火法冶金和湿法冶金的改进方法，但这些改进方法仍然具有传统火法冶金和湿法冶金流程长、能耗大、操作复杂、材质要求严以及运行费用高的特点，因此经济效益并不显著。

生物淋滤是利用自然界中特定微生物的直接作用或其代谢产物的间接作用，将固相中某些不溶性成分分离浸提的一种技术。与需要大量耗酸的湿法冶金工艺相比，生物淋滤具有耗酸量少、处理成本低、重金属溶出高、常温常压操作、安全环保、绿色工艺等优点而表现出良好的应用前景。这一技术目前已广泛用于世界范围的低品矿石冶炼、重金属污染土壤修复、剩余污泥重金属脱除、有害飞灰脱毒、废催化剂贵重金属回收等许多方面。中南大学在紫金矿业已建立生产性的生物冶金（生物淋滤）示范工程用于低品黄铜矿中铜的浸提，南京农业大学正建立用于城市污泥重金属脱除的生产性生物淋滤示范工程，展示了生物淋滤技术卓越的应用潜力。

近年来应用生物淋滤技术浸提回收废旧电池中的有价金属离子也受到研究者的广泛关注。研究表明，生物淋滤对于废旧锌锰电池中的锌锰离子、锂离子电池中的锂钴离子、镍氢电池中的镍钴离子和镍镉电池中的镍镉离子都具有很好的溶释效能，浸提率超过80%。但由于溶出的有毒金属离子有可能对淋滤菌株产生毒性作用；而且废旧电池中其他的有毒有害物质如有机黏结剂、隔膜和碱性物质等也可能释放于淋滤液中直接毒害淋滤菌株或造成生长条件的恶化，从而间接地危害淋滤菌株，导致废旧电池中金属离子溶出效率下降，因此现有的废旧电池生物淋滤研究报道都基于1%或更低的固液比，即废旧电池固体材料的投加量只有淋滤液体积的1%（w/v）或更低。但对于实际工程应用来说，提高固液比是非常重要的技术要求。如果固液比从1%提高到2%，意味着淋滤液的用量将减少到原来的50%，那么淋滤成本相应地大幅下降。另外，如果能保持相同的淋滤效率，那么浸提出来的金属离子浓度就会提高1倍，这对于后续有价金属离子的分离和回收大有益处。因此，研究高固液比条件下废旧电池中有价金属离子高效溶释的关键技术和工艺手段对于生物淋滤的实际工程应用具有重要意义。

发明内容

针对现有生物淋滤技术中废旧电池固体材料的投加量只有淋滤液体积的1%（w/v）或更低的缺陷，本发明的目的在于提供一种生物淋滤浸提废旧电池中有价金属离子的方法，具体地说，涉及一种利用生物淋滤技术在高固液比条件下高效浸提废旧锌锰电池中的锌锰离子、锂离子电池中的锂钴离子以及镍氢电池中的镍钴离子的方法，可显著改善和提高在2%或更高固液比条件下生物淋滤对所述三种废旧电池中有价金属离子的浸提效能。

本发明的目的是通过下述技术方案实现的。

（1）拆解废旧电池，回收含有价金属离子的正负极电池材料，经干燥后研磨并过筛，得到待进行生物淋滤的电极材料粉末；所述废旧电池为废旧锌锰电池、锂离子电池或镍氢电池。

（2）生物淋滤菌株的培养。

生物淋滤菌株为氧化硫硫杆菌和/或氧化亚铁硫杆菌，生物淋滤培养基为：溶质为2.0 g/L的$(NH_4)_2SO_4$、0.5 g/L的$MgSO_4$、0.25 g/L的$CaCl_2$、1.0 g/L的KH_2PO_4、0.1 g/L的$FeSO_4$和4.0~40 g/L的还原性能源底物，溶剂为水。其中，所述还原性能源底物为硫粉和/或黄铁矿。将所述生物淋滤菌株接种在所述生物淋滤培养基中得到生物淋滤液；当所述生物淋滤培养基中的还原性能源底物为硫粉时为氧化硫硫杆菌培养基，接种氧化硫硫杆菌；当生物淋滤培养基中的还原性能源底物为黄铁矿时为氧化亚铁硫杆菌培养基，接种氧化亚铁硫杆菌；当生物淋滤培养基中还原性能源底物为硫粉和黄铁矿的混合物时为氧化硫硫杆菌和氧化亚铁硫杆菌的混合菌培养基，接种氧化硫硫杆菌和氧化亚铁硫杆菌的混合菌。将所述生物淋滤液置于摇床培养并监测其 pH 和 ORP（氧化还原电位）的变化，当 ORP 数值越高说明所述生物淋滤液的氧化性越好，生物淋滤菌株的生长情况越好。

其中，当生物淋滤培养基中还原性能源底物为硫粉和黄铁矿的混合物时，优选硫粉和黄铁矿的质量比为（1:0.2）~（1:5.0）。

优选筛选培养获得生物淋滤菌株，具体方法如下：

氧化硫硫杆菌筛选培养基：溶质为 10.0 g/L 的硫粉、2.0 g/L 的 $(NH_4)_2SO_4$、1.0 g/L 的 KH_2PO_4、0.5 g/L 的 $MgSO_4 \cdot 7H_2O$ 和 0.25 g/L 的 $CaCl_2$，溶剂为水，pH 值为 5.5；氧化亚铁硫杆菌筛选培养基为：溶质为 10 mL 的 $FeSO_4 \cdot 7H_2O$ 溶液、2.0 g/L 的 $(NH_4)_2SO_4$、1.0 g/L 的 KH_2PO_4、0.5 g/L 的 $MgSO_4 \cdot 7H_2O$ 和 0.25 g/L 的 $CaCl_2$，溶剂为水，pH 值为 5.5；其中，所述 $FeSO_4 \cdot 7H_2O$ 溶液的质量分数为 30%，pH 值为 2.0。从自然界的矿山、温泉和污泥中采集样品，按 2%（w/v）的接种量将样品分别接种到所述两种筛选培养基中，加热至 27~29 ℃并保温，通入 CO_2 和 O_2，每 7 天按 10%（v/v）接种量转接入新筛选培养基中培养，并监测筛选培养基的 pH 值和颜色变化；经过 4 周的筛选培养，氧化硫硫杆菌转接 2~3 天后其筛选培养基的 pH 值快速下降至 2.0 以下时，筛选培养得到用于生物淋滤的氧化硫硫杆菌；氧化亚铁硫杆菌转接 2~3 天后其筛选培养基的颜色转变为红棕色时，筛选培养得到用于生物淋滤的氧化亚铁硫杆菌。

优选对生物淋滤菌株进行驯化后再接种在生物淋滤培养基中，方法如下：氧化硫硫杆菌驯化培养基：溶质为 10.0 g/L 的硫粉、2.0 g/L 的 $(NH_4)_2SO_4$、1.0 g/L 的 KH_2PO_4、0.5 g/L 的 $MgSO_4 \cdot 7H_2O$ 和 0.25 g/L 的 $CaCl_2$，溶剂为水，pH 值为 5.5；氧化亚铁硫杆菌驯化培养基：溶质为 10 mL 的 $FeSO_4 \cdot 7H_2O$ 溶液、2.0 g/L 的 $(NH_4)_2SO_4$、1.0 g/L 的 KH_2PO_4、0.5 g/L 的 $MgSO_4 \cdot 7H_2O$ 和 0.25 g/L 的 $CaCl_2$，溶剂为水，pH 值为 5.5。其中，所述 $FeSO_4 \cdot 7H_2O$ 溶液的质量分数为 30%，pH 值为 2.0。将生物淋滤菌株，即氧化硫硫杆菌和氧化亚铁硫杆菌分别接种到相应的驯化培养基中，得到相应的驯化培养液，向驯化培养液中加入电极材料粉末，所述电极材料粉末的加入量为驯化培养液体积的 1%（w/v），监测驯化培养液的 pH 值和颜色的变化，经过 4 周驯化后，将驯化培养液转接入相应的新驯化培养基中，得到新的驯化培养液，转接 2~3 天后新氧化硫硫杆菌驯化培养液的 pH 值即快速下降至 2.0 以下，氧化硫硫杆菌的驯化完成；转接 2~3 天后新氧化亚铁硫杆菌驯化培养液转变为红棕色，氧化亚铁硫杆菌的驯化完成；完成驯化后的驯化培养液即可作为种子液用于废旧电池生物淋滤接种之用。

优选所述生物淋滤液摇床培养的条件为 25~40 ℃，120 r/min。

(3) 生物淋滤。

当步骤 (2) 中的生物淋滤液的 pH 值为 0.5~2.0 时，向生物淋滤液中加入步骤 (1) 得到的电极材料粉末，继续摇床培养进行生物淋滤；在生物淋滤过程中，生物淋滤液的 pH 值为 1.5~2.5；待生物淋滤液中有价金属离子的溶出浓度不再提高，生物淋滤结束。

其中，所述电极材料粉末的加入量为生物淋滤液体积的 2%~10% (w/v)，即固液比为 2%~10% (w/v)。

当生物淋滤液中的生物淋滤菌株为单一菌株时，还可以采用串联生物淋滤的方式，即先将电极材料粉末加入一种菌种的生物淋滤液中进行生物淋滤，结束后离心收集完成生物淋滤的电极材料残渣，沥掉水分后再加入另一种菌株的生物淋滤液中进行生物淋滤。具体地说，即先将电极材料粉末加入氧化硫硫杆菌的生物淋滤液中进行生物淋滤，结束后离心收集完成生物淋滤的电极材料残渣，沥掉水分后再加入氧化亚铁硫杆菌的生物淋滤液中进行生物淋滤；或者，先将电极材料粉末加入氧化亚铁硫杆菌的生物淋滤液中进行生物淋滤，结束后离心收集完成生物淋滤的电极材料残渣，沥掉水分后再加入氧化硫硫杆菌的生物淋滤液中进行生物淋滤。

有益效果

(1) 本发明所述一种生物淋滤浸提废旧电池中有价金属离子的方法，研究了高固液比下生物淋滤技术浸提三种废旧电极材料中有价金属离子的可行性并确立了优化条件；解决了现有生物淋滤技术中废旧电池固体材料的投加量只有生物淋滤液体积的 1% (w/v) 或更低的缺陷，可改善和提高在 2% 或更高固液比条件下生物淋滤对所述三种废旧电池中有价金属离子的浸提效能。

(2) 本发明所述一种生物淋滤浸提废旧电池中有价金属离子的方法，通过对生物应用混合生物淋滤菌株进行淋滤、不同淋滤菌株进行串联淋滤、降低生物淋滤液的起始 pH 值、提高能源底物的浓度以及控制生物淋滤过程中生物淋滤液的 pH 值，可以满足生物淋滤菌株良好的活性和生长的最佳条件，显著提高废旧电池中有价金属离子的溶出率；对于废旧锌锰电极材料，可以获得 50%～100% 的锌离子溶出率和 45%～99% 的锰离子溶出率；对于废旧锂离子电极材料，可以获得 30%～85% 的锂离子溶出率和 40%～95% 的钴离子溶出率；对于废旧镍氢电极材料，可以获得 35%～90% 的镍离子溶出率和 35%～90% 的钴离子溶出率。为生物淋滤处理浸提回收废旧电极材料中有价金属离子的实际应用奠定了基础。

（3）本发明所述一种生物淋滤浸提废旧电池中有价金属离子的方法，通过筛选培养基筛选可获得性能良好的生物淋滤菌株。

（4）本发明所述一种生物淋滤浸提废旧电池中有价金属离子的方法，通过在接种前对生物淋滤菌株进行驯化可获得对废旧电池生物淋滤性能优良的生物淋滤菌株。

（5）本发明所述一种生物淋滤浸提废旧电池中有价金属离子的方法，在淋滤过程应用外源化学酸调节生物淋滤过程中生物淋滤液的 pH 值，可使生物淋滤菌株具有良好的活性并处于生长的最佳条件。

具体实施方式

下面结合实施例对本发明做详细说明。

以下实施例中均采用 METTLER DELTA 320 pH 计监测生物淋滤液的 pH 值，采用 HANNA HI8424 pH 计测定生物淋滤液的 ORP。

用上海精科 AA320A 原子吸收分光光度计测定有价金属离子的溶出浓度，并进而计算其溶出率；如果生物淋滤菌株在接种前经过驯化，在计算有价金属离子的溶出浓度时减去接种驯化的生物淋滤菌株的时候带入生物淋滤液之中的金属离子浓度。

当生物淋滤为串联生物淋滤时，有价金属离子的溶出浓度和溶出率为两种生物淋滤液串联的有价金属离子的总溶出浓度和总溶出率。

[实施例 1]

（1）废旧锌锰电池经过手工拆解，回收含锌锰金属离子的正负极电池材料，在 105 ℃烘干、研磨、过 40 目筛后得到用于生物淋滤的废旧锌锰电极材料粉末。

（2）筛选培养获得生物淋滤菌株，具体方法如下：

配制氧化硫硫杆菌筛选培养基：溶质为 10.0 g/L 的硫粉、2.0 g/L

的$(NH_4)_2SO_4$、1.0 g/L的KH_2PO_4、0.5 g/L的$MgSO_4 \cdot 7H_2O$和0.25 g/L的$CaCl_2$,溶剂为蒸馏水,pH值为5.5;配制氧化亚铁硫杆菌筛选培养基:溶质为10 mL的$FeSO_4 \cdot 7H_2O$溶液、2.0 g/L的$(NH_4)_2SO_4$、1.0 g/L的KH_2PO_4、0.5 g/L的$MgSO_4 \cdot 7H_2O$和0.25 g/L的$CaCl_2$,溶剂为蒸馏水,pH值为5.5。其中,所述$FeSO_4 \cdot 7H_2O$溶液的质量分数为30%,pH值为2.0。从自然界的矿山、温泉和污泥中采集样品,按2%(w/v)的接种量将样品分别接种到所述两种筛选培养基中,两类筛选培养基各500 mL,分别置于两个1 000 mL烧杯中,用加热棒加热至28 ℃并保温,用小型空气压缩机曝气提供CO_2和O_2,每7天按10%(v/v)接种量转接入新鲜筛选培养基中培养,并监测筛选培养基的pH值和颜色变化。经4周的筛选培养,氧化硫硫杆菌转接2~3天后其筛选培养基的pH值快速下降至2.0以下时,筛选培养得到用于生物淋滤的氧化硫硫杆菌;氧化亚铁硫杆菌转接2~3天后其筛选培养基的颜色转变为红棕色时,筛选培养得到用于生物淋滤的氧化亚铁硫杆菌。

筛选培养获得生物淋滤菌株后,原筛选培养基继续作为生物淋滤菌株的日常保存和接种之用,每隔一周更换新鲜筛选培养基并按10%(v/v)接种。在将生物淋滤菌株接种到生物淋滤培养基前,对生物淋滤菌株进行驯化,方法如下:将原筛选培养基作为驯化培养基,日常保存的培养液作为驯化培养液,向驯化培养液中加入从废旧锌锰电池中获取的电极材料粉末,所述电极材料粉末的加入量为驯化培养液体积的1%(w/v),监测驯化培养液的pH值和颜色变化,经过4周驯化后,将驯化培养液转接入相应的新驯化培养基中,得到新的驯化培养液,转接2~3天后新氧化硫硫杆菌驯化培养液的pH值即快速下降至2.0以下,氧化硫硫杆菌的驯化完成;转接2~3天后新氧化亚铁硫杆菌驯化培养液转变为红棕色,氧化亚铁硫杆菌的驯化完成;完成驯化后的驯化培养液即作为种子液用于废旧锌锰电池生物淋滤接种之用。

配制生物淋滤培养基:溶质为2.0 g/L的$(NH_4)_2SO_4$、0.5 g/L的$MgSO_4$、0.25 g/L的$CaCl_2$、1.0 g/L的KH_2PO_4、0.1 g/L的$FeSO_4$和16 g/L的还原性能源底物,溶剂为蒸馏水。其中,所述还原性能源底物为8.0 g/L的硫粉和8.0 g/L的黄铁矿混合物;按100 mL/瓶分装入250 mL锥形瓶中;向含有生物淋滤培养基的锥形瓶中接入驯化的氧化硫硫杆菌5%(v/v)和氧化亚铁硫杆菌5%(v/v)的混合种子液得到生物淋滤液,并在28 ℃、120 r/min条件下摇床培养,监测生物淋滤液的pH值和ORP的变化。

(3) 摇床培养 10 天后，当生物淋滤液的 pH 值为 1.5 时，向生物淋滤液中加入 4.0 g（固液比为 4%）的废旧锌锰电极材料粉末，并继续摇床培养以完成生物淋滤，在生物淋滤过程中，生物淋滤液的 pH 值为 1.5~2.5；每 2 天取一次样品，将样品在 10 000 r/min 条件下离心 10 min 后得到上清液，测定上清液中锌离子和锰离子的溶出浓度；生物淋滤 10 天后，锌离子和锰离子的溶出浓度不再提高，生物淋滤结束。得到锌离子的溶出率为 80.0%，锰离子的溶出率为 70.0%。

[实施例 2]

(1) 同实施例 1 步骤 (1)。

(2) 对生物淋滤菌株进行驯化，方法如下：

配制氧化硫硫杆菌驯化培养基：溶质为 10.0 g/L 的硫粉、2.0 g/L 的 $(NH_4)_2SO_4$、1.0 g/L 的 KH_2PO_4、0.5 g/L 的 $MgSO_4 \cdot 7H_2O$ 和 0.25 g/L 的 $CaCl_2$，溶剂为蒸馏水，pH 值为 5.5；配制氧化亚铁硫杆菌驯化培养基：溶质为 10 mL 的 $FeSO_4 \cdot 7H_2O$ 溶液、2.0 g/L 的 $(NH_4)_2SO_4$、1.0 g/L 的 KH_2PO_4、0.5 g/L 的 $MgSO_4 \cdot 7H_2O$ 和 0.25 g/L 的 $CaCl_2$，溶剂为蒸馏水，pH 值为 5.5。其中，所述 $FeSO_4 \cdot 7H_2O$ 溶液的质量分数为 30%，pH 值为 2.0。将氧化硫硫杆菌和氧化亚铁硫杆菌分别接种到相应的驯化培养基中，得到相应的驯化培养液，向驯化培养液中加入废旧锌锰电极材料粉末，所述电极材料粉末的加入量为驯化培养液体积的 1%（w/v），监测驯化培养液的 pH 值和颜色变化，经过 4 周驯化后，将培养液转接入相应的新驯化培养基中，得到新的驯化培养液，转接 2~3 天后新氧化硫硫杆菌驯化培养液的 pH 值即快速下降至 2.0 以下，氧化硫硫杆菌的驯化完成；转接 2~3 天后新氧化亚铁硫杆菌驯化培养液转变为红棕色，氧化亚铁硫杆菌的驯化完成；完成驯化后的驯化培养液即作为种子液用于废旧锌锰电池生物淋滤接种之用。

配制生物淋滤培养基：溶质为 2.0 g/L 的 $(NH_4)_2SO_4$、0.5 g/L 的 $MgSO_4$、0.25 g/L 的 $CaCl_2$、1.0 g/L 的 KH_2PO_4、0.1 g/L 的 $FeSO_4$ 和 4.0 g/L 的还原性能源底物，溶剂为蒸馏水。其中，所述还原性能源底物为 2.0 g/L 的硫粉和 2.0 g/L 的黄铁矿的混合物，按 100 mL/瓶分装入 250 mL 锥形瓶中；向所述锥形瓶中接入驯化的氧化亚铁硫杆菌 5%（v/v）和氧化硫硫杆菌 5%（v/v）的混合种子液得到生物淋滤液，并在 28 ℃、120 r/min 条件下摇床培养，监测生物淋滤液的 pH 值和 ORP 的变化。

(3) 摇床培养 10 天后，当得到生物淋滤液的 pH 值为 1.5 时，向生物淋滤液中加入 4.0 g 废旧锌锰电极材料粉末，并继续摇床培养以完成生物淋滤，在生物淋滤过程中，每天用 3 mol/L 的 H_2SO_4 调节生物淋滤液的 pH 值，使其保持在 2.0；同时每 2 天取样品一次，将样品在 10 000 r/min 条件下离心 10 min 得到上清液，测定上清液中锌离子和锰离子的溶出浓度；生物淋滤 10 天后，锌离子和锰离子的溶出浓度不再提高，生物淋滤结束。得到锌离子的溶出率为 75.0%，锰离子的溶出率为 65.0%。

[**实施例 3**]

(1) 同实施例 1 步骤 (1)。

(2) 配制氧化亚铁硫杆菌的生物淋滤培养基：溶质为 2.0 g/L 的 $(NH_4)_2SO_4$、0.5 g/L 的 $MgSO_4$、0.25 g/L 的 $CaCl_2$、1.0 g/L 的 KH_2PO_4、0.1 g/L 的 $FeSO_4$ 和 4.0 g/L 的黄铁矿，溶剂为蒸馏水；配制氧化硫硫杆菌的生物淋滤培养基：溶质为 2.0 g/L 的 $(NH_4)_2SO_4$、0.5 g/L 的 $MgSO_4$、0.25 g/L 的 $CaCl_2$、1.0 g/L 的 KH_2PO_4、0.1 g/L 的 $FeSO_4$ 和 4.0 g/L 的硫粉，溶剂为蒸馏水；每种生物淋滤培养基分别按 100 mL/瓶分装入 250 mL 锥形瓶中；向氧化亚铁硫杆菌的生物淋滤培养基中接入氧化亚铁硫杆菌 10%（v/v），得到氧化亚铁硫杆菌的生物淋滤液；向氧化硫硫杆菌的生物淋滤培养基中接入氧化硫硫杆菌 10%（v/v），得到氧化硫硫杆菌的生物淋滤液；将所述两种生物淋滤液在 28 ℃、120 r/min 条件下摇床培养，监测所述两种生物淋滤液的 pH 值和 ORP 的变化。

(3) 摇床培养 10 天后，当氧化亚铁硫杆菌的生物淋滤液的 pH 值为 2.0 时，加入 4.0 g 废旧锌锰电极材料粉末，继续摇床培养进行氧化亚铁硫杆菌生物淋滤。在生物淋滤过程中，生物淋滤液的 pH 值为 1.5~2.5，定期取样品，将样品在 10 000 r/min 条件下离心 10 min 后得到上清液，测定上清液中锌离子和锰离子的溶出浓度；生物淋滤 10 天待锌离子和锰离子的溶出浓度不再增加时，离心收集氧化亚铁硫杆菌的生物淋滤液中的废旧锌锰电极材料残渣，沥掉水分后加入 pH 值为 1.0 的氧化硫硫杆菌的生物淋滤液之中，继续摇床培养进行氧化硫硫杆菌的生物淋滤，在生物淋滤过程中，生物淋滤液的 pH 值为 1.5~2.5，定期取样品，将样品在 10 000 r/min 条件下离心 10 min 后得到上清液，测定上清液中锌离子和锰离子的溶出浓度，待锌离子和锰离子浓度不再增加时，生物淋滤结束。得到锌离子的总溶出率达到 99.7%，锰离子的总溶出率可达 96.9%。

[实施例 4]

(1) 同实施例 1 步骤 (1)。

(2) 同实施例 3 步骤 (2)。

(3) 摇床培养 10 天后,当氧化硫硫杆菌的生物淋滤液的 pH 值为 1.0 时,加入 4.0 g 废旧锌锰电极材料粉末,继续摇床培养进行氧化硫硫杆菌生物淋滤,在生物淋滤过程中,生物淋滤液的 pH 值为 1.5~2.5,定期取样品,将样品在 10 000 r/min 条件下离心 10 min 后得到上清液,测定上清液中锌离子和锰离子的溶出浓度;生物淋滤 10 天待锌离子和锰离子的溶出浓度不再增加时,离心收集氧化硫硫杆菌的生物淋滤液中的废旧锌锰电极材料残渣,沥掉水分后加入 pH 值为 2.0 的氧化亚铁硫杆菌的生物淋滤液之中,继续摇床培养进行氧化亚铁硫杆菌的生物淋滤,在生物淋滤过程中,生物淋滤液的 pH 值为 1.5~2.5,定期取样品,将样品在 10 000 r/min 条件下离心 10 min 后得到上清液,测定上清液中锌离子和锰离子的溶出浓度,待锌离子和锰离子浓度不再增加时,生物淋滤结束。得到锌离子的总溶出率达到 97.5%,锰离子的总溶出率达到 92.3%。

[实施例 5]

(1) 同实施例 1 步骤 (1)。

(2) 配制生物淋滤培养基:溶质为 2.0 g/L 的 $(NH_4)_2SO_4$、0.5 g/L 的 $MgSO_4$、0.25 g/L 的 $CaCl_2$、1.0 g/L 的 KH_2PO_4、0.1 g/L 的 $FeSO_4$ 和 32.0 g/L 的还原性能源底物,溶剂为蒸馏水。其中,所述还原性能源底物为 16.0 g/L 的硫粉和 16.0 g/L 的黄铁矿,按 100 mL/瓶分装入 250 mL 锥形瓶中;向所述锥形瓶中接入氧化硫硫杆菌 5% (v/v) 和氧化亚铁硫杆菌 5% (v/v) 得到生物淋滤液,并在 28 ℃、120 r/min 条件下摇床培养,监测生物淋滤液的 pH 值和 ORP 的变化。

(3) 摇床培养 10 天后,当生物淋滤液的 pH 值为 1.5 时,向生物淋滤液中加入 8.0 g 的废旧锌锰电极材料粉末,并继续摇床培养进行生物淋滤,在生物淋滤过程中,定期用 3 mol/L 的 H_2SO_4 调节生物淋滤液的 pH 值为 2.0;定期取样品,将样品在 10 000 r/min 条件下离心 10 min 后得到上清液,测定上清液中锌离子和锰离子的溶出浓度;生物淋滤 10 天后,锌离子和锰离子的溶出浓度不再提高,生物淋滤结束。得到锌离子溶出率为 90.0%,锰离子的溶出率为 73.0%。

[实施例 6]

(1) 废旧锂离子电池经过手工拆解,回收含锂钴金属离子的正负极电池材料，在 105 ℃烘干、研磨、过 40 目筛后得到用于生物淋滤的废旧锂离子电极材料粉末。

（2）对生物淋滤菌株进行驯化，方法如下：

配制氧化硫硫杆菌驯化培养基：溶质为 10.0 g/L 的硫粉、2.0 g/L 的 $(NH_4)_2SO_4$、1.0 g/L 的 KH_2PO_4、0.5 g/L 的 $MgSO_4 \cdot 7H_2O$ 和 0.25 g/L 的 $CaCl_2$，溶剂为蒸馏水，pH 值为 5.5；配制氧化亚铁硫杆菌驯化培养基：溶质为 10 mL 的 $FeSO_4 \cdot 7H_2O$ 溶液、2.0 g/L 的 $(NH_4)_2SO_4$、1.0 g/L 的 KH_2PO_4、0.5 g/L 的 $MgSO_4 \cdot 7H_2O$ 和 0.25 g/L 的 $CaCl_2$，溶剂为蒸馏水，pH 值为 5.5。其中，所述 $FeSO_4 \cdot 7H_2O$ 溶液的质量分数为 30%，pH 值为 2.0。将氧化硫硫杆菌和氧化亚铁硫杆菌分别接种到相应的驯化培养基中，得到相应的驯化培养液，向驯化培养液中加入废旧锂离子电极材料粉末，所述电极材料粉末的加入量为驯化培养液体积的 1%（w/v），监测驯化培养液的 pH 值和颜色变化，经过 4 周驯化后，将驯化培养液转接入相应的新驯化培养基中，得到新的驯化培养液，转接 2~3 天后新氧化硫硫杆菌驯化培养液的 pH 值即快速下降至 2.0 以下，氧化硫硫杆菌的驯化完成；转接 2~3 天后新氧化亚铁硫杆菌驯化培养液转变为红棕色，氧化亚铁硫杆菌的驯化完成；完成驯化后的驯化培养液即作为种子液用于废旧锂离子电池生物淋滤接种之用。

配制生物淋滤培养基：溶质为 2.0 g/L 的 $(NH_4)_2SO_4$、0.5 g/L 的 $MgSO_4$、0.25 g/L 的 $CaCl_2$、1.0 g/L 的 KH_2PO_4、0.1 g/L 的 $FeSO_4$ 和 4.0 g/L 的还原性能源底物，溶剂为蒸馏水。其中，所述还原性能源底物为 2.0 g/L 的硫粉和 2.0 g/L 的黄铁矿，按 100 mL/瓶分装入 250 mL 锥形瓶中；向所述锥形瓶中接入驯化的氧化硫硫杆菌 5%（v/v）和氧化亚铁硫杆菌 5%（v/v）的种子液得到生物淋滤液，并在 28 ℃、120 r/min 条件下摇床培养，监测生物淋滤液的 pH 值和 ORP 的变化。

（3）摇床培养 10 天后，当生物淋滤液的 pH 值为 1.8 时，向生物淋滤液中加入 2.0 g 的废旧锂离子电极材料粉末，并继续摇床培养进行生物淋滤，在生物淋滤过程中，生物淋滤液的 pH 值为 1.5~2.5；定期取样品，将样品在 10 000 r/min 条件下离心 10 min 后得到上清液，测定上清液中锂离子和钴离子的溶出浓度；生物淋滤 10 天后，锂离子和钴离子的溶出浓度不再提高，生物淋滤结束。得到锂离子的溶出率为 84.8%，钴离子的溶出率为 55.2%。

[**实施例 7**]

(1) 同实施例 6 步骤 (1)。

(2) 配制生物淋滤培养基：溶质为 2.0 g/L 的 $(NH_4)_2SO_4$、0.5 g/L 的 $MgSO_4$、0.25 g/L 的 $CaCl_2$、1.0 g/L 的 KH_2PO_4、0.1 g/L 的 $FeSO_4$ 和 4.0 g/L 的还原性能源底物，溶剂为蒸馏水。其中，所述还原性能源底物为 2.0 g/L 的硫粉和 2.0 g/L 的黄铁矿，按 100 mL/瓶分装入 250 mL 锥形瓶中；向所述锥形瓶中接入氧化硫硫杆菌 5%（v/v）和氧化亚铁硫杆菌 5%（v/v）得到生物淋滤液，并在 28 ℃、120 r/min 条件下摇床培养，监测生物淋滤液的 pH 值和 ORP 的变化。

(3) 摇床培养 10 天后，当生物淋滤液的 pH 值为 1.5 时，向生物淋滤液中加入 2.0 g 的废旧锂离子电极材料粉末，并继续摇床培养进行生物淋滤，在生物淋滤过程中，定期用 3 mol/L 的 H_2SO_4 调节生物淋滤液的 pH 值为 2.0；定期取样品，将样品在 10 000 r/min 条件下离心 10 min 后得到上清液，测定上清液中锂离子和钴离子的溶出浓度；生物淋滤 10 天后，锂离子和钴离子的溶出浓度不再提高，生物淋滤结束。得到锂离子溶出率为 78.9%，钴离子的溶出率为 52.0%。

[**实施例 8**]

(1) 废旧镍氢电池经过手工拆解，回收含镍钴金属离子的正负极电池材料，在 105 ℃烘干、研磨、过 40 目筛后得到用于生物淋滤的废旧镍氢电极材料粉末。

(2) 对生物淋滤菌株进行驯化，方法如下：

配置氧化硫硫杆菌驯化培养基：溶质为 10.0 g/L 的硫粉、2.0 g/L 的 $(NH_4)_2SO_4$、1.0 g/L 的 KH_2PO_4、0.5 g/L 的 $MgSO_4 \cdot 7H_2O$ 和 0.25 g/L 的 $CaCl_2$，溶剂为蒸馏水，pH 值为 5.5；配置氧化亚铁硫杆菌驯化培养基：溶质为 10 mL 的 $FeSO_4 \cdot 7H_2O$ 溶液、2.0 g/L 的 $(NH_4)_2SO_4$、1.0 g/L 的 KH_2PO_4、0.5 g/L 的 $MgSO_4 \cdot 7H_2O$ 和 0.25 g/L 的 $CaCl_2$，溶剂为蒸馏水，pH 值为 5.5。其中，所述 $FeSO_4 \cdot 7H_2O$ 溶液的质量分数为 30%，pH 值为 2.0。将氧化硫硫杆菌和氧化亚铁硫杆菌分别接种到相应的驯化培养基中，得到相应的驯化培养液，向驯化培养液中加入废旧镍氢电极材料粉末，所述电极材料粉末的加入量为驯化培养液体积的 1%（w/v），监测驯化培养液的 pH 值和颜色变化，经过 4 周驯化后，将驯化培养液转接入相应的新驯化培养基中，得到新的驯化培养液，转接 2~3 天后新氧化硫硫杆菌驯化培养液的 pH 值即快速下降至 2.0 以下，氧化硫硫杆菌的驯化完成；转接2~3天后新氧化亚铁硫杆菌驯化培养液转变为红棕色，氧化亚铁硫杆菌的驯化完成；完成驯化后的驯化培养液即作为种子液用于废旧镍氢电池生物淋滤接种之用。

配制生物淋滤培养基：溶质为 2.0 g/L 的 $(NH_4)_2SO_4$、0.5 g/L 的 $MgSO_4$、0.25 g/L 的 $CaCl_2$、1.0 g/L 的 KH_2PO_4、0.1 g/L 的 $FeSO_4$ 和 16.0 g/L 的还原性能源底物，溶剂为蒸馏水；其中，所述还原性能源底物为 8.0 g/L 的硫粉和 8.0 g/L 的黄铁矿，按 100 mL/瓶分装入 250 mL 锥形瓶中；向所述锥形瓶中接入驯化的氧化硫硫杆菌 5% (v/v) 和氧化亚铁硫杆菌 5% (v/v) 的种子液得到生物淋滤液，并在 28 ℃、120 r/min 条件下摇床培养，监测生物淋滤液的 pH 值和 ORP 的变化。

（3）摇床培养 10 天后，当生物淋滤液的 pH 值为 1.5 时，向生物淋滤液中加入 4.0 g 的废旧镍氢电极材料粉末，并继续摇床培养进行生物淋滤，在生物淋滤过程中，生物淋滤液的 pH 值为 1.5~2.5；定期取样品，将样品在 10 000 r/min 条件下离心 10 min 后得到上清液，测定上清液中镍离子和钴离子的溶出浓度；生物淋滤 10 天后，镍离子和钴离子的溶出浓度不再增加，生物淋滤结束。得到镍离子的溶出率为 39.9%，钴离子的溶出率为 37.2%。

[实施例9]

（1）同实施例8步骤（1）。

（2）配制生物淋滤培养基：溶质为 2.0 g/L 的 $(NH_4)_2SO_4$、0.5 g/L 的 $MgSO_4$、0.25 g/L 的 $CaCl_2$、1.0 g/L 的 KH_2PO_4、0.1 g/L 的 $FeSO_4$ 和 4.0 g/L 的还原性能源底物，溶剂为蒸馏水。其中，所述还原性能源底物为 2.0 g/L 的硫粉和 2.0 g/L 的黄铁矿，按 100 mL/瓶分装入 250 mL 锥形瓶中；向所述锥形瓶中接入氧化硫硫杆菌 5% (v/v) 和氧化亚铁硫杆菌 5% (v/v) 得到生物淋滤液，并在 28 ℃、120 r/min 条件下摇床培养，监测生物淋滤液的 pH 值和 ORP 的变化。

（3）摇床培养 10 天后，当生物淋滤液的 pH 值为 1.5 时，向生物淋滤液中加入 4.0 g 的废旧镍氢电极材料粉末，并继续摇床培养进行生物淋滤，在生物淋滤过程中，定期用 3 mol/L 的 H_2SO_4 调节生物淋滤液的 pH 值为 2.0；定期取样品，将样品在 10 000 r/min 条件下离心 10 min 后得到上清液，测定上清液中镍离子和钴离子的溶出浓度；生物淋滤 10 天后，镍离子和钴离子的溶出浓度不再提高，生物淋滤结束。得到镍离子的溶出率为 48.9%，钴离子的溶出率为 39.3%。

[**实施例 10**]

(1) 同实施例 8 步骤 (1)。

(2) 同实施例 3 步骤 (2)。

(3) 摇床培养 10 天后,当氧化亚铁硫杆菌的生物淋滤液的 pH 值为 2.0 时,加入 4.0 g 废旧镍氢电极材料粉末,继续摇床培养进行氧化亚铁硫杆菌生物淋滤,在生物淋滤过程中,生物淋滤液的 pH 值为 1.5~2.5,定期取样品,将样品在 10 000 r/min 条件下离心 10 min 后得到上清液,测定上清液中镍离子和钴离子的溶出浓度;生物淋滤 10 天待镍离子和钴离子的溶出浓度不再增加时,离心收集氧化亚铁硫杆菌的生物淋滤液中的废旧镍氢电极材料残渣,沥掉水分后加入 pH 值为 1.0 的氧化硫硫杆菌的生物淋滤液之中,继续摇床培养进行氧化硫硫杆菌的生物淋滤,在生物淋滤过程中,生物淋滤液的 pH 值为 1.5~2.5,定期取样品,将样品在 10 000 r/min 条件下离心 10 min 后得到上清液,测定上清液中镍离子和钴离子的溶出浓度,待镍离子和钴离子浓度不再增加时,生物淋滤结束。得到镍离子的总溶出率达到 89.6%,钴离子的总溶出率达到 87.5%。

[**实施例 11**]

(1) 同实施例 8 步骤 (1)。

(2) 同实施例 3 步骤 (2)。

(3) 摇床培养 10 天后,当氧化硫硫杆菌的生物淋滤液的 pH 值为 1.0 时,加入 4.0 g 废旧镍氢电极材料粉末,继续摇床培养进行氧化硫硫杆菌生物淋滤,在生物淋滤过程中,生物淋滤液的 pH 值为 1.5~2.5,定期取样品,将样品在 10 000 r/min 条件下离心 10 min 后得到上清液,测定上清液中镍离子和钴离子的溶出浓度;生物淋滤 10 天待镍离子和钴离子的溶出浓度不再增加时,离心收集氧化硫硫杆菌的生物淋滤液中的废旧镍氢电极材料残渣,沥掉水分后加入 pH 值为 2.0 的氧化亚铁硫杆菌的生物淋滤液之中,继续摇床培养进行氧化亚铁硫杆菌的生物淋滤,在生物淋滤过程中,生物淋滤液的 pH 值为 1.5~2.5,定期取样品,将样品在 10 000 r/min 条件下离心 10 min 后得到上清液,测定上清液中镍离子和钴离子的溶出浓度,待镍离子和钴离子浓度不再增加时,生物淋滤结束。得到镍离子的总溶出率达到 83.6%,钴离子的总溶出率达到 79.5%。

综上所述,以上仅为本发明的较佳实施例而已,并非用于限定本发明的保护范围。凡在本发明的精神和原则之内,所做的任何修改、等同替换、改进等,均应包含在本发明的保护范围之内。

2.7.4 案例分析

本案例技术交底书存在的问题如下：

(1) 未对发明作出清楚、完整的说明。

涉及法条——《专利法》第 26 条。

发明内容：

未写明是针对现有技术中存在的哪些缺陷；

技术方案缺少必要技术特征；

上下文内容不对应，对相同的技术特征采用不同技术术语，导致不清楚；

部分技术方案缺乏实验结果证实。

有益效果：

未与技术特征相对应，对比现有技术进行撰写。

具体实施方式：

缺乏部分技术方案的实施例；

实施例技术方案具体部分条件不清楚；

测试方法、测试仪器未写明。

(2) 对于说明书撰写的其他要求。

涉及法条——《指南》第二部分第二章；

用词不规范——《细则》第 3 条和第 17 条。

锂离子电池中锌锰、锂钴、镍钴（技术领域），均为离子存在，应当规范为"锂离子电池中锌锰离子、锂钴离子、镍钴离子"；

第一次使用非中文技术名词时，应当用中文译文加以注释或用中文给予说明：ORP（背景技术），第一次使用时应当给出中文译文"氧化还原电位"。

(3) 实用性。

涉及法条——《专利法》第 22 条的不具备实用性：涉及微生物发明的特殊要求。

由于从自然界的矿山、温泉和污泥中采集样品，属于由自然界筛选特定微生物的方法，因此存在不能够重复实施的问题。

2.8 案例8 一种高纯度四钼酸铵的制备方法

2.8.1 技术交底书

一种高纯度钼酸铵及其制备方法

技术领域

一种钼酸铵的进一步除杂方法，涉及一种高纯度钼酸铵的制备方法，高纯钼酸铵的纯度达到99.998%以上。

背景技术

钼是一种具有高沸点及高熔点的难熔金属，拥有良好的导热性和导电性，低的热膨胀系数，优异的耐磨性和抗腐蚀性，被广泛应用于航天航空、能源电力、微电子、超大规模集成电路原件、生物医药、机械加工、医疗器械、照明、玻纤、国防建设等领域。钼酸铵是制备金属钼粉和钼的各类合金的初级原料，钼酸铵中碱/碱土金属、重金属以及其他元素硫、铁、磷等杂质含量直接影响着钼的加工和金属钼制品的使用性能。钼酸铵也是制备工业催化剂、石油催化剂和钼的各类化合物的重要原料，随着科学技术的不断进步，钼的应用领域不断扩大，这就对钼酸铵中杂质含量不断地提出更苛刻的要求，特别是钼酸铵的高纯化成为各钼酸铵生产厂商的发展方向。特别是钾和钨，钾易在超大规模集成电路原件的绝缘隔膜栅内转移，对金属氧化物半导体间的层间特性影响极大，钨和钼处于元素周期表同一族，受镧系收缩影响，原子半径接近，物理化学性质相近，处于寄生关系，给分离带来很多困难，所以受传统工艺和生产实际情况的限制，要使钼酸铵中的钾、钨杂质含量再进一步降低制备出高纯钼酸铵是很重要及其很困难。现有钼酸铵的净化提纯过程大多是在水溶液中进行，净化的方法很多，例如重结晶、化学沉淀、蒸发结晶、离子交换和有机溶剂萃取等。这些方法有许多可取之处，但是净化工艺和纯化效果上存在着许多不足之处。

发明内容

本发明目的是针对现有技术存在的不足，提供一种简单易行、纯化效果好的高纯钼酸铵制备技术。

本发明是通过以下技术方案实现的。

一种高纯度钼酸铵的制备方法，其特征在于其纯化过程包括：

（1）钼酸铵氨溶后，过滤，滤液加浓硝酸，过滤；

（2）将上述滤饼氨溶+氧化；

（3）化学沉淀法除杂，过滤；

（4）将上述滤液进行酸沉，过滤；

（5）将上述滤饼氨溶，蒸发结晶，过滤；

（6）将上述滤饼氨溶，酸沉，过滤；

（7）将上述滤饼氨溶，蒸发结晶，过滤；

（8）将上述滤饼烘干，得到99.998%高纯度钼酸铵晶体。

本发明具有以下优点：

本发明一种高纯度钼酸铵的制备方法，其特征在于所用设备简单且少，设备故障容易排除，设备可重复循环利用，减少设备投资，在密封减压下进行，钼总损失量小，回收率高，减少废气及废液排放；工艺及操作简单，劳动强度小，自动化程度高，参数容易控制；所有滤液、残留液及滤渣都回收制备钼酸铵，重复循环利用，减少原料成本，减少废液及废渣排放；蒸发结晶时试剂得到有效回收，提高试剂的利用率，减少试剂成本，减少环境污染。本发明的方法有效节省设备、原料、试剂及成本，减少三废排放，节能、减排、环保、低成本，可以有效降低钼酸铵中杂质含量，可以降低到ppm级，U、Th可降到ppb级，特别是钾和钨，效果非常明显，产品具有纯度高、费氏粒度小、适用范围广，尤其是在制备高纯钼粉上拥有较大的发展潜力。

具体实施方式（本发明未经说明所用试剂均为优级纯）：

一种高纯度钼酸铵的制备方法，其制备方法包括：（1）以钼酸铵为原料，室温条件下，将钼酸铵晶体（Kg）：纯水（L）：浓氨水（L）=1.0:1.0:0.5混合，在60~90 r/min下，搅拌30~60 min溶解后，过滤，除去机械杂质，在上述过滤后的滤液中加入浓硝酸，在60~90 r/min搅拌下，在出现沉淀前，加酸速度为120 mL/min，等出现沉淀后，搅拌速度调制40 r/min，以50 mL/min的速度滴加硝酸至混合溶液的PH值为2.5~4.0，过滤；（2）把上述滤饼（Kg）：纯水（L）：浓氨水(L)=1.0:1.0:0.5混合，在60 r/min搅拌条件下，溶解后，PH调至12.0~14.0，以1 mL/S的速度加入30%双氧水2~4 mL，室温反应30 min后，过滤；

(3) 在 60 r/min 搅拌状态下，把上述滤液加热至沸腾，以 1 mL/S 的速度加入稀盐酸（盐酸：水＝1：3）调 PH 值至 9.0～11.0，沸腾反应 30 min 后，以 1 mL/S 的速度加入密度为 1.18 g/cm³ 的硝酸镁溶液 2.0～4.0 mL，继续沸腾反应 20～30 min 后，停止搅拌及加热，冷却到 50 ℃，过滤；在 60 r/min 搅拌状态下，把上述滤液加热至 70～80 ℃，调节 PH 值为 8.0～9.0，以 1 mL/S 的速度加入 25% 硫化铵溶液 2～4 mL，反应 30 min 后，过滤；（4）在 60～90 r/min 搅拌下，把上述滤液比重调到 1.18 g/cm³，PH＝7.2，加热温度为 48～55 ℃，在出现沉淀前，加酸速度为 120 mL/min，等出现沉淀后，搅拌速度调制 40 r/min，以 50 mL/min 的速度滴加硝酸至混合溶液的 PH 值为 2.0～3.0，立刻过滤；（5）把上述滤饼（Kg）：纯水(L)：浓氨水(L)＝1.0：1.0：0.5 混合，溶解后，将该溶液在 80 r/min 搅拌状态下，温度保持在 80～100 ℃，进行减压蒸馏（压力在 0.04～0.09 MPa），蒸发掉其总体积的 1/3 水份后，自然冷却至室温时，立即过滤；（6）把上述滤饼（Kg）：纯水（L）：浓氨水（L）＝1.0：1.0：0.5 混合，在 60～90 r/min 搅拌下溶解，把上述溶解后的滤液比重调到 1.18 g/cm³，PH＝7.2，加热温度为 48～55 ℃，在出现沉淀前，加酸速度为 120 mL/min，等出现沉淀后，搅拌速度调制 40 r/min，以 50 mL/min 的速度滴加硝酸至混合溶液的 PH 值为 2.0～3.0，立刻过滤；（7）把上述滤饼（Kg）：纯水（L）：浓氨水（L）＝1.0：1.0：0.5 混合，溶解后，将该溶液在 80 r/min 搅拌状态下，温度保持在 80～100 ℃，进行减压蒸馏（压力在 0.04～0.09 MPa），蒸发掉其总体积的 1/3 水份后，自然冷却至室温时，立即过滤；（8）滤饼用工业纯水洗涤三次，过滤至无滤液流出时停止，取出滤饼，100～120 ℃ 下干燥 2～3 h，冷却至室温时，取出，研磨得到 99.998% 高纯度钼酸铵晶体。上述所有滤液、残留液及滤渣都回收制备钼酸铵，重复循环利用，减少废液及废渣排放；蒸发结晶时试剂得到有效回收，提高试剂的利用率，减少原料、试剂成本，减少环境污染。

[**实施例 1**]

称取 900 g 钼酸铵放入盛有 900 mL 工业纯水的具有搅拌装置的聚四氟容器中，在室温，60 r/min 搅拌条件下，以 200 mL/min 速度加入 450 mL 浓氨水，搅拌 30 min，等溶液澄清透明后过滤，除去溶液中所含有的固体机械杂质。在上述过滤后的滤液中加入浓硝酸，在 60 r/min 搅拌下，在出现沉淀前，加酸速度为 120 mL/min，等出现沉淀后，搅拌速度调制 40 r/min，以 50 mL/min 的速度滴加硝酸至混合溶液的 PH 值为 2.5，过滤；

把上述滤饼（Kg）∶纯水（L）∶浓氨水（L）=1.0∶1.0∶0.5混合，在60 r/min搅拌条件下，溶解后，PH调至12.0，以1 mL/S的速度加入30%双氧水2 mL，室温反应30 min后，过滤；

在60 r/min搅拌状态下，把上述滤液加热至沸腾，以1 mL/S的速度加入稀盐酸（盐酸∶水=1∶3）调PH值至9.0，沸腾反应30 min后，以1 mL/S的速度加入密度为1.18 g/cm^{3}的硝酸镁溶液2 mL，继续沸腾反应20 min后，停止搅拌及加热，冷却到50 ℃，过滤；在60 r/min搅拌状态下，把上述滤液加热至70 ℃，调节PH值为8.0，以1 mL/S的速度加入25%硫化铵溶液2 mL，反应30 min后，过滤；

在60 r/min搅拌下，把上述滤液比重调到1.18 g/cm^3，PH=7.2，加热温度为48 ℃，在出现沉淀前，加酸速度为120 mL/min，等出现沉淀后，搅拌速度调制40 r/min，以50 mL/min的速度滴加硝酸至混合溶液的PH值为2.5，立刻过滤；

把上述滤饼（Kg）∶纯水（L）∶浓氨水（L）=1.0∶1.0∶0.5混合，溶解后，将该溶液在80 r/min搅拌状态下，温度保持在80 ℃，进行减压蒸馏（压力在0.04 MPa），蒸发掉其总体积的1/3水份后，自然冷却至室温时，立即过滤；

把上述滤饼（Kg）∶纯水（L）∶浓氨水（L）=1.0∶1.0∶0.5混合，在60 r/min搅拌下溶解，把上述溶解后的滤液比重调到1.18 g/cm^3，PH=7.2，加热温度为48 ℃，在出现沉淀前，加酸速度为120 mL/min，等出现沉淀后，搅拌速度调制40 r/min，以50 mL/min的速度滴加硝酸至混合溶液的PH值为2.5，立刻过滤；

把上述滤饼（Kg）∶纯水（L）∶浓氨水（L）=1.0∶1.0∶0.5混合，溶解后，将该溶液在80 r/min搅拌状态下，温度保持在80 ℃，进行减压蒸馏（压力在0.04 MPa），蒸发掉其总体积的1/3水份后，自然冷却至室温时，立即过滤；

滤饼用工业纯水洗涤三次，过滤至无滤液流出时停止，取出滤饼，100 ℃下干燥3 h，冷却至室温时，取出，研磨得到99.998%高纯度钼酸铵晶体。

表1 本发明钼酸铵杂质含量（ppm）

元素	Fe	Ni	Ca	Mg	Si	P	K	Na	Pb	Cu	Sn	W	Ti	Bi
原料钼酸铵	6	2	5	2	6	1	118	8	2	1	1	80	4	2
发明钼酸铵	<1	<1	<2	<1	<2	<1	<1	<1	<1	<1	<1	<2	<1	<1

注：其它碱金属、碱土金属、重金属及稀土元素原料钼酸铵杂质含量均为2 ppm，U、Th均为22 ppb。经此方法后碱金属、碱土金属、重金属及稀土元素原料钼酸铵杂质含量均小于1 ppm，U、Th均小于0.1 ppb。

[实施例 2]

　　称取 800 g 钼酸铵放入盛有 800 mL 工业纯水的具有搅拌装置的聚四氟容器中，在室温，70 r/min 搅拌条件下，以 200 mL/min 速度加入 400 mL 浓氨水，搅拌 40 min，等溶液澄清透明后过滤，除去溶液中所含有的固体机械杂质。在上述过滤后的滤液中加入浓硝酸，在 70 r/min 搅拌下，在出现沉淀前，加酸速度为 120 mL/min，等出现沉淀后，搅拌速度调制 40 r/min，以 50 mL/min 的速度滴加硝酸至混合溶液的 PH 值为 3.0，过滤；

　　把上述滤饼（Kg）：纯水（L）：浓氨水（L）= 1.0：1.0：0.5 混合，在 60 r/min 搅拌条件下，溶解后，PH 调至 13.0，以 1 mL/S 的速度加入 30% 双氧水 3 mL，室温反应 30 min 后，过滤；

　　在 60 r/min 搅拌状态下，把上述滤液加热至沸腾，以 1 mL/S 的速度加入稀盐酸（盐酸：水 = 1：3）调 PH 值至 10.0，沸腾反应 30 min 后，以 1 mL/S 的速度加入密度为 1.18 g/cm^3 的硝酸镁溶液 3 mL，继续沸腾反应 20 min 后，停止搅拌及加热，冷却到 50 ℃，过滤；在 60 r/min 搅拌状态下，把上述滤液加热至 75 ℃，调节 PH 值为 8.5，以 1 mL/S 的速度加入 25% 硫化铵溶液 3 mL，反应 30 min 后，过滤；

　　在 60 r/min 搅拌下，把上述滤液比重调到 1.18 g/cm^3，PH = 7.2，加热温度为 50 ℃，在出现沉淀前，加酸速度为 120 mL/min，等出现沉淀后，搅拌速度调制 40 r/min，以 50 mL/min 的速度滴加硝酸至混合溶液的 PH 值为 2.5，立刻过滤；

　　把上述滤饼（Kg）：纯水（L）：浓氨水（L）= 1.0：1.0：0.5 混合，溶解后，将该溶液在 80 r/min 搅拌状态下，温度保持在 90 ℃，进行减压蒸馏（压力在 0.06 MPa），蒸发掉其总体积的 1/3 水份后，自然冷却至室温时，立即过滤；

　　把上述滤饼（Kg）：纯水（L）：浓氨水（L）= 1.0：1.0：0.5 混合，在 70 r/min 搅拌下溶解，把上述溶解后的滤液比重调到 1.18 g/cm^3，PH = 7.2，加热温度为 50 ℃，在出现沉淀前，加酸速度为 120 mL/min，等出现沉淀后，搅拌速度调制 40 r/min，以 50 mL/min 的速度滴加硝酸至混合溶液的 PH 值为 2.5，立刻过滤；

　　把上述滤饼（Kg）：纯水（L）：浓氨水（L）= 1.0：1.0：0.5 混合，溶解后，将该溶液在 80 r/min 搅拌状态下，温度保持在 90 ℃，进行减压蒸馏（压力在 0.06 MPa），蒸发掉其总体积的 1/3 水份后，自然冷却至室温时，立即过滤；

滤饼用工业纯水洗涤三次，过滤至无滤液流出时停止，取出滤饼，100 ℃下干燥 3.0 h，冷却至室温时，取出，研磨得到 99.998% 高纯度钼酸铵晶体。

表 2　本发明钼酸铵杂质含量（ppm）

元素	Fe	Ni	Ca	Mg	Si	P	K	Na	Pb	Cu	Sn	W	Ti	Bi
原料钼酸铵	5	3	6	3	8	1	120	10	2	1	1	60	4	2
发明钼酸铵	<1	<1	<3	<1	<2	<1	<1	<1	<1	<1	<1	<2	<1	<1

注：其它碱金属、碱土金属、重金属及稀土元素原料钼酸铵杂质含量均为 2.5 ppm，U、Th 均为 45 ppb。经此方法后碱金属、碱土金属、重金属及稀土元素原料钼酸铵杂质含量均小于 1 ppm，U、Th 均小于 0.1 ppb。

[实施例 3]

称取 1 000 g 钼酸铵放入盛有 1 000 mL 工业纯水的具有搅拌装置的聚四氟容器中，在室温，80 r/min 搅拌条件下，以 200 mL/min 速度加入 500 mL 浓氨水，搅拌 50 min，等溶液澄清透明后过滤，除去溶液中所含有的固体机械杂质。在上述过滤后的滤液中加入浓硝酸，在 70 r/min 搅拌下，在出现沉淀前，加酸速度为 120 mL/min，等出现沉淀后，搅拌速度调制 40 r/min，以 50 mL/min 的速度滴加硝酸至混合溶液的 PH 值为 3.5，过滤；

把上述滤饼（Kg）：纯水（L）：浓氨水（L）= 1.0：1.0：0.5 混合，在 60 r/min 搅拌条件下，溶解后，PH 调至 13.0，以 1 mL/S 的速度加入 30% 双氧水 3 mL，室温反应 30 min 后，过滤；

在 60 r/min 搅拌状态下，把上述滤液加热至沸腾，以 1 mL/S 的速度加入稀盐酸（盐酸：水=1：3）调 PH 值至 11.0，沸腾反应 30 min 后，以 1 mL/S 的速度加入密度为 1.18 g/cm^3 的硝酸镁溶液 4 mL，继续沸腾反应 30 min 后，停止搅拌及加热，冷却到 50 ℃，过滤；在 60 r/min 搅拌状态下，把上述滤液加热至 80 ℃，调节 PH 值为 9.0，以 1 mL/S 的速度加入 25% 硫化铵溶液 3 mL，反应 30 min 后，过滤；

在 60 r/min 搅拌下，把上述滤液比重调到 1.18 g/cm^3，PH=7.2，加热温度为 55 ℃，在出现沉淀前，加酸速度为 120 mL/min，等出现沉淀后，搅拌速度调制 40 r/min，以 50 mL/min 的速度滴加硝酸至混合溶液的 PH 值为 3.0，立刻过滤；

把上述滤饼（Kg）：纯水（L）：浓氨水（L）= 1.0：1.0：0.5 混合，溶解后，将该溶液在 80 r/min 搅拌状态下，温度保持在 90 ℃，进行减压蒸馏（压力在0.06 MPa），蒸发掉其总体积的1/3水份后，自然冷却至室温时，立即过滤；

把上述滤饼（Kg）：纯水（L）：浓氨水（L）=1.0:1.0:0.5混合，在80 r/min搅拌下溶解，把上述溶解后的滤液比重调到1.18 g/cm³，PH=7.2，加热温度为50 ℃，在出现沉淀前，加酸速度为120 mL/min，等出现沉淀后，搅拌速度调制40 r/min，以50 mL/min的速度滴加硝酸至混合溶液的PH值为3.0，立刻过滤；

把上述滤饼（Kg）：纯水（L）：浓氨水（L）=1.0:1.0:0.5混合，溶解后，将该溶液在80 r/min搅拌状态下，温度保持在90 ℃，进行减压蒸馏（压力在0.06 MPa），蒸发掉其总体积的1/3水份后，自然冷却至室温时，立即过滤；

滤饼用工业纯水洗涤三次，过滤至无滤液流出时停止，取出滤饼，110 ℃下干燥2.5 h，冷却至室温时，取出，研磨得到99.998%高纯度钼酸铵晶体。

表3 本发明钼酸铵杂质含量（ppm）

元素	Fe	Ni	Ca	Mg	Si	P	K	Na	Pb	Cu	Sn	W	Ti	Bi
原料钼酸铵	4	2	8	2	7	1	129	8	2	1	1	50	4	2
发明钼酸铵	<1	<1	<3	<1	<2	<1	<1	<1	<1	<1	<1	<10	<1	<1

注：其它碱金属、碱土金属、重金属及稀土元素原料钼酸铵杂质含量均为2 ppm，U、Th均为82 ppb。经此方法后碱金属、碱土金属、重金属及稀土元素原料钼酸铵杂质含量均小于1 ppm，U、Th均小于0.1 ppb。

[实施例4]

称取1 000 g钼酸铵放入盛有1 000 mL工业纯水的具有搅拌装置的聚四氟容器中，在室温，90 r/min搅拌条件下，以200 mL/min速度加入500 mL浓氨水，搅拌60 min，等溶液澄清透明后过滤，除去溶液中所含有的固体机械杂质。在上述过滤后的滤液中加入浓硝酸，在70 r/min搅拌下，在出现沉淀前，加酸速度为120 mL/min，等出现沉淀后，搅拌速度调制40 r/min，以50 mL/min的速度滴加硝酸至混合溶液的PH值为4.0，过滤；

把上述滤饼（Kg）：纯水（L）：浓氨水（L）=1.0:1.0:0.5混合，在60 r/min搅拌条件下，溶解后，PH调至14.0，以1 mL/S的速度加入30%双氧水4 mL，室温反应30 min后，过滤；

在60 r/min搅拌状态下，把上述滤液加热至沸腾，以1 mL/S的速度加入稀盐酸（盐酸：水＝1：3）调PH值至11.0，沸腾反应30 min后，以1 mL/S的速度加入密度为1.18 g/cm³的硝酸镁溶液3 mL，继续沸腾反应20 min后，停止搅拌及加热，冷却到50 ℃，过滤；在60 r/min搅拌状态下，把上述滤液加热至80 ℃，调节PH值为9.0，以1 mL/S的速度加入25%硫化铵溶液4 mL，反应30 min后，过滤；

在60 r/min搅拌下，把上述滤液比重调到1.18 g/cm³，PH＝7.2，加热温度为55 ℃，在出现沉淀前，加酸速度为120 mL/min，等出现沉淀后，搅拌速度调制40 r/min，以50 mL/min的速度滴加硝酸至混合溶液的PH值为3.0，立刻过滤；

把上述滤饼（Kg）：纯水（L）：浓氨水（L）＝1.0：1.0：0.5混合，溶解后，将该溶液在80 r/min搅拌状态下，温度保持在100 ℃，进行减压蒸馏（压力在0.09 MPa），蒸发掉其总体积的1/3水份后，自然冷却至室温时，立即过滤；

把上述滤饼（Kg）：纯水（L）：浓氨水（L）＝1.0：1.0：0.5混合，在90 r/min搅拌下溶解，把上述溶解后的滤液比重调到1.18 g/cm³，PH＝7.2，加热温度为55 ℃，在出现沉淀前，加酸速度为120 mL/min，等出现沉淀后，搅拌速度调制40 r/min，以50 mL/min的速度滴加硝酸至混合溶液的PH值为3.0，立刻过滤；

把上述滤饼（Kg）：纯水（L）：浓氨水（L）＝1.0：1.0：0.5混合，溶解后，将该溶液在80 r/min搅拌状态下，温度保持在100 ℃，进行减压蒸馏（压力在0.09 MPa），蒸发掉其总体积的1/3水份后，自然冷却至室温时，立即过滤；

滤饼用工业纯水洗涤三次，过滤至无滤液流出时停止，取出滤饼，120 ℃下干燥2 h，冷却至室温时，取出，研磨得到99.998%高纯度钼酸铵晶体。

表4　本发明钼酸铵杂质含量（ppm）

元素	Fe	Ni	Ca	Mg	Si	P	K	Na	Pb	Cu	Sn	W	Ti	Bi
原料钼酸铵	3	2	5	2	4	1	109	8	2	1	1	50	4	2
发明钼酸铵	<1	<1	<3	<1	<2	<1	<1	<1	<1	<1	<1	<10	<1	<1

注：其它碱金属、碱土金属、重金属及稀土元素原料钼酸铵杂质含量均为2.0 ppm，U、Th均为15 ppb。经此方法后碱金属、碱土金属、重金属及稀土元素原料钼酸铵质含量均小于1 ppm，U、Th均小于0.1 ppb。

2.8.2 中间文件

一种高纯度钼酸铵的制备方法

技术领域

本发明涉及一种高纯度钼酸铵的制备方法，具体地说，涉及一种钼酸铵的进一步除杂方法，经除杂处理后的钼酸铵纯度≥99.998%。

背景技术

钼是一种具有高沸点及高熔点的难熔金属，拥有良好的导热性和导电性，低的热膨胀系数，优异的耐磨性和抗腐蚀性，被广泛应用于航天航空、能源电力、微电子、超大规模集成电路原件、生物医药、机械加工、医疗器械、照明、玻纤以及国防建设等领域。钼酸铵是制备金属钼粉和钼的各类合金的初级原料，钼酸铵中碱/碱土金属、重金属以及其他元素硫、铁和磷等杂质的含量直接影响着钼的加工和金属钼制品的使用性能。钼酸铵也是制备工业催化剂、石油催化剂和钼的各类化合物的重要原料，随着科学技术的不断进步，钼的应用领域不断扩大，这就对钼酸铵中的杂质含量不断地提出更苛刻的要求，钼酸铵的高纯化成为各钼酸铵生产厂商的发展方向。特别是（钼酸铵中的杂质）钾和钨，由于钾易在超大规模集成电路原件的绝缘隔膜栅内转移，对金属氧化物半导体间的层间特性影响极大；钨和钼处于化学元素周期表同一族，受镧系收缩影响，原子半径接近，物理化学性质相近，处于寄生关系，给分离带来很多困难，所以受传统工艺和生产实际情况的限制，要使钼酸铵中的钾和钨杂质含量再进一步降低，制备出高纯钼酸铵是很重要及其很困难。现有钼酸铵的净化提纯过程大多是在水溶液中进行，净化的方法很多，例如重结晶、化学沉淀、蒸发结晶、离子交换和有机溶剂萃取等。这些方法有许多可取之处，但是净化工艺和纯化效果上存在着许多不足之处。

发明内容

针对现有技术存在的缺陷，本发明目的是提供一种高纯度钼酸铵的制备方法，具体地说，涉及一种钼酸铵的进一步除杂方法，所述制备方法简单易行、纯化效果好，制备得到的钼酸铵纯度≥99.998%。

本发明是通过以下技术方案实现的。

一种高纯度钼酸铵的制备方法，其制备方法具体步骤如下：

(1) 钼酸铵氨溶后，过滤，滤液加浓硝酸，过滤

(1) 以钼酸铵为原料，室温条件下，将钼酸铵（Kg）：纯水（工业纯水级别以上）（L）：浓氨水（L）=1.0：1.0～1.1：0.5混合，容器：防止腐蚀，【优选钼酸铵加入工业纯水后再加浓氨水】，搅拌【60～90 r/min（优选）】溶解后，过滤，得到滤液1，在滤液1中加入浓硝酸（优级纯），搅拌【60～90 r/min（优选）】下，至混合溶液的pH值为2.5～4.0，过滤，得到滤饼1；

(2) 将上述滤饼氨溶+氧化；

(2) 把所述滤饼1（Kg）：纯水（L）：浓氨水（L）=1.0：1.0～1.1：0.5混合，在搅拌【60 r/min优选】，溶解后，pH调至12.0～14.0，加入双氧水（优级纯）2～4 mL（比例），室温反应30 min（反应时间范围）后，过滤，得到滤液2；

(3) 化学沉淀法除杂，过滤；

(3) 搅拌【优选60 r/min】状态下，把上述滤液2加热至沸腾，加入稀盐酸（盐酸：水=1：3）调pH值至9.0～11.0，沸腾反应30 min后，加入密度为1.18 g/cm³的硝酸镁溶液2.0～4.0 mL，继续沸腾反应20～30 min后，停止搅拌及加热，【优选冷却到50 ℃】，过滤，得到滤液3；在搅拌【优选60 r/min】状态下，把滤液3加热至70～80 ℃，调节pH值为8.0～9.0，加入25%硫化铵溶液2～4 mL，反应30 min后，过滤，得到滤液4；

(4) 将上述滤液进行酸沉，过滤；

(4) 搅拌【60～90 r/min优选】，把滤液4的比重调到1.18 g/cm³（范围），pH=7.2（pH值范围），加热温度为48～55 ℃，在出现沉淀前，加浓硝酸至混合溶液的pH值为2.0～3.0，过滤【优选立刻过滤】，得到滤饼2；

(5) 将上述滤饼氨溶，蒸发结晶，过滤；

(5) 把上述滤饼2（Kg）：纯水（L）：浓氨水（L）=1.0：1.0～1.1：0.5混合，溶解后，进行减压蒸馏至出现沉淀，【优选蒸发掉混合液总体积的1/3水份后】，冷却至室温时，过滤，得到滤饼3；

(6) 将上述滤饼氨溶，酸沉，过滤；

(6) 把上述滤饼3（Kg）：纯水（L）：浓氨水（L）=1.0：1.0～1.1：0.5混合，在搅拌【优选60～90 r/min】下溶解，把上述溶解后的滤液5比重调到1.18 g/cm³（范围），PH=7.2（范围），加热温度为48～55 ℃，加浓硝酸至混合溶液的pH值为2.0～3.0，过滤【优选立刻过滤】，得到滤饼4；

(7) 将上述滤饼氨溶，蒸发结晶，过滤；

(7) 把上述滤饼4（Kg）∶纯水（L）∶浓氨水（L）= 1.0∶1.0 -1.1∶0.5 混合，溶解后，进行减压蒸馏至出现沉淀，【优选蒸发掉混合液总体积的1/3水份后】，冷却至室温时，过滤【优选立刻过滤】，得到滤饼5；

(8) 将上述滤饼烘干，得到99.998%高纯度钼酸铵晶体。

(8) 滤饼5用工业纯水洗涤三次以上，过滤至无滤液流出时停止，取出滤饼，干燥【优选100-120 ℃下干燥2-3】，得到99.998%高纯度钼酸铵晶体。

有益效果

1. 本发明提供的一种高纯度钼酸铵的制备方法，所用设备简单且少，设备故障容易排除，设备可重复循环利用，减少设备投资，在密封减压下进行，钼总损失量小，回收率高，减少废气及废液排放；工艺及操作简单，劳动强度小，自动化程度高，参数容易控制；所有滤液、残留液及滤渣都回收制备钼酸铵，重复循环利用，减少原料成本，减少废液及废渣排放；蒸发结晶时试剂得到有效回收，提高试剂的利用率，减少试剂成本，减少环境污染。本发明的方法有效节省设备、原料、试剂及成本，减少三废排放，节能、减排、环保、低成本，可以有效降低钼酸铵中杂质含量，可以降低到ppm级，U、Th可降到ppb级，特别是钾和钨，效果非常明显，产品具有纯度高、费氏粒度小、适用范围广，尤其是在制备高纯钼粉上拥有较大的发展潜力。

以上有益效果请在背景技术中介绍或是在实施例中有结果证明。

具体实施方式

注意提供的实施例要支持发明内容中技术方案的范围，即涉及到范围时应当举出两端值和中间值的实施例，该范围才认为被实施例支持，才能获得认可，得到保护。

为了充分说明本发明的特性以及实施本发明的方式，下面给出实施例。

本发明未经说明所用试剂均为优级纯。

[实施例1]

称取900 g钼酸铵放入盛有900 mL工业纯水的具有搅拌装置的聚四氟容器中，在室温，60 r/min搅拌条件下，以200 mL/min速度加入450 mL浓氨水，搅拌30 min，等溶液澄清透明后过滤，除去溶液中所含有的固体机械杂质。在上述过滤后的滤液中加入浓硝酸,在 60 r/min 搅拌下,在出现沉淀前,加酸速度为 120 mL/min,等出现沉淀后,搅拌速度调制 40 r/min,以 50 mL/min 的速度滴加硝酸至混合溶液的 PH 值为 2.5,过滤;

把上述滤饼(Kg):纯水(L):浓氨水(L)= 1.0:1.0:0.5 混合,在 60 r/min 搅拌条件下,溶解后,PH 调至 12.0,以 1 mL/S 的速度加入 30% 双氧水 2 mL,室温反应 30 min 后,过滤;

在 60 r/min 搅拌状态下,把上述滤液加热至沸腾,以 1 mL/S 的速度加入稀盐酸(盐酸:水=1:3)调 PH 值至 9.0,沸腾反应 30 min 后,以 1 mL/S 的速度加入密度为 1.18 g/cm^3 的硝酸镁溶液 2 mL,继续沸腾反应 20 min 后,停止搅拌及加热,冷却到 50 ℃,过滤;在 60 r/min 搅拌状态下,把上述滤液加热至 70 ℃,调节 PH 值为 8.0,以 1 mL/S 的速度加入 25% 硫化铵溶液 2 mL,反应 30 min 后,过滤;

在 60 r/min 搅拌下,把上述滤液比重调到 1.18 g/cm^3,PH=7.2,加热温度为 48 ℃,在出现沉淀前,加酸速度为 120 mL/min,等出现沉淀后,搅拌速度调制 40 r/min,以 50 mL/min 的速度滴加硝酸至混合溶液的 PH 值为 2.5,立刻过滤;

把上述滤饼(Kg):纯水(L):浓氨水(L)= 1.0:1.0:0.5 混合,溶解后,将该溶液在 80 r/min 搅拌状态下,温度保持在 80 ℃,进行减压蒸馏(压力在 0.04 MPa),蒸发掉其总体积的 1/3 水份后,自然冷却至室温时,立即过滤;

把上述滤饼(Kg):纯水(L):浓氨水(L)= 1.0:1.0:0.5 混合,在 60 r/min 搅拌下溶解,把上述溶解后的滤液比重调到 1.18 g/cm^3,PH=7.2,加热温度为 48 ℃,在出现沉淀前,加酸速度为 120 mL/min,等出现沉淀后,搅拌速度调制 40 r/min,以 50 mL/min 的速度滴加硝酸至混合溶液的 PH 值为 2.5,立刻过滤;

把上述滤饼(Kg):纯水(L):浓氨水(L)= 1.0:1.0:0.5 混合,溶解后,将该溶液在 80 r/min 搅拌状态下,温度保持在 80 ℃,进行减压蒸馏(压力在 0.04 MPa),蒸发掉其总体积的 1/3 水份后,自然冷却至室温时,立即过滤;

滤饼用工业纯水洗涤三次,过滤至无滤液流出时停止,取出滤饼,100 ℃ 下干燥 3 h,冷却至室温时,取出,研磨得到 99.998% 高纯度钼酸铵晶体。

表 1 本发明钼酸铵杂质含量（ppm）

元素	Fe	Ni	Ca	Mg	Si	P	K	Na	Pb	Cu	Sn	W	Ti	Bi
原料钼酸铵	6	2	5	2	6	1	118	8	2	1	1	80	4	2
发明钼酸铵	<1	<1	<2	<1	<2	<1	<1	<1	<1	<1	<1	<2	<1	<1

注：其它碱金属、碱土金属、重金属及稀土元素原料钼酸铵杂质含量均为 2 ppm，U、Th 均为 22 ppb。经此方法后碱金属、碱土金属、重金属及稀土元素原料钼酸铵杂质含量均小于 1 ppm，U、Th 均小于 0.1 ppb。

[实施例 2]

称取 800 g 钼酸铵放入盛有 800 mL 工业纯水的具有搅拌装置的聚四氟容器中，在室温，70 r/min 搅拌条件下，以 200 mL/min 速度加入 400 mL 浓氨水，搅拌 40 min，等溶液澄清透明后过滤，除去溶液中所含有的固体机械杂质。在上述过滤后的滤液中加入浓硝酸，在 70 r/min 搅拌下，在出现沉淀前，加酸速度为 120 mL/min，等出现沉淀后，搅拌速度调制 40 r/min，以 50 mL/min 的速度滴加硝酸至混合溶液的 PH 值为 3.0，过滤；

把上述滤饼（Kg）：纯水（L）：浓氨水（L）= 1.0：1.0：0.5 混合，在 60 r/min 搅拌条件下，溶解后，PH 调至 13.0，以 1 mL/S 的速度加入 30% 双氧水 3 mL，室温反应 30 min 后，过滤；

在 60 r/min 搅拌状态下，把上述滤液加热至沸腾，以 1 mL/S 的速度加入稀盐酸（盐酸：水 = 1：3）调 PH 值至 10.0，沸腾反应 30 min 后，以 1 mL/S 的速度加入密度为 1.18 g/cm^3 的硝酸镁溶液 3 mL，继续沸腾反应 20 min 后，停止搅拌及加热，冷却到 50 ℃，过滤；在 60 r/min 搅拌状态下，把上述滤液加热至 75 ℃，调节 PH 值为 8.5，以 1 mL/S 的速度加入 25% 硫化铵溶液 3 mL，反应 30 min 后，过滤；

在 60 r/min 搅拌下，把上述滤液比重调到 1.18 g/cm^3，PH = 7.2，加热温度为 50 ℃，在出现沉淀前，加酸速度为 120 mL/min，等出现沉淀后，搅拌速度调制 40 r/min，以 50 mL/min 的速度滴加硝酸至混合溶液的 PH 值为 2.5，立刻过滤；

把上述滤饼（Kg）：纯水（L）：浓氨水（L）= 1.0：1.0：0.5 混合，溶解后，将该溶液在 80 r/min 搅拌状态下，温度保持在 90 ℃，进行减压蒸馏（压力在 0.06 MPa），蒸发掉其总体积的 1/3 水份后，自然冷却至室温时，立即过滤；

把上述滤饼（Kg）：纯水（L）：浓氨水（L）= 1.0：1.0：0.5 混合，在 70 r/min 搅拌下溶解，把上述溶解后的滤液比重调到 1.18 g/cm^3，PH =

7.2，加热温度为 50 ℃，在出现沉淀前，加酸速度为 120 mL/min，等出现沉淀后，搅拌速度调制 40 r/min，以 50 mL/min 的速度滴加硝酸至混合溶液的 PH 值为 2.5，立刻过滤；

把上述滤饼（Kg）：纯水（L）：浓氨水（L）= 1.0：1.0：0.5 混合，溶解后，将该溶液在 80 r/min 搅拌状态下，温度保持在 90 ℃，进行减压蒸馏（压力在 0.06 MPa），蒸发掉其总体积的 1/3 水份后，自然冷却至室温时，立即过滤；

滤饼用工业纯水洗涤三次，过滤至无滤液流出时停止，取出滤饼，100 ℃下干燥 3.0 h，冷却至室温时，取出，研磨得到 99.998% 高纯度钼酸铵晶体。

表 2　本发明钼酸铵杂质含量（ppm）

元素	Fe	Ni	Ca	Mg	Si	P	K	Na	Pb	Cu	Sn	W	Ti	Bi
原料钼酸铵	5	3	6	3	8	1	120	10	2	1	1	60	4	2
发明钼酸铵	<1	<1	<3	<1	<2	<1	<1	<1	<1	<1	<1	<2	<1	<1

注：其它碱金属、碱土金属、重金属及稀土元素原料钼酸铵杂质含量均为 2.5 ppm，U、Th 均为 45 ppb。经此方法后碱金属、碱土金属、重金属及稀土元素原料钼酸铵杂质含量均小于 1 ppm，U、Th 均小于 0.1 ppb。

[实施例 3]

称取 1 000 g 钼酸铵放入盛有 1 000 mL 工业纯水的具有搅拌装置的聚四氟容器中，在室温，80 r/min 搅拌条件下，以 200 mL/min 速度加入 500 mL 浓氨水，搅拌 50 min，等溶液澄清透明后过滤，除去溶液中所含有的固体机械杂质。在上述过滤后的滤液中加入浓硝酸，在 70 r/min 搅拌下，在出现沉淀前，加酸速度为 120 mL/min，等出现沉淀后，搅拌速度调制 40 r/min，以 50 mL/min 的速度滴加硝酸至混合溶液的 PH 值为 3.5，过滤；

把上述滤饼（Kg）：纯水（L）：浓氨水（L）= 1.0：1.0：0.5 混合，在 60 r/min 搅拌条件下，溶解后，PH 调至 13.0，以 1 mL/S 的速度加入 30% 双氧水 3 mL，室温反应 30 min 后，过滤；

在 60 r/min 搅拌状态下，把上述滤液加热至沸腾，以 1 mL/S 的速度加入稀盐酸（盐酸：水 = 1：3）调 PH 值至 11.0，沸腾反应 30 min 后，以 1 mL/S 的速度加入密度为 1.18 g/cm³ 的硝酸镁溶液 4 mL，继续沸腾反应 30 min 后，停止搅拌及加热，冷却到 50 ℃，过滤；在 60 r/min 搅拌状态下，把上述滤液加热至 80 ℃，调节 PH 值为 9.0，以 1 mL/S 的速度加入 25% 硫化铵溶液 3 mL，反应 30 min 后，过滤；

在 60 r/min 搅拌下，把上述滤液比重调到 1.18 g/cm³，PH=7.2，加热温度为 55 ℃，在出现沉淀前，加酸速度为 120 mL/min，等出现沉淀后，搅拌速度调制 40 r/min，以 50 mL/min 的速度滴加硝酸至混合溶液的 PH 值为 3.0，立刻过滤；

把上述滤饼（Kg）：纯水（L）：浓氨水（L）= 1.0：1.0：0.5 混合，溶解后，将该溶液在 80 r/min 搅拌状态下，温度保持在 90 ℃，进行减压蒸馏（压力在 0.06 MPa），蒸发掉其总体积的 1/3 水份后，自然冷却至室温时，立即过滤；

把上述滤饼（Kg）：纯水（L）：浓氨水（L）= 1.0：1.0：0.5 混合，在 80 r/min 搅拌下溶解，把上述溶解后的滤液比重调到 1.18 g/cm³，PH=7.2，加热温度为 50 ℃，在出现沉淀前，加酸速度为 120 mL/min，等出现沉淀后，搅拌速度调制 40 r/min，以 50 mL/min 的速度滴加硝酸至混合溶液的 PH 值为 3.0，立刻过滤；

把上述滤饼（Kg）：纯水（L）：浓氨水（L）= 1.0：1.0：0.5 混合，溶解后，将该溶液在 80 r/min 搅拌状态下，温度保持在 90 ℃，进行减压蒸馏（压力在 0.06 MPa），蒸发掉其总体积的 1/3 水份后，自然冷却至室温时，立即过滤；

滤饼用工业纯水洗涤三次，过滤至无滤液流出时停止，取出滤饼，110 ℃下干燥 2.5 h，冷却至室温时，取出，研磨得到 99.998%高纯度钼酸铵晶体。

表3 本发明钼酸铵杂质含量（ppm）

元素	Fe	Ni	Ca	Mg	Si	P	K	Na	Pb	Cu	Sn	W	Ti	Bi
原料钼酸铵	4	2	8	2	7	1	129	8	2	1	1	50	4	2
发明钼酸铵	<1	<1	<3	<1	<2	<1	<1	<1	<1	<1	<1	<10	<1	<1

注：其它碱金属、碱土金属、重金属及稀土元素原料钼酸铵杂质含量均为 2 ppm，U、Th 均为 82 ppb。经此方法后碱金属、碱土金属、重金属及稀土元素原料钼酸铵杂质含量均小于 1 ppm，U、Th 均小于 0.1 ppb。

[实施例4]

称取 1 000 g 钼酸铵放入盛有 1 000 mL 工业纯水的具有搅拌装置的聚四氟容器中，在室温，90 r/min 搅拌条件下，以 200 mL/min 速度加入 500 mL 浓氨水，搅拌 60 min，等溶液澄清透明后过滤，除去溶液中所含有的固体机械杂质。在上述过滤后的滤液中加入浓硝酸，在 70 r/min 搅拌下，在出现沉淀前，加酸速度为 120 mL/min，等出现沉淀后，搅拌速度调制 40 r/min，以 50 mL/min 的速度滴加硝酸至混合溶液的 PH 值为 4.0，过滤；

把上述滤饼（Kg）：纯水（L）：浓氨水（L）=1.0:1.0:0.5 混合，在 60 r/min 搅拌条件下，溶解后，PH 调至 14.0，以 1 mL/S 的速度加入 30%双氧水 4 mL，室温反应 30 min 后，过滤；

在 60 r/min 搅拌状态下，把上述滤液加热至沸腾，以 1 mL/S 的速度加入稀盐酸（盐酸:水=1:3）调 PH 值至 11.0，沸腾反应 30 min 后，以 1 mL/S 的速度加入密度为 1.18 g/cm³ 的硝酸镁溶液 3 mL，继续沸腾反应 20 min 后，停止搅拌及加热，冷却到 50 ℃，过滤；在 60 r/min 搅拌状态下，把上述滤液加热至 80 ℃，调节 PH 值为 9.0，以 1 mL/S 的速度加入 25%硫化铵溶液 4 mL，反应 30 min 后，过滤；

在 60 r/min 搅拌下，把上述滤液比重调到 1.18 g/cm³，PH=7.2，加热温度为 55 ℃，在出现沉淀前，加酸速度为 120 mL/min，等出现沉淀后，搅拌速度调制 40 r/min，以 50 mL/min 的速度滴加硝酸至混合溶液的 PH 值为 3.0，立刻过滤；

把上述滤饼（Kg）：纯水（L）：浓氨水（L）=1.0:1.0:0.5 混合，溶解后，将该溶液在 80 r/min 搅拌状态下，温度保持在 100 ℃，进行减压蒸馏（压力在 0.09 MPa），蒸发掉其总体积的 1/3 水份后，自然冷却至室温时，立即过滤；

把上述滤饼（Kg）：纯水（L）：浓氨水（L）=1.0:1.0:0.5 混合，在 90 r/min 搅拌下溶解，把上述溶解后的滤液比重调到 1.18 g/cm³，PH=7.2，加热温度为 55 ℃，在出现沉淀前，加酸速度为 120 mL/min，等出现沉淀后，搅拌速度调制 40 r/min，以 50 mL/min 的速度滴加硝酸至混合溶液的 PH 值为 3.0，立刻过滤；

把上述滤饼（Kg）：纯水（L）：浓氨水（L）=1.0:1.0:0.5 混合，溶解后，将该溶液在 80 r/min 搅拌状态下，温度保持在 100 ℃，进行减压蒸馏（压力在 0.09 MPa），蒸发掉其总体积的 1/3 水份后，自然冷却至室温时，立即过滤；

滤饼用工业纯水洗涤三次，过滤至无滤液流出时停止，取出滤饼，120 ℃下干燥 2 h，冷却至室温时，取出，研磨得到 99.998%高纯度钼酸铵晶体。

表 4　本发明钼酸铵杂质含量（ppm）

元素	Fe	Ni	Ca	Mg	Si	P	K	Na	Pb	Cu	Sn	W	Ti	Bi
原料钼酸铵	3	2	5	2	4	1	109	8	2	1	1	50	4	2
发明钼酸铵	<1	<1	<3	<1	<2	<1	<1	<1	<1	<1	<1	<10	<1	<1

注：其它碱金属、碱土金属、重金属及稀土元素原料钼酸铵杂质含量均为 2.0 ppm，U、Th 均为 15 ppb。经此方法后碱金属、碱土金属、重金属及稀土元素原料钼酸铵杂质含量均小于 1 ppm，U、Th 均小于 0.1 ppb。

综上所述,以上仅为本发明的较佳实施例而已,并非用于限定本发明的保护范围。凡在本发明的精神和原则之内,所作的任何修改、等同替换、改进等,均应包含在本发明的保护范围之内。

2.8.3 专利文件申请稿

一种高纯度四钼酸铵的制备方法

技术领域

本发明涉及一种高纯度四钼酸铵的制备方法,具体地说,涉及一种钼酸铵的进一步除杂方法,经除杂处理后的四钼酸铵纯度≥99.998%。

背景技术

钼是一种具有高沸点及高熔点的难熔金属,拥有良好的导热性和导电性,低的热膨胀系数,优异的耐磨性和抗腐蚀性,被广泛应用于航天航空、能源电力、微电子、超大规模集成电路元件、生物医药、机械加工、医疗器械、照明、玻纤以及国防建设等领域。钼酸铵是制备金属钼粉和钼的各类合金的初级原料,钼酸铵也是制备工业催化剂、石油催化剂和钼的各类化合物的重要原料,钼酸铵中K、W、U、Th、Fe和P等元素杂质的含量直接影响着钼的加工和金属钼制品的使用性能。随着科学技术的不断进步,钼的应用领域不断扩大,这就对钼酸铵中的杂质含量不断地提出更苛刻的要求,钼酸铵的高纯化成为各钼酸铵生产厂商的发展方向。特别是钼酸铵中的杂质钾(K)和钨(W),由于钾易在超大规模集成电路元件的绝缘隔膜栅内转移,对金属氧化物半导体间的层间特性影响极大;钨和钼处于化学元素周期表同一族,受镧系收缩影响,原子半径接近,物理化学性质相近,处于寄生关系,给分离带来很多困难。综上所述,以及受传统工艺和生产实际情况的限制,要使钼酸铵中的钾和钨杂质含量再进一步降低,制备出高纯度的四钼酸铵非常困难。现有钼酸铵的净化提纯过程大多是在水溶液中进行,净化的方法很多,例如重结晶、化学沉淀、蒸发结晶、离子交换和有机溶剂萃取等。这些方法有许多可取之处,但是净化工艺和纯化效果上存在着许多不足之处,因此,目前还没有一种能够获得纯度≥99.998%的四钼酸铵的钼酸铵净化除杂方法。

发明内容

针对现在尚无纯度≥99.998%的四钼酸铵的缺陷,本发明的目的是提供一种高纯度四钼酸铵的制备方法,具体地说,涉及一种四钼酸铵的进一步除杂方法,所述制备方法简单易行、纯化效果好,制备得到的四钼酸铵纯度≥99.998%,费氏粒度≤0.3 μm。

本发明是通过以下技术方案实现的。

一种高纯度四钼酸铵的制备方法,其制备方法具体步骤如下:

(1) 将纯水与浓硝酸混合,室温下搅拌均匀,得到混合溶液1,将混合溶液1加热至≥80 ℃,以1~5 g/min的速度加入原料四钼酸铵至混合溶液1开始浑浊为止,在90~95 ℃搅拌反应1~3 h,自然冷却陈化至室温,过滤,将过滤后的固体用纯水洗涤2次以上得滤饼1。

其中,所述原料四钼酸铵为国家标准二级四钼酸铵,混合溶液1的H^+浓度≥3 mol/L,优选原料四钼酸铵(kg):混合溶液1(L)= 1.0:(3.0~6.0)。

(2) 将滤饼1与纯水混合,得到固液混合物1,将固液混合物1搅拌状态下加热至90~95 ℃,保持0.5~2 h,过滤,将过滤后的固体用纯水洗涤2次以上得到滤饼2。

其中,所述滤饼1(kg):纯水(L)= 1.0:(3.0~5.0)。

(3) 将滤饼2与纯水混合,得到固液混合物2,将固液混合物2搅拌状态下加热至≥80 ℃,加入稀盐酸至pH值为0.5~1,在温度≥80 ℃下反应30~60 min,过滤,将过滤后的固体用纯水洗涤2次以上得到滤饼3。

其中,所述滤饼2(kg):纯水(L)= 1.0:(3.0~5.0),稀盐酸中盐酸与水体积比为1.0:(3.0~4.0)。

(4) 将滤饼3与纯水和浓氨水混合,室温下搅拌溶解,然后过滤,得到滤液1,搅拌条件下,用纯水和浓硝酸将滤液1的密度调至1.20~1.26 g/cm³,pH值为6.0~7.0,得到混合溶液2,向混合溶液2中加入浓硝酸至pH值为2.5~4.0,过滤,将过滤得到的固体用纯水洗涤2次以上,得到滤饼4。

其中,所述滤饼3(kg):纯水(L):浓氨水(L)= 1.0:(1.0~1.1):0.5。

(5) 将滤饼4与纯水和浓氨水混合,搅拌溶解,得到混合溶液3,将混合溶液3在0.04~0.09 MPa、60~80 ℃条件下减压蒸发结晶至出现结晶物,冷却至室温,过滤,得到滤饼5。

其中，所述滤饼 4（kg）：纯水（L）：浓氨水（L）= 1.0：（1.0~1.1）：0.5，优选减压蒸发结晶至蒸发掉混合溶液 3 总体积的 1/3 水分。

（6）将滤饼 5 与纯水和浓氨水混合，搅拌溶解，得到混合溶液 4，用纯水、浓硝酸或浓氨水将混合溶液 4 的密度调至 1.18~1.20 g/cm³，pH 值为 7.0~9.0，加热至温度为 50~55 ℃，加浓硝酸至混合溶液 4 的 pH 值为 2.0~3.0，过滤，将过滤得到的固体用纯水洗涤 2 次以上，得到滤饼 6，在温度≤120 ℃下烘干，直至滤饼 6 中的水分降至≤1.0 g/cm³，制备得到一种纯度≥99.998%，费氏粒度≤0.3 μm 的四钼酸铵。

其中，滤饼 5（kg）：纯水（L）：浓氨水（L）= 1.0：（1.0~1.1）：0.5。

其中，本发明中涉及的纯水均为纯度≥工业纯水纯度的水，未经说明所用试剂浓氨水、浓硝酸和浓盐酸的纯度≥优级纯。

采用本发明提供的一种高纯度四钼酸铵的制备方法制备得到的四钼酸铵的纯度采用 ICP-MS 方法进行分析测试，测得四钼酸铵的纯度≥99.998%。

有益效果

（1）本发明提供的一种高纯度四钼酸铵的制备方法，所用设备简单且少，设备故障容易排除，设备可重复循环利用，减少设备投资。

（2）本发明提供的一种高纯度四钼酸铵的制备方法，在密封减压下进行，钼总损失量小，回收率在 98%以上，减少废气及废液排放。

（3）本发明提供的一种高纯度四钼酸铵的制备方法，工艺及操作简单，劳动强度小，自动化程度高，参数容易控制。

（4）本发明提供的一种高纯度四钼酸铵的制备方法，所有滤液、残留液及滤渣都回收制备四钼酸铵，重复循环利用，减少原料成本，减少废液及废渣排放；蒸发结晶时试剂得到有效回收，提高试剂的利用率，减少试剂成本，减少环境污染。

（5）本发明提供的一种高纯度四钼酸铵的制备方法，可以有效降低钼酸铵中杂质含量，特别是钾和钨，效果非常明显，杂质 U、Th 含量可降到 ppb[①]级，可使四钼酸铵纯度大幅度提高，满足电子工业的要求。且制备的产品质量稳定，纯度≥99.998%，费氏粒度≤0.3 μm。尤其在制备高纯钼粉上拥有较大的发展潜力。

具体实施方式

为了充分说明本发明的特性以及实施本发明的方式，下面给出实施例。

---

① ppb 为十亿分比浓度单位。

以下实施例中所述原料四钼酸铵为国家标准二级（MSA-2）四钼酸铵，涉及的纯水均为工业纯水，未经说明所用试剂均为市售，其纯度为优级纯；实施例中制备得到的四钼酸铵的纯度均采用ICP-MS方法进行分析测试。

[实施例1]

量取纯水1 200 mL，浓硝酸600 mL，放入具有搅拌装置的聚四氟容器中，室温下搅拌混合，得到混合溶液1，将混合溶液1加热至80 ℃，以5 g/min的速度加入原料四钼酸铵至混合溶液1开始浑浊为止，原料四钼酸铵的加入量为300 g，在90 ℃搅拌反应1 h，自然冷却陈化至室温，过滤，将过滤后的固体用纯水洗涤2次得滤饼1。

将滤饼1与纯水混合，滤饼1（kg）：纯水（L）=1.0：3.0，得到固液混合物1，将固液混合物1搅拌状态下加热至95 ℃，保持1 h，立刻过滤，将过滤后的固体用纯水洗涤2次得到滤饼2。

将滤饼2与纯水混合，滤饼2（kg）：纯水（L）=1.0：3.0，得到固液混合物2，将固液混合物2搅拌状态下加热到85 ℃，加入稀盐酸，所述稀盐酸中盐酸体积：水体积=1.0：3.0，调节pH值为0.5，在85 ℃反应30 min，立刻过滤，将过滤后的固体用纯水洗涤2次得到滤饼3。

将滤饼3与纯水和浓氨水混合，滤饼3（kg）：纯水（L）：浓氨水（L）=1.0：1.0：0.5，室温下搅拌溶解，然后过滤，得到滤液1，搅拌条件下，用纯水和浓硝酸将滤液1的密度调至1.26 g/cm^3，pH值为7.0，得到混合溶液2，向混合溶液2中加入浓硝酸至pH值为2.5，过滤，将过滤得到的固体用纯水洗涤2次，得到滤饼4。

将滤饼4与纯水和浓氨水混合，滤饼4（kg）：纯水（L）：浓氨水（L）=1.0：1.0：0.5，室温下搅拌溶解，得到混合溶液3，将混合溶液3在0.04 MPa、80 ℃条件下减压蒸发结晶至蒸发掉混合溶液3总体积的1/3水分后得到结晶物，冷却至室温，过滤，得到滤饼5。

将滤饼5与纯水和浓氨水混合，滤饼5（kg）：纯水（L）：浓氨水（L）=1.0：1.0：0.5，室温下搅拌溶解，得到混合溶液4，用纯水和浓硝酸将混合溶液4的密度调至1.20 g/cm^3，pH值为7.0，加热至温度为50 ℃，加入浓硝酸至混合溶液4的pH值为2.0，立刻过滤，将过滤得到的固体用纯水洗涤2次，得到滤饼6，在温度120 ℃下烘烤2 h，直至滤饼6中的水分降至1.0 g/cm^3，制备得到纯度为大于99.998 3%，费氏粒度为0.30 μm的高纯度四钼酸铵晶体。

本实施例制备得到的高纯度四钼酸铵晶体中杂质U和Th含量均小于0.1 ppb。

本实施例制备得到的四钼酸铵晶体中的其他杂质含量如表1所示。

表1　实施例1制备得到的四钼酸铵杂质含量　　　ppm

元素	Fe	Ni	Ca	Mg	Si	P	K	Na	Pb	Cu	Sn	W	Ti	Bi
发明四钼酸铵	<1	<1	<2	<1	<2	<1	<1	<1	<1	<1	<1	<2	<1	<1

[实施例2]

量取纯水1 200 mL，浓硝酸650 mL，放入具有搅拌装置的聚四氟容器中，室温下搅拌混合，得到混合溶液1，将混合溶液1加热至90 ℃，以2 g/min的速度加入原料四钼酸铵至混合溶液开始浑浊为止，原料四钼酸铵的加入量为320 g，在95 ℃搅拌反应2 h，自然冷却陈化至室温，过滤，将过滤后的固体用纯水洗涤3次得到滤饼1。

将滤饼1与纯水混合，滤饼1（kg）：纯水（L）= 1.0：4.0，得到固液混合物1，将固液混合物1搅拌状态下加热至95 ℃，保持1.5 h，立刻过滤，将过滤后的固体用纯水洗涤3次后得到滤饼2。

将滤饼2与纯水混合，滤饼2（kg）：纯水（L）= 1.0：4.0，得到固液混合物2，将固液混合物2搅拌状态下加热到95 ℃，加入稀盐酸，所述稀盐酸中盐酸体积：水体积= 1.0：3.5，调节pH值为0.8，95 ℃反应40 min，立刻过滤，将过滤后的固体用纯水洗涤3次后得到滤饼3。

将滤饼3与纯水和浓氨水混合，滤饼3（kg）：纯水（L）：浓氨水（L）= 1.0：1.05：0.5，室温下搅拌溶解，然后过滤，得到滤液1，搅拌条件下，用纯水和浓硝酸将滤液1的密度调至1.24 g/cm³，pH值为6.5，得到混合溶液2，向混合溶液2中加入浓硝酸至pH值为3.0，过滤，将过滤得到的固体用纯水洗涤3次，得到滤饼4。

将滤饼4与纯水和浓氨水混合，滤饼4（kg）：纯水（L）：浓氨水（L）= 1.0：1.05：0.5，室温下搅拌溶解，得到混合溶液3，将混合溶液3在0.06 MPa、70 ℃条件下减压蒸发结晶至蒸发掉混合溶液3总体积的1/3水分后得到结晶物，冷却至室温，过滤，得到滤饼5。

将滤饼5与纯水和浓氨水混合，滤饼5（kg）：纯水（L）：浓氨水（L）= 1.0：1.05：0.5，室温下搅拌溶解，得到混合溶液4，用纯水和浓氨水将混合溶液4的密度调至1.19 g/cm³，pH值为9.0，加热至温度为52 ℃，加入浓硝酸至混合溶液4的pH值为2.5，立刻过滤，将过滤得到的固体用纯水洗涤3次，得到滤饼6，在温度110 ℃下烘烤2.5 h，直至滤饼6中的水分降至0.9 g/cm³，制备得到纯度为大于99.998 3%，费氏粒度为0.25 μm的高纯度四钼酸铵晶体。

本实施例制备得到的高纯度四钼酸铵中杂质 U 和 Th 含量均小于 0.1 ppb。

本实施例制备得到的四钼酸铵晶体中的其他杂质含量如表 2 所示。

表 2　实施例 2 制备得到的四钼酸铵杂质含量　　　　　ppm

元素	Fe	Ni	Ca	Mg	Si	P	K	Na	Pb	Cu	Sn	W	Ti	Bi
发明四钼酸铵	<1	<1	<2	<1	<2	<1	<1	<1	<1	<1	<1	<2	<1	<1

[实施例 3]

量取纯水 1 200 mL，浓硝酸 700 mL，放入具有搅拌装置的聚四氟容器中，室温下搅拌混合，得到混合溶液 1，将混合溶液 1 加热至 92 ℃，以 1 g/min 的速度加入原料四钼酸铵至混合溶液开始浑浊为止，原料四钼酸铵的加入量为 350 g，在 95 ℃ 搅拌反应 3 h，自然冷却陈化至室温，过滤，将过滤后的固体用纯水洗涤 4 次，得到滤饼 1。

将滤饼 1 与纯水混合，滤饼 1（kg）：纯水（L）= 1.0：5.0，得到固液混合物 1，将固液混合物 1 搅拌状态下加热至 95 ℃，保持 2 h，立刻过滤，将过滤后的固体用纯水洗涤 4 次，得到滤饼 2。

将滤饼 2 与纯水混合，滤饼 2（kg）：纯水（L）= 1.0：5.0，得到固液混合物 2，将固液混合物 2 搅拌状态下加热到 95 ℃，加入稀盐酸，所述稀盐酸中盐酸体积：水体积 = 1.0：4.0，调节 pH 值为 1，95 ℃ 反应 60 min，立刻过滤，将过滤后的固体用纯水洗涤 4 次，得到滤饼 3。

将滤饼 3 与纯水和浓氨水混合，滤饼 3（kg）：纯水（L）：浓氨水（L）= 1.0：1.1：0.5，室温下搅拌溶解，然后过滤，得到滤液 1，搅拌条件下，用纯水和浓硝酸将滤液 1 的密度调至 1.20 g/cm³，pH 值为 6.0，得到混合溶液 2，向混合溶液 2 中加入浓硝酸至 pH 值为 4.0，过滤，将过滤得到的固体用纯水洗涤 4 次，得到滤饼 4。

将滤饼 4 与纯水和浓氨水混合，滤饼 4（kg）：纯水（L）：浓氨水（L）= 1.0：1.1：0.5，室温下搅拌溶解，得到混合溶液 3，将混合溶液 3 在 0.09 MPa、60 ℃ 条件下减压蒸发结晶至蒸发掉混合溶液 3 总体积的 1/3 水分后得到结晶物，冷却至室温，过滤，得到滤饼 5。

将滤饼 5 与纯水和浓氨水混合，滤饼 5（kg）：纯水（L）：浓氨水（L）= 1.0：1.1：0.5，室温下搅拌溶解，得到混合溶液 4，用纯水和浓氨水将混合溶液 4 的密度调至 1.18 g/cm³，pH 值为 8.0，加热至温度为 55 ℃，加入浓硝酸至混合溶液 4 的 pH 值为 3.0，立刻过滤，将过滤得到的固体用纯水洗涤 4 次，得到滤饼 6，在温度 100 ℃下烘烤 3 h，直至滤饼 6 中的水分降至 0.80 g/cm³，制备得到纯度为大于 99.9983%，费氏粒度为 0.20 μm 的高纯度四钼酸铵晶体。

本实施例制备得到的高纯度四钼酸铵中杂质 U 和 Th 含量均小于 0.1 ppb。

本实施例制备得到的四钼酸铵晶体中的其他杂质含量如表 3 所示。

表 3　实施例 3 制备得到的四钼酸铵杂质含量　　　　　　　　ppm

元素	Fe	Ni	Ca	Mg	Si	P	K	Na	Pb	Cu	Sn	W	Ti	Bi
发明四钼酸铵	<1	<1	<2	<1	<2	<1	<1	<1	<1	<1	<1	<2	<1	<1

综上所述，以上仅为本发明的较佳实施例而已，并非用于限定本发明的保护范围。凡在本发明的精神和原则之内，所做的任何修改、等同替换、改进等，均应包含在本发明的保护范围之内。

2.8.4　案例分析

本案例技术交底书存在的问题如下：

（1）未对发明作出清楚、完整的说明。

涉及法条——《专利法》第 22 条。

主题类型与发明内容不相符：

发明人自定的发明名称为：一种高纯度钼酸铵及其制备方法。该发明名称包含有两个主题类型：产品发明和方法发明。但是根据技术交底书公开的发明内容可知，本发明实际仅涉及一种提高已有的四钼酸铵产品纯度的新的制备方法，因此，应当将发明名称修改为：一种高纯度四钼酸铵的制备方法，同时确定主题类型为方法发明。

发明内容：

技术方案必要技术特征未完全公开；

部分技术特征过于具体，保护范围过窄，不利于专利保护。

具体实施方式：

缺乏部分实施例获得产品的物理特征证明。

（2）创造性。

涉及法条——《专利法》第 22 条。

专利查新检索：

专利初稿撰写完毕后,根据发明人的委托,对该发明进行了查新检索,找到 5 篇对比文件,并出具了查新检索报告和审查意见。

根据查新结果分析可知,专利初稿的技术方案存在创造性问题,因此,此发明进一步就技术方案的必要技术特征进行讨论和修改,以克服创造性的问题,并根据重新确定的技术特征撰写申请文件。

第 3 章 化学部答复审查意见

以下提供的案例中,为了真实体现化学专利申请审查意见答复的完整过程,其中每个案例中的"第一次提交的专利申请文件"为申请人第一次提交给专利局的原始文件,对于原文件中存在的错愕之处未做改动;"第一次审查意见通知书"为专利局发出的原件。

3.1 案例1 一种 N 掺杂纳米 TiO_2 及其冲击波制备方法

3.1.1 第一次提交的专利申请文件

一、原权利要求书

1. 一种 N 掺杂纳米 TiO_2,其特征在于:所述 N 掺杂纳米 TiO_2 的 N 掺杂浓度为 2.7%~4%。

2. 根据权利要求 1 所述一种 N 掺杂纳米 TiO_2,其特征在于:所述 N 掺杂纳米 TiO_2 的粒径为 5~20 nm。

3. 根据权利要求 1 所述一种 N 掺杂纳米 TiO_2,其特征在于:所述 N 掺杂纳米 TiO_2 的比表面积为 98~355 m^2/g。

4. 一种如权利要求 1~3 中任一权利要求所述的 N 掺杂纳米 TiO_2 的冲击波制备方法,其特征在于:所述方法过程如下:

步骤一,将偏钛酸和双氰氨均匀混合后,机械球磨 10~15 min,得到混合粉体;

其中，偏钛酸的质量：双氰氨的质量=（7~8）：（3~2）。

步骤二，将混合粉体压成初坯，初坯致密度为45%~55%；

步骤三，用速度为2.0~3.0 km/s的飞片撞击初坯诱发反应，得到N掺杂纳米TiO_2。

5. 根据权利要求4所述的一种N掺杂纳米TiO_2的冲击波制备方法，其特征在于：步骤三中用炸药爆轰驱动的飞片撞击初坯诱发反应，得到N掺杂纳米TiO_2。

二、说明书

一种N掺杂纳米TiO_2及其冲击波制备方法

技术领域

本发明涉及一种N掺杂纳米TiO_2及其冲击波制备方法，属于材料处理及组合技术领域。

背景技术

TiO_2具有廉价、无毒、氧化还原能力强等优点，在用作光催化剂降解环境中的各种难降解污染物时，具有氧化性强、污染物矿化安全、无二次污染等方面的特点。但由于其禁带宽度较大，对应的本征光吸收均在紫外区（λ<420 nm），这极大地限制了TiO_2对太阳光能的有效利用。因此，研制具有可见光吸收活性的纳米TiO_2光催化剂，对于充分利用太阳光来廉价、大量地分解水制氢和有效降解多种环境污染物具有重要的应用价值。

元素掺杂是实现对TiO_2的可见光吸收性能提高的主要方式，包括金属、非金属等多种掺杂形式，其中对TiO_2进行非金属元素掺杂是提高其可见光响应能力的主要研究方向。实现二氧化钛元素掺杂的方法很多，近年来对二氧化钛元素掺杂的方法已经由导体复合及燃料光敏化、溅射法、粉体氮化法发展到机械化学法、溶剂热化学法、离子注入法、金属有机物化学气相沉积法、水解法、喷射高温热分解法等多种方法。但目前常规掺杂方法的元素掺入量较低，难以大范围拓展其对可见光的高效吸收。因此需要一种高比表面积、高浓度N元素掺杂的TiO_2，以及提高TiO_2的N元素掺杂和比表面积的制备方法，实现TiO_2良好的可见光吸收性质和可见光催化活性。

发明内容

本发明的目的之一在于提供了一种N掺杂纳米TiO_2，所述N掺杂纳

米 TiO_2 实现了较高浓度的 N 元素掺杂、良好的可见光吸收性质以及较高的比表面积，从而具有良好的可见光催化活性。

本发明的目的之二在于提供了一种 N 掺杂纳米 TiO_2 的冲击波制备方法，所述方法利用爆炸冲击波制备得到 N 掺杂纳米 TiO_2。

为实现上述目的，本发明的技术方案如下：

一种 N 掺杂纳米 TiO_2，所述 N 掺杂纳米 TiO_2 的 N 掺杂浓度为 2.7%~4%。

所述 N 掺杂纳米 TiO_2 的粒径为 5~20 nm。

所述 N 掺杂纳米 TiO_2 的比表面积为 98~355 m^2/g。

一种本发明所述的 N 掺杂纳米 TiO_2 的冲击波制备方法，所述方法过程如下：

步骤一，将偏钛酸（H_2TiO_3）和双氰胺（$C_2N_4H_4$）均匀混合后，机械球磨 10~15 min，得到混合粉体；

其中，偏钛酸的质量∶双氰胺的质量 = (7~8)∶(3~2)。

步骤二，将混合粉体压成初坯，初坯致密度为 45%~55%；

其中，致密度 = 初坯的压实密度/粉体本身的密度。

步骤三，用速度为 2.0~3.0 km/s 的飞片撞击初坯诱发反应，得到 N 掺杂纳米 TiO_2；

其中，优选用炸药爆轰驱动的飞片撞击初坯诱发反应，得到 N 掺杂纳米 TiO_2。

有益效果

(1) 本发明所述的一种 N 掺杂纳米 TiO_2，粒径为 5~20 nm，比表面积为 98~355 m^2/g，N 掺杂浓度为 2.7%~4%，且具有较好的可见光催化活性。

(2) 本发明所述的一种 N 掺杂纳米 TiO_2 的冲击波制备方法，将反应物混合得到粉体初坯，利用炸药爆轰驱动飞片高速撞击产生的瞬时高温高压，H_2TiO_3 会发生分解反应：$H_2TiO_3 \rightarrow TiO_2 + H_2O$，利用冲击下的脱水膨胀作用，生成高比表面积的纳米 TiO_2；掺杂氮源 $C_2N_4H_4$ 在冲击波作用下分解，释放的 N 原子在 TiO_2 形成过程中同步掺入 TiO_2 晶格中，从而得到 N 掺杂纳米 TiO_2，此方法成本低廉，工艺过程简单，在极短的时间内即可完成。

附图说明

图 1 为本发明实施例所述的利用冲击波制备 N 掺杂纳米 TiO_2 的装置示意图;

图 2 为本发明实施例制备得到的 N 掺杂纳米 TiO_2 的 X 射线衍射（XRD）图;

图 3 为本发明实施例制备得到的 N 掺杂纳米 TiO_2 的透射电镜（TEM）图;

图 4 为本发明实施例制备得到的 N 掺杂纳米 TiO_2 的紫外-可见吸收光谱（UV-vis）图;

图 5 为本发明实施例制备得到的 N 掺杂纳米 TiO_2 在可见光下降解亚甲基蓝（MB）的曲线图;

图 6 为本发明实施例制备得到的 N 掺杂纳米 TiO_2 在可见光下降解罗丹明 B（RB）的曲线图;

其中：1—雷管；2—传爆药柱；3—炸药；4—飞片；5—支架；6—样品盒；7—初坯；8—塞子。

具体实施方式

下面通过具体实施例来详细描述本发明。

[实施例 1]

一种 N 掺杂纳米 TiO_2 的冲击波制备方法，所述方法过程如下：

步骤一，将偏钛酸（H_2TiO_3）和双氰氨（$C_2N_4H_4$）均匀混合后，机械球磨 10 min，得到混合粉体；

其中，偏钛酸的质量：双氰氨的质量=4：1。

步骤二，将混合粉体压成初坯，初坯致密度为 55%。

步骤三，用炸药爆轰驱动的飞片撞击初坯，利用冲击产生的瞬时高温高压诱发反应，得到 N 掺杂纳米 TiO_2。

其中，如图 1 所示，利用冲击波制备 N 掺杂纳米 TiO_2 的装置包括：飞片驱动单元、样品盒单元和支架 5；其中飞片驱动单元包括雷管 1、传爆药柱 2、炸药 3 和飞片 4；样品盒单元包括样品盒 6 和塞子 7；在飞片驱动单元中，从下往上依次为飞片 4、炸药 3、传爆药柱 2、雷管 1，其中飞片 4 与炸药 3 紧密接触，传爆药柱 2 插于炸药 3 中，在传爆药柱 2 上设有雷管 1；样品盒单元中，在样品盒 6 的下部开口，塞子 8 位于开口内；通过支架 5 将飞片驱动单元安装在样品盒单元上方。

飞片4材料为不锈钢；炸药3为硝基甲烷液体炸药；传爆药柱2为黑索金，代号为8701。

具体过程为：将压制好的初坯7装入样品盒6中，用塞子对初坯7进行固定，样品盒6和塞子8均与初坯7紧密接触；在支架5上安装飞片驱动单元；点燃雷管1，雷管1通过传爆药柱2引爆炸药3，用炸药3爆轰驱动的飞片4撞击装有初坯7的样品盒6，引发偏钛酸和双氰氨反应，得到最终产物。

其中，飞片速度通过如下公式计算：

$$u_{max} = D\left[1 - \frac{1}{\eta}\left(\sqrt{1+2\eta} - 1\right)\right];$$

式中，$\eta = \frac{16m}{27M} = \frac{16\rho_0 lS}{27\rho_M dS} = \frac{16\rho_0 l}{27\rho_M d}$，其中 ρ_M 为飞片密度，d 为飞片厚度，由此可知飞片极限速度最终与炸药密度 ρ_0、装药高度 l、爆轰速度 D、飞片密度 ρ_M 及飞片厚度 d 有关；其中 $\rho_M = 7.85$ g/cm^3，$d = 2$ mm，$\rho_0 = 1.14$ g/cm^3，$l = 110$ mm，$D = 6\,300$ km/s，飞片在飞行过程中的速度损失忽略不计，计算得知飞片撞击样品盒和初坯的速度为 2.74 km/s。

对实施例1的最终产物进行表征，其中图2中的曲线a为实施例1最终产物的XRD图，曲线c为纯锐钛矿相TiO$_2$，通过将曲线a和曲线c比较，得知最终产物中没有双氰胺等杂质的衍射峰，为纯锐钛矿相TiO$_2$；图3中的a为实施例1最终产物的TEM图，得知最终产物的粒径为5~20 nm；通过氮吸附比表面积测试（BET）得知实施例1最终产物的比表面积为98.96 m^2/g；通过X射线光电子能谱（XPS）激发得到的N元素的1s峰，得知实施例1最终产物的N掺杂浓度为2.72%，说明最终产物为N掺杂纳米TiO$_2$；图4中曲线a为实施例1最终产物的UV-vis图，说明最终产物在400~800 nm的波长范围内具有宽谱吸收，具有明显的可见光吸收活性；图5中的曲线a为实施例1最终产物在可见光下降解亚甲基蓝（MB）曲线图，通过染料降解结束时的吸光度/染料降解前的吸光度（A/A_0）得到最终产物对MB的降解率为0.71；图6中的曲线a为实施例1最终产物在可见光下降解罗丹明B（RB）曲线图，通过 A/A_0 得到最终产物对RB的降解率为0.82，说明最终产物有良好的光催化降解染料活性。

[实施例2]

一种N掺杂纳米TiO$_2$的冲击波制备方法，所述方法过程如下：

步骤一，将偏钛酸（H₂TiO₃）和双氰胺（C₂N₄H₄）均匀混合后，机械球磨 10 min，得到混合粉体；

其中，偏钛酸的质量：双氰胺的质量=7：3。

步骤二，将混合粉体压成初坯，初坯致密度为 45%。

步骤三，用炸药爆轰驱动的飞片撞击初坯，利用冲击产生的瞬时高温高压诱发反应，得到 N 掺杂纳米 TiO₂。

利用冲击波制备 N 掺杂纳米 TiO₂ 的装置与实施例 1 相同，具体过程为：将压制好的初坯 7 装入样品盒 6 中，用塞子对初坯 7 进行固定，样品盒 6 和塞子 8 均与初坯 7 紧密接触；在支架 5 上安装飞片驱动单元；点燃雷管 1，雷管 1 通过传爆药柱 2 引爆炸药 3，用炸药 3 爆轰驱动的飞片 4 撞击装有初坯 7 的样品盒 6，引发偏钛酸和双氰胺反应，得到最终产物。

其中，飞片速度通过如下公式计算：

$$u_{max} = D\left[1 - \frac{1}{\eta}(\sqrt{1+2\eta} - 1)\right];$$

式中，$\eta = \frac{16m}{27M} = \frac{16\rho_0 lS}{27\rho_M dS} = \frac{16\rho_0 l}{27\rho_M d}$，其中 ρ_M 为飞片密度，d 为飞片厚度，由此可知飞片极限速度最终与炸药密度 ρ_0、装药高度 l、爆轰速度 D、飞片密度 ρ_M 及飞片厚度 d 有关；其中 $\rho_M = 7.85$ g/cm³，$d = 2$ mm，$\rho_0 = 1.14$ g/cm³，$l = 70$ mm，$D = 6\,300$ km/s，飞片在飞行过程中的速度损失忽略不计，计算得知飞片撞击样品盒和初坯的速度为 2.25 km/s。

对实施例 2 的最终产物进行表征，其中图 2 中的曲线 b 为实施例 2 最终产物的 XRD 图，曲线 c 为纯锐钛矿相 TiO₂，通过将曲线 b 和曲线 c 比较，得知最终产物中没有双氰胺等杂质的衍射峰，为纯锐钛矿相 TiO₂；图 3 中的 b 为实施例 2 最终产物的 TEM 图，得知最终产物的粒径为 5~20 nm；通过 BET 测试得知实施例 2 最终产物的比表面积为 352.42 m²/g；通过 XPS 激发得到的 N 元素的 1s 峰，得知实施例 2 最终产物的 N 掺杂浓度为 3.93%，说明最终产物为 N 掺杂纳米 TiO₂；图 4 中曲线 b 为实施例 2 最终产物的 UV-vis 图，说明最终产物在 400~800 nm 的波长范围内具有宽谱吸收，具有明显的可见光吸收活性；图 5 中的曲线 b 为实施例 2 最终产物在可见光下降解 MB 曲线图，通过 A/A_0 得到最终产物对 MB 的降解率为 0.81；图 6 中的曲线 b 为实施例 2 最终产物在可见光下降解 RB 曲线图，通过 A/A_0 得到最终产物对 RB 的降解率为 0.91，说明最终产物有良好的光催化降解染料活性。

3.1.2 第一次审查意见通知书

中华人民共和国国家知识产权局

第 一 次 审 查 意 见 通 知 书

申请号：2012101004157

本申请涉及一种 N 掺杂纳米 TiO_2 及其冲击波制备方法。经审查，现提出如下意见：

权利要求 1-3 不具备新颖性，不符合专利法第 22 条第 2 款的规定；权利要求 4-5 不具备创造性，不符合专利法第 22 条第 3 款的规定。

1. 权利要求 1 请求保护一种 N 掺杂纳米 TiO_2。对比文件 1（"冲击波法制备氮掺杂 TiO_2 及其光催化降解活性研究"，崔乃夫等，中国科技论文在线，公开时间：2012-02-14）公开了一种冲击波法制备 N 掺杂纳米 TiO_2，并具体公开了以下技术特征（参见第 1-6 页）：掺杂前体选用偏钛酸（H_2TiO_3），掺杂氮源选择富氮物双氰胺（$C_2N_4H_4$）。实验前将两者混合，并进行充分研磨，混合均匀后（得到混合粉体）压装到铜制样品盒中（即压成初坯）。实验条件如表 1 所示。主装药为硝基甲烷液体炸药，起爆药柱采用 8701 炸药，起爆雷管通过 8701 传爆药柱引爆硝基甲烷主装药爆轰，驱动钢质飞片，通过控制装药高度及飞片厚度，使飞片速度在 2.0-3.0km/s 的范围内对样品腔体进行高速冲击以产生瞬时高温高压（即飞片撞击初坯诱发反应），通过冲击波掺杂改性的方法对 TiO_2 能带宽度进行调节。由表 1 冲击掺杂实验条件及结果可以看出：Sample 99，初坯致密度为 0.52（即 52%），飞片速度 2.25km/s，得到的 N 掺杂纳米 TiO_2 的 N 掺杂浓度为 3.93%，比表面积为 352.42m^2/g。另外，还公开了：从图 2 中可以看出，偏钛酸与双氰胺的冲击回收产物的晶粒很小，粒径约为 3-5nm，有明显的团聚，其中经过较高冲击处理的样品 a 出现了一部分 10-20nm 的大晶粒，这主要是由于较高的冲击加载和卸载温度，导致晶粒的局部长大。

因此，对比文件 1 已经公开了权利要求 1 的全部技术特征，其技术方案实质相同，且两者属于同样的技术领域，能够解决相同的技术问题，并能达到相同的技术效果，因此权利要求 1 所要求保护的技术方案不具备新颖性，不符合专利法第 22 条第 2 款的规定。

2. 权利要求 2 和 3 对具体制备步骤作出了进一步的限定。然而，其附加技术特征已被对比文件 1 公开（参见同上）。因此，在其引用的权利要求 1 不具备新颖性的情况下，权利要求 2 和 3 也不具备新颖性，不符合专利法第 22 条第 2 款的规定。

3. 权利要求 4 请求保护一种权利要求 1 至 3 中任一所述的 N 掺杂纳米 TiO_2 的冲击波制备方法。对比文件 1（"冲击波法制备氮掺杂 TiO_2 及其光催化降解活性研究"，崔乃夫等，中国科技论文在线，公开时间：2012-02-14）公开了一种 N 掺杂纳米 TiO_2 的冲击波制备方法，具体公开内容参见对权利要求 1 的评述。

权利要求 4 所要求保护的技术方案与对比文件 1 所公开的技术内容相比，区别特征仅在于：权利要求 4 限定混合粉体由机械球磨 10～15min 得到，且偏钛酸与双氰胺的质量比为 7～8：3～2。

基于上述区别特征：对比文件 1 已经公开了将两者混合并进行充分研磨，而使用机械球磨进行适当程度的研磨（如 10～15min）是本领域技术人员的常规实验手段；对比文件 1 还公开了偏钛酸与双氰胺的质量比为 9：1（图 3 中的 c），在此基础上为了获得适宜的氮掺杂量而适当调整原料偏钛酸与双氰胺的质量比（如 7～

> 8:3~2）是本领域技术人员通过有限的常规实验手段即可以实现的。
>
> 由此可知，在对比文件1的基础上结合本领域的公知常识以得出权利要求4的技术方案对本技术领域的技术人员来说是显而易见的，因此权利要求4所要求保护的技术方案不具有突出的实质性特点和显著的进步，因而不具备创造性，不符合专利法第22条第3款的规定。
>
> 4. 权利要求5对其引用的权利要求作出了进一步的限定。然而，其附加技术特征已被对比文件1公开（参见同上）。因此，在其引用的权利要求不具备创造性的条件下，权利要求5也不具备创造性，不符合专利法第22条第3款的规定。
>
> 本申请不具备授予专利权的前景。

3.1.3 专利代理人对该审查意见的答复

> 尊敬的审查员，您好：
>
> 感谢您对本申请的认真审查并提出审查意见。针对您的审查意见，本申请人认真阅读后，对本发明申请进行修改和意见陈述如下。
>
> 1. 针对权利要求1~3不具备新颖性，不符合专利法第22条第2款的规定；权利要求4~5不具备创造性，不符合专利法第22条第3款规定的问题
>
> 申请人现将权利要求1~3删除，将权利要求4~5合并，并将说明书实施例中利用冲击波制备N掺杂纳米TiO_2的装置，以及通过所述装置制备N掺杂纳米TiO_2的内容补入修改后的权利要求书中，得到修改后的权利要求1。
>
> 补入内容具体为"利用冲击波制备N掺杂纳米TiO_2的装置包括：飞片驱动单元、样品盒单元和支架5；其中飞片驱动单元包括雷管1、传爆药柱2、炸药3和飞片4；样品盒单元包括样品盒6和塞子8；在飞片驱动单元中，从下往上依次为飞片4、炸药3、传爆药柱2、雷管1，其中飞片4与炸药3紧密接触，传爆药柱2插于炸药3中，在传爆药柱2上设有雷管1；样品盒单元中，在样品盒6的下部开口，塞子8位于开口内；通过支架5将飞片驱动单元安装在样品盒单元上方。
>
> 具体过程为：将压制好的初坯7装入样品盒6中，用塞子对初坯7进行固定，样品盒6和塞子8均与初坯7紧密接触；在支架5上安装飞片驱动单元；点燃雷管1，雷管1通过传爆药柱2引爆炸药3，用炸药3

爆轰驱动的飞片 4 撞击装有初坯 7 的样品盒 6，引发偏钛酸和双氰氨反应，得到最终产物"。并为权利要求中的附图标记加上括号。

因为对比文件 1 未公开装置，以及通过所述装置制备 N 掺杂纳米 TiO_2 的方法，也未给出相应技术启示，因此修改后的权利要求 1 具备新颖性和创造性。

2. 修改后的权利要求：

(1) 一种 N 掺杂纳米 TiO_2 的冲击波制备方法，其特征在于：所述方法过程如下：

步骤一，将偏钛酸和双氰氨均匀混合后，机械球磨 10~15 min，得到混合粉体；

其中，偏钛酸的质量：双氰氨的质量 = (7~8)：(3~2)。

步骤二，将混合粉体压成初坯，初坯致密度为 45%~55%。

步骤三，用炸药爆轰驱动，用速度为 2.0~3.0 km/s 的飞片撞击初坯诱发反应，得到 N 掺杂纳米 TiO_2。

其中，在步骤三中，所述装置包括：飞片驱动单元、样品盒单元和支架 (5)；其中飞片驱动单元包括雷管 (1)、传爆药柱 (2)、炸药 (3) 和飞片 (4)；样品盒单元包括样品盒 (6) 和塞子 (8)；在飞片驱动单元中，从下往上依次为飞片 (4)、炸药 (3)、传爆药柱 (2)、雷管 (1)，其中飞片 (4) 与炸药 (3) 紧密接触，传爆药柱 (2) 插于炸药 (3) 中，在传爆药柱 (2) 上设有雷管 (1)；样品盒单元中，在样品盒 (6) 的下部开口，塞子 (8) 位于开口内；通过支架 (5) 将飞片驱动单元安装在样品盒单元上方。

通过上述装置制备 N 掺杂纳米 TiO_2 的具体过程为：将压制好的初坯 (7) 装入样品盒 (6) 中，用塞子 (8) 对初坯 (7) 进行固定，样品盒 (6) 和塞子 (8) 均与初坯 (7) 紧密接触；在支架 (5) 上安装飞片驱动单元；点燃雷管 (1)，雷管 (1) 通过传爆药柱 (2) 引爆炸药 (3)，用炸药 (3) 爆轰驱动的飞片 (4) 撞击装有初坯 (7) 的样品盒 (6)，引发偏钛酸和双氰氨反应，得到最终产物，即 N 掺杂纳米 TiO_2。

3.1.4　审查意见分析

本次审查意见主要指出的问题：

涉及法条——《专利法》第 22 条：新颖性问题。

新颖性概念：

新颖性，是指该发明或者实用新型不属于现有技术；也没有任何单位或者个人就同样的发明或者实用新型在申请日以前向国务院专利行政部门提出过申请，并记载在申请日以后公布的专利申请文件或者公告的专利文件中。

其中，现有技术是指申请日以前在国内外为公众所知的技术。

审查意见中指出：

对比文件 1 公开了权利要求 1~3 的全部技术特征，因此权利要求 1~3 不具备新颖性。在对比文件 1 的基础上，本领域技术人员通过有限次实验可以得到权利要求 4~5 的技术特征，因此权利要求 4~5 不具备创造性。

审查意见结论：本申请不具备授予专利权的前景。

经验教训：对比文件 1 为发明人自己的学术论文，其在网上的公开时间在本专利的申请日之前，构成现有技术。

修改策略：说明书附图中写入了相应的制备装置，在对比文件 1 中未公开。因此将该制备装置补入权利要求 1 中，得到修改后的权利要求书。

3.2　案例 2　一种多金属氧簇有机胺盐及制备方法

3.2.1　第一次提交的专利申请文件

一、原权利要求书

1. 一种多金属氧簇有机胺盐，其特征在于：所述多金属氧簇有机胺盐的分子式为 $(Q)_mXM_{12}O_{40}$，其中，Q 为有机胺阳离子；X 为 P 和 Si 中的一种，当 X 为 P 时，$m=3$，X 为 Si 时，$m=4$；M 为 Mo 和 W 中的一种。

2. 根据权利要求 1 所述的一种多金属氧簇有机胺盐，其特征在于：所述有机胺阳离子为 $[C_6H_{14}N]^+$、$[C_4H_{10}NO]^+$、$[C_6H_{16}NO_3]^+$、$[C_8H_{19}N_2O_2]^+$、$[C_{10}H_{18}N]^+$和 $[C_6H_{13}N_4]^+$中的一种，结构式如下：

$[C_6H_{14}N]^+$

$[C_4H_{10}NO]^+$

$[C_6H_{16}NO_3]^+$

$[C_8H_{19}N_2O_2]^+$

$[C_{10}H_{18}N]^+$

$[C_6H_{13}N_4]^+$

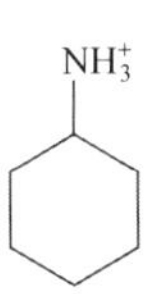

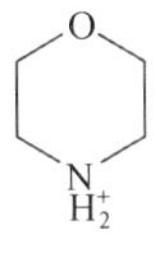

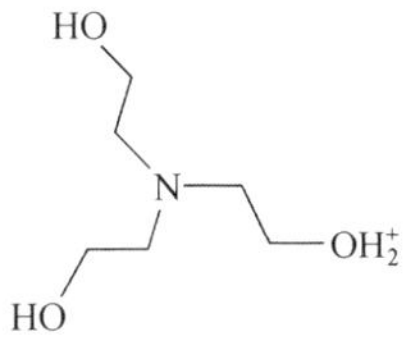

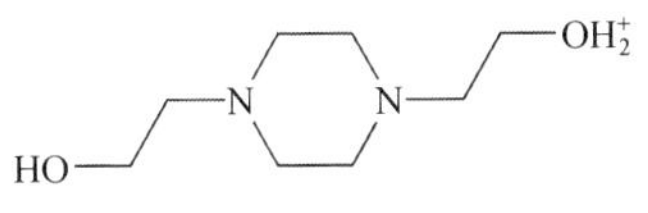

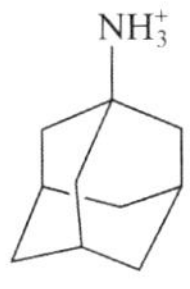

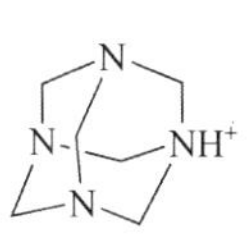

3. 一种如权利要求 1 所述的多金属氧簇有机胺盐的制备方法，其特征在于：所述方法步骤如下：

（1）将有机胺溶解于溶剂中，调节 pH 值为 2 ~ 4.5，得到浓度为 $4.0×10^{-2}$ ~ $6.0×10^{-2}$ mol/L 的有机胺溶液。

（2）将多金属氧簇溶解于溶剂中，得到浓度为 $1.0×10^{-2}$ ~ $1.2×10^{-2}$ mol/L 的多金属氧簇溶液。

（3）在搅拌下将有机胺溶液逐滴加到多金属氧簇溶液中，反应 20 ~ 50 min，离心，洗涤，干燥，得到固体 a。

（4）将固体 a 进行重结晶处理，得到晶体 1，晶体 1 即为所述多金属氧簇有机胺盐。

4. 根据权利要求 3 所述的一种多金属氧簇有机胺盐的制备方法，其特征在于：步骤（1）和步骤（2）所述溶剂均为去离子水。

5. 根据权利要求 3 所述的一种多金属氧簇有机胺盐的制备方法，其特征在于：步骤（1）所述有机胺为环己胺、吗啉、三乙醇胺、N,N-二（2-羟乙基）哌嗪、金刚烷胺和六次甲基四胺中的一种；当有机胺为环己胺、吗啉、三乙醇胺、N,N-二（2-羟乙基）哌嗪、金刚烷胺时，调节 pH 值采用浓度为 2 ~ 3 mol/L 的 HCl 溶液；当有机胺为六次甲基四胺时，调节 pH 值采用浓度为 2 ~ 3 mol/L 的 NaOH 溶液。

6. 根据权利要求 3 所述的一种多金属氧簇有机胺盐的制备方法，其特征在于：步骤（2）所述多金属氧簇为磷钨酸、硅钼酸、磷钼酸和硅钨酸中的一种。

7. 根据权利要求 3 所述的一种多金属氧簇有机胺盐的制备方法，其特征在于：步骤（3）所述有机胺与多金属氧簇物质的量之比为（4 ~ 5）:1。

8. 根据权利要求 3 所述的一种多金属氧簇有机胺盐的制备方法，其特征在于：步骤（3）所述洗涤采用蒸馏水洗涤 2 ~ 5 次，所述干燥为在空气中避光干燥。

9. 根据权利要求 3 所述的一种多金属氧簇有机胺盐的制备方法，其特征在于：步骤（4）所述重结晶温度为 20 ~ 25 ℃。

二、说明书

一种多金属氧簇有机胺盐及制备方法

技术领域

本发明涉及一种多金属氧簇有机胺盐及制备方法，属于无机多金属氧簇的化学技术领域。

背景技术

多金属氧簇（polyoxometalates，POMs），是一类结构确定、大小在 0.5~5 nm 的骨架结构中富含钼、钨、钒、铌、钽等过渡元素的同多和杂多金属氧簇化合物。多金属氧簇具有多样的拓扑结构和丰富的物理和化学上的性能，因而在光、电、磁功能材料，医药和催化领域展现出巨大的应用潜力。在多金属氧簇的各项功能特性中，催化性质的研究最为广泛和深入，其中具有代表性的是多金属氧簇的催化作用，其可用于均相和非均相反应的酸催化或氧化催化（M. T. Pope, A. Müller, *Angew. Chem.*, 1991, 103, 56-70.）。但是，随着对多金属氧簇诱导的催化机理的探究不断深入，非均相反应表现出很多的弊端，人们更倾向于将多金属氧簇引入有机的均相反应进行。所以，解决多金属氧簇在有机相中的溶解性成为重要步骤。

然而，目前用于多金属氧簇的有机胺盐绝大多数是以四丁基铵盐为代表的季铵盐，采用的有效方法就是对多金属氧簇阴离子引入四丁基铵阳离子（D. L. Long, C. Streb, Y. F. Song, S. Mitchell, L. Cronin, *J. Am. Chem. Soc.*, 2008, 130, 1830-1832.），而其他类型有机胺盐未见报道。得到的多金属氧簇四丁基铵盐，阴、阳离子之间依靠静电作用相结合，不但可以有效地提高簇结构的稳定性（T. Minato, K. Suzuki, K. Kamata, N. Mizuno, *Chem. Eur. J.*, 2014, 20, 5946-5952）和改善其有机溶解性，还可以优化催化性质，提高其催化反应活性。

但是，仍然存在的问题是，多金属氧簇四丁基铵盐的阳离子结构过于单一，阴、阳离子之间的作用力只有静电作用，适用的催化体系还有一定的局限性。因此，开发一种既能保持多金属氧簇催化剂均相反应的优势（不改变簇结构和催化活性中心），又能对大多数多金属氧簇都普适的便捷方法是非常重要的。

发明内容

针对现有的多金属氧簇四丁基铵盐的阳离子结构过于单一，阴、阳离子之间的作用力只有静电作用，适用的催化体系还有一定的局限性的缺陷，本发明的目的之一是提供一种多金属氧簇有机胺盐，所述多金属氧簇有机胺盐增加了阴、阳离子之间的相互作用力类型，即在原有的静电作用基础上，增加了二者之间的氢键作用；目的之二是提供一种多金属氧簇有机胺盐的制备方法，所述制备方法成本低廉、操作简单。

本发明的目的由以下技术方案实现：

一种多金属氧簇有机胺盐，所述多金属氧簇有机胺盐的分子式为 $(Q)_m XM_{12}O_{40}$，其中，Q 为有机胺阳离子，优选 $[C_6H_{14}N]^+$、$[C_4H_{10}NO]^+$、$[C_6H_{16}NO_3]^+$、$[C_8H_{19}N_2O_2]^+$、$[C_{10}H_{18}N]^+$和$[C_6H_{13}N_4]^+$中的一种，Q 的结构式如下：

$[C_6H_{14}N]^+$

$[C_4H_{10}NO]^+$

$[C_6H_{16}NO_3]^+$

$[C_8H_{19}N_2O_2]^+$

$[C_{10}H_{18}N]^+$

$[C_6H_{13}N_4]^+$

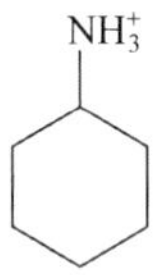

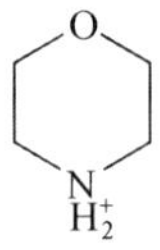

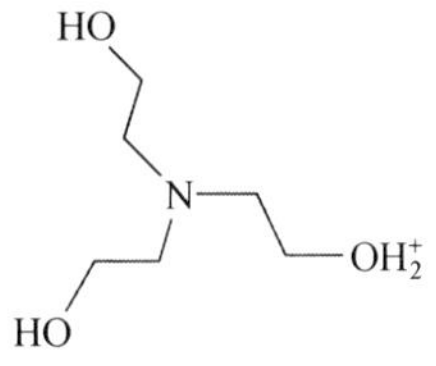

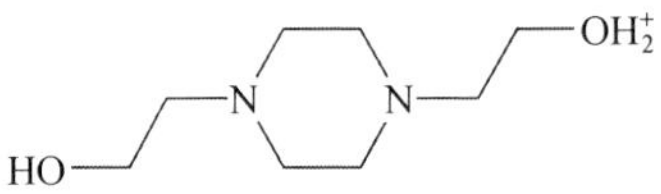

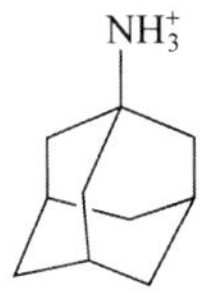

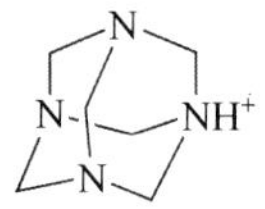

X 优选 P 和 Si 中的一种，当 X 优选 P 时，$m=3$；当 X 优选 Si 时，$m=4$；M 优选 Mo 和 W 中的一种；$(Q)_m XM_{12}O_{40}$的结构式有如下两种：

Ⅰ

Ⅱ

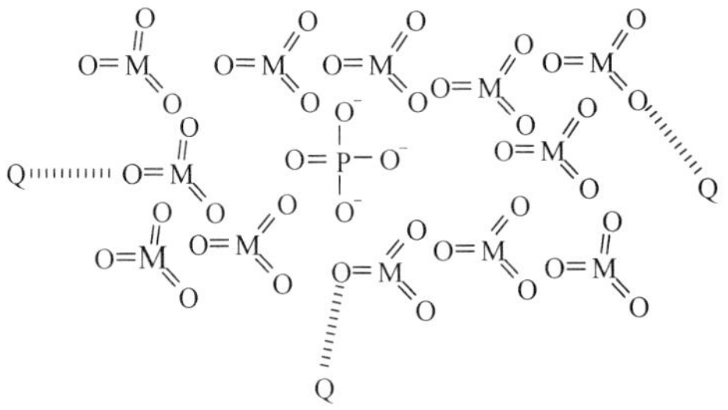

当 X 优选 P，$m=3$ 时，所述结构式为Ⅰ；当 X 优选 Si，$m=4$ 时，所述结构式为Ⅱ。

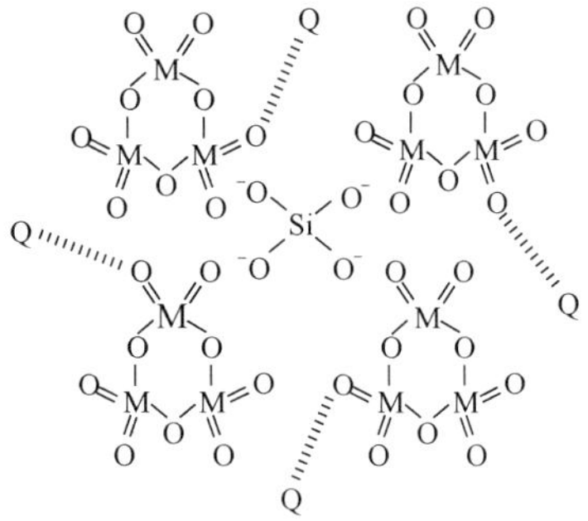

一种多金属氧簇有机胺盐的制备方法，所述方法步骤如下：

（1）将有机胺溶解于溶剂中，调节 pH 值为 2～4.5，得到浓度为 4.0×10^{-2}～6.0×10^{-2} mol/L 的有机胺溶液。

（2）将多金属氧簇溶解于溶剂中，得到浓度为 1.0×10^{-2}～1.2×10^{-2} mol/L 的多金属氧簇溶液。

(3) 在搅拌下将有机胺溶液逐滴加到多金属氧簇溶液中，反应 20~50 min，离心，洗涤，干燥，得到固体 a。

(4) 将固体 a 进行重结晶处理，得到晶体 1，晶体 1 即为本发明所述多金属氧簇有机胺盐。

步骤 (1) 和步骤 (2) 所述溶剂均优选去离子水；

步骤 (1) 所述有机胺优选环己胺、吗啉、三乙醇胺、N，N-二(2-羟乙基) 哌嗪、金刚烷胺和六次甲基四胺中的一种；当有机胺为环己胺、吗啉、三乙醇胺、N，N-二 (2-羟乙基) 哌嗪、金刚烷胺时，步骤 (1) 所述调节 pH 值优选浓度为 2~3 mol/L 的 HCl 溶液；当有机胺为六次甲基四胺时，步骤 (1) 所述调节 pH 值优选浓度为 2~3 mol/L 的 NaOH 溶液；

步骤 (2) 所述多金属氧簇优选磷钨酸、硅钼酸、磷钼酸和硅钨酸中的一种；

步骤 (3) 所述有机胺与多金属氧簇物质的量之比优选 (4~5)∶1；

步骤 (3) 所述洗涤优选采用蒸馏水洗涤 2~5 次，所述干燥优选在空气中避光干燥；

步骤 (4) 所述重结晶温度优选 20~25 ℃。

有益效果

(1) 所述多金属氧簇有机胺盐引入了具有一定空间结构的有机胺阳离子，丰富了阴、阳离子之间的作用力类型，原有的静电作用基础上，增加了二者之间的氢键作用，进而增强了其作用强度，有助于拓展多金属氧簇催化剂的应用范围，应用前景广泛。

(2) 所述多金属氧簇有机胺盐的制备方法简单、便于操作、原料皆可从市场获得，成本低廉。

附图说明

图 1 为实施例 1 中的环己胺磷钨酸盐的红外 (IR) 表征结果；

图 2 为实施例 1 中的环己胺磷钨酸盐的质谱正模式 (ESI$^+$) 表征结果；

图 3 为实施例 1 中的环己胺磷钨酸盐的质谱负模式 (ESI$^-$) 表征结果；

图 4 为实施例 2 中的吗啉磷钨酸盐的 IR 表征结果；

图 5 为实施例 2 中的吗啉磷钨酸盐的质谱 ESI$^+$ 表征结果；

图 6 为实施例 2 中的吗啉磷钨酸盐的质谱 ESI$^-$ 表征结果；

图 7 为实施例 3 中的三乙醇胺磷钨酸盐的 IR 表征结果；

图 8 为实施例 3 中的三乙醇胺磷钨酸盐的质谱 ESI$^+$ 表征结果；

图 9 为实施例 3 中的三乙醇胺磷钨酸盐的质谱 ESI⁻ 表征结果；

图 10 为实施例 4 中的 N,N-二 (2-羟乙基) 哌嗪钨酸盐的 IR 表征结果；

图 11 为实施例 4 中的 N,N-二 (2-羟乙基) 哌嗪钨酸盐的质谱 ESI⁺ 表征结果；

图 12 为实施例 4 中的 N,N-二 (2-羟乙基) 哌嗪钨酸盐的质谱 ESI⁻ 表征结果；

图 13 为实施例 5 中的金刚烷胺磷钨酸盐的电喷雾质谱表征结果；

图 14 为实施例 5 中的金刚烷胺磷钨酸盐结合峰的二级质谱表征结果，其中碰撞气为 N_2，CE 表示碰撞能量，黑框圈起来的为质子化的金刚烷胺与磷钨酸阴离子的结合峰，黑圈内的数字为质子化的金刚烷胺与磷钨酸阴离子结合峰的质荷比；

图 15 为实施例 6 中的金刚烷胺硅钼酸盐的晶体结构；

图 16 为实施例 7 中的六次甲基四胺磷钨酸盐的 IR 表征结果；

图 17 为实施例 7 中的六次甲基四胺磷钨酸盐的质谱 ESI⁺ 表征结果；

图 18 为实施例 7 中的六次甲基四胺磷钨酸盐的质谱 ESI⁻ 表征结果。

具体实施方式

下面结合附图和具体实施例来详述本发明，但不限于此。

以下实施例中提到的主要试剂信息见表 1；主要仪器与设备信息见表 2。

表 1

药品名称	试剂纯度	试剂公司
磷钨酸	分析纯	国药集团化学试剂公司
硅钼酸	分析纯	国药集团化学试剂公司
环己胺	化学纯	国药集团化学试剂公司
吗啉	化学纯	广东省化学试剂工程技术研究开发中心
三乙醇胺	化学纯	广东省化学试剂工程技术研究开发中心
N,N-二 (2-羟乙基) 哌嗪	化学纯	Sigma-Aldrich
金刚烷胺	化学纯	百灵威科技有限公司
六次甲基四胺	化学纯	西陇化工股份有限公司
乙腈	色谱纯	墨克

表 2		
仪器名称	仪器型号	仪器厂商
液相色谱-质谱联用仪	6520 Q-TOF	安捷伦
KBr 压片红外仪	170 SX-FT/IR	尼高力
X-射线单晶衍射仪	APEX-Ⅱ CCD	布鲁克

[实施例 1]

环己胺磷钨酸盐（$(C_6H_{14}N)_3PW_{12}O_{40}$）的制备方法：

(1) 将 0.4 mmol 环己胺充分溶解于 10 mL 去离子水中，用 2 mol/L 盐酸溶液调节 pH=2，得到浓度为 $4.0×10^{-2}$ mol/L 的环己胺溶液。

(2) 将 0.1 mmol 磷钨酸充分溶解于 10 mL 去离子水中，得到浓度为 $1.0×10^{-2}$ mol/L 的磷钨酸溶液。

(3) 在搅拌下将环己胺溶液逐滴加到磷钨酸溶液中，反应 20 min，离心，用蒸馏水洗涤 2 次，在空气中避光干燥，得到固体复合物。

(4) 将固体复合物溶于乙腈，在 20 ℃进行重结晶，得到晶体 1。

由图 1 可知，晶体 1 在 700~1 100 cm^{-1} 波数区间出现了 $H_3PW_{12}O_{40}$ 的相应特征吸收峰（多酸化学导论），在 1 178~1 670 cm^{-1} 和 506~610 cm^{-1} 范围内也出现了环己胺的特征振动，说明磷钨酸与环己胺结合在一起形成了新的复合物；在 3 000 cm^{-1} 以上，有较宽的特征吸收峰，说明所述复合物之间存在 N—H 之间的氢键作用。

由图 2 和图 3 可知，晶体 1 在 ESI$^+$ 模式中可以观察到质子化的脂肪胺，而在 ESI$^-$ 模式中只能观察到磷钨酸阴离子，而没有质子化的脂肪胺与磷钨酸阴离子结合的峰，结合图 1 可知晶体 1 不仅仅依靠阴、阳离子间的静电作用力结合，还应该有磷钨酸阴离子表面的氧原子和环己胺阳离子的 N—H 之间形成的氢键作用。

由红外和质谱表征结果可知晶体 1 即为本发明所述金刚烷胺磷钨酸盐的晶体。

[实施例 2]

吗啉磷钨酸盐（$(C_4H_{10}NO)_3PW_{12}O_{40}$）的制备方法：

(1) 将 0.45 mmol 吗啉充分溶解于 10 mL 去离子水中，用 2 mol/L 盐酸溶液调节 pH=3，得到浓度为 $4.5×10^{-2}$ mol/L 的吗啉溶液。

（2）将 0.1 mmol 磷钨酸充分溶解于 10 mL 去离子水中，得到浓度为 1.0×10^{-2} mol/L 的磷钨酸溶液。

（3）在搅拌下将吗啉溶液逐滴加到磷钨酸溶液中，反应 30 min，离心，用蒸馏水洗涤 3 次，在空气中避光干燥，得到吗啉磷钨酸盐的固体复合物。

（4）将固体复合物溶于乙腈，在 22 ℃进行重结晶，得到晶体 2。

由图 4 可知，晶体 2 在 700~1 100 cm^{-1} 波数区间出现了 $H_3PW_{12}O_{40}$ 的相应特征吸收峰（多酸化学导论），在 1 178~1 650 cm^{-1} 范围内也出现了吗啉的特征振动，说明磷钨酸与吗啉结合在一起形成了新的复合物；在 3 000 cm^{-1} 以上，有较宽的特征吸收峰，说明所述复合物之间存在 N—H 之间的氢键作用。

由图 5 和图 6 可知，晶体 2 在 ESI$^+$ 模式中可以观察到质子化的吗啉，而在 ESI$^-$ 模式中只能观察到磷钨酸阴离子，而没有质子化的吗啉与磷钨酸阴离子结合的峰，结合图 4 可知晶体 2 不仅仅依靠阴、阳离子间的静电作用力结合，还应该有磷钨酸阴离子表面的氧原子和吗啉阳离子的 N—H 之间形成的氢键作用。

由红外和质谱表征结果可知晶体 2 即为本发明所述吗啉磷钨酸盐的晶体。

[**实施例 3**]

三乙醇胺磷钨酸盐（$(C_6H_{16}NO_3)_3PW_{12}O_{40}$）的制备方法：

（1）将 0.45 mmol 三乙醇胺充分溶解于 10 mL 去离子水中，用 2.5 mol/L 盐酸溶液调节 pH=3，得到浓度为 4.5×10^{-2} mol/L 的三乙醇胺溶液。

（2）将 0.11 mmol 磷钨酸充分溶解于 10 mL 去离子水中，得到浓度为 1.1×10^{-2} mol/L 的磷钨酸溶液。

（3）在搅拌下将三乙醇胺溶液逐滴加到磷钨酸溶液中，反应 30 min，离心，用蒸馏水洗涤 3 次，在空气中避光干燥，得到固体复合物。

（4）将固体复合物溶于乙腈，在 22 ℃进行重结晶，得到晶体 3。

由图 7 可知，晶体 3 在 700~1 100 cm^{-1} 波数区间出现了 $H_3PW_{12}O_{40}$ 的相应特征吸收峰（多酸化学导论），在 1 178~1 650 cm^{-1} 范围内也出现了三乙醇胺的特征振动，说明磷钨酸与三乙醇胺结合在一起形成了新的复合物；在 3 000 cm^{-1} 以上，有较宽的特征吸收峰，说明所述复合物之间存在 O—H 之间的氢键作用。

由图 8 和图 9 可知，晶体 3 在 ESI⁺ 模式中可以观察到质子化的三乙醇胺，而在 ESI⁻ 模式中只能观察到磷钨酸阴离子，而没有质子化的三乙醇胺与磷钨酸阴离子结合的峰，结合图 7 可知得到的产物不仅仅依靠阴、阳离子间的静电作用力结合，还应该有磷钨酸阴离子表面的氧原子和三乙醇胺阳离子的 O—H 之间形成的氢键作用。

由红外和质谱表征结果可知晶体 3 即为本发明所述三乙醇胺磷钨酸盐的晶体。

[实施例 4]

N, N-二（2-羟乙基）哌嗪钨酸盐（$(C_8H_{19}N_2O_2)_3PW_{12}O_{40}$）的制备方法：

（1）将 0.6 mmol N, N-二（2-羟乙基）哌嗪充分溶解于 10 mL 去离子水中，用 2.5 mol/L 盐酸溶液调节 pH=3，得到浓度为 6.0×10^{-2} mol/L 的 N, N-二（2-羟乙基）哌嗪溶液。

（2）将 0.12 mmol 磷钨酸充分溶解于 10 mL 去离子水中，得到浓度为 1.2×10^{-2} mol/L 的磷钨酸溶液。

（3）在搅拌下将 N, N-二（2-羟乙基）哌嗪溶液逐滴加到磷钨酸溶液中，反应 40 min，离心，用蒸馏水洗涤 4 次，在空气中避光干燥，得到固体复合物。

（4）将固体复合物溶于乙腈，在 22 ℃进行重结晶，得到晶体 4。

由图 10 可知，晶体 4 在 700~1 100 cm⁻¹ 波数区间出现了 $H_3PW_{12}O_{40}$ 的相应特征吸收峰（多酸化学导论），在 500~600 cm⁻¹ 和 1 500 cm⁻¹ 范围内也出现了 N, N-二（2-羟乙基）哌嗪的特征振动，说明磷钨酸与 N, N-二（2-羟乙基）哌嗪结合在一起形成了新的复合物；在 3 000 cm⁻¹ 以上，有较宽的特征吸收峰，说明所述复合物之间存在 O—H 之间的氢键作用。

由图 11 和图 12 可知，晶体 4 在 ESI⁺ 模式中可以观察到质子化的 N, N-二（2-羟乙基）哌嗪，而在 ESI⁻ 模式中只能观察到磷钨酸阴离子，而没有质子化的 N, N-二（2-羟乙基）哌嗪与磷钨酸阴离子结合的峰，结合图 10 可知得到的产物不仅仅依靠阴、阳离子间的静电作用力结合，还应该有磷钨酸阴离子表面的氧原子和 N, N-二（2-羟乙基）哌嗪阳离子的 O—H 之间形成的氢键作用。

由红外和质谱表征结果可知晶体4即为本发明所述N,N-二（2-羟乙基）哌嗪钨酸盐的晶体。

[实施例5]

金刚烷胺磷钨酸盐（$(C_{10}H_{18}N)_3PW_{12}O_{40}$）的制备方法：

（1）将0.5 mmol 金刚烷胺充分溶解于10 mL 去离子水中，用3 mol/L 盐酸溶液调节 pH=3，得到浓度为 $5.0×10^{-2}$ mol/L 的金刚烷胺溶液。

（2）将0.1 mmol 磷钨酸充分溶解于10 mL 去离子水中，得到浓度为 $1.0×10^{-2}$ mol/L 的磷钨酸溶液。

（3）在搅拌下将金刚烷胺溶液逐滴加到磷钨酸溶液中，反应40 min，离心，用蒸馏水洗涤4次，在空气中避光干燥，得到金刚烷胺磷钨酸盐的固体复合物。

（4）将固体复合物溶于乙腈，在22 ℃进行重结晶，得到晶体5。

由图13可知，晶体5在ESI$^-$模式中观察到了质子化的金刚烷胺与磷钨酸阴离子结合的峰，说明磷钨酸与金刚烷胺结合在一起形成了新的复合物；由图14可知，对质子化的金刚烷胺与磷钨酸阴离子结合的峰进行二级质谱时，生成的产物中只有质子化的磷钨酸阴离子，而没有结合金刚烷胺的复合离子。可知，得到的产物不仅仅依靠阴、阳离子间的静电作用力结合，还应该有磷钨酸阴离子表面的氧原子和金刚烷胺阳离子的N—H之间形成的氢键作用。

由质谱表征结果可知，晶体5即为本发明所述金刚烷胺磷钨酸盐的晶体。

[实施例6]

金刚烷胺硅钼酸盐（$(C_{10}H_{18}N)_4SiMo_{12}O_{40}$）的制备方法：

（1）将0.5 mmol 金刚烷胺充分溶解于10 mL 去离子水中，用2 mol/L 盐酸溶液调节 pH=2，得到浓度为 $5.0×10^{-2}$ mol/L 的金刚烷胺溶液。

（2）将0.1 mmol 硅钼酸充分溶解于10 mL 去离子水中，得到浓度为 $1.0×10^{-2}$ mol/L 的硅钼酸溶液。

（3）在搅拌下将金刚烷胺溶液逐滴加到硅钼酸溶液中，反应40 min，离心，用蒸馏水洗涤5次，在空气中避光干燥，得到金刚烷胺硅钼酸盐的固体复合物。

（4）将固体复合物溶于乙腈，在25 ℃进行重结晶，得到晶体6。

由图15可知，该化合物通过4个金刚烷胺阳离子与1个硅钼酸阴离子间的静电作用、4个水分子和2个乙腈分子参与的氢键作用以及硅钼酸阴离子表面的氧原子和金刚烷胺阳离子的N—H之间形成的氢键作用形成了一个较为稳定的超分子体系。硅钼酸阴离子保持原始的骨架结构，4个质子化的金刚烷胺仍保持其三环癸胺结构，硅钼酸阴离子和质子化的金刚烷胺以及溶剂分子之间在晶体中以P2$_1$/C的空间群堆积，形成特定的取向，从而存在着广泛的氢键作用力，稳定了化合物的结构，说明晶体6为本发明所述金刚烷胺硅钼酸盐晶体。

[**实施例7**]

六次甲基四胺磷钨酸盐（$(C_6H_{13}N_4)_3PW_{12}O_{40}$）的制备方法：

（1）将0.5 mmol六次甲基四胺充分溶解于10 mL去离子水中，用3 mol/L氢氧化钠溶液调节pH=4.5，得到浓度为$5.0×10^{-2}$ mol/L的六次甲基四胺溶液。

（2）将0.1 mmol磷钨酸充分溶解于10 mL去离子水中，得到浓度为$1.0×10^{-2}$ mol/L的磷钨酸溶液。

（3）在搅拌下将六次甲基四胺溶液逐滴加到磷钨酸溶液中，反应50 min，离心，用蒸馏水洗涤5次，在空气中避光干燥，得到固体复合物。

（4）将固体复合物溶于乙腈，在25 ℃进行重结晶，得到晶体7。

由图16可知，晶体7在700~1 100 cm^{-1}波数区间出现了$H_3PW_{12}O_{40}$的相应特征吸收峰（多酸化学导论），在1 078~1 570 cm^{-1}和500 cm^{-1}范围内也出现了六次甲基四胺的特征振动，说明磷钨酸与六次甲基四胺结合在一起形成了新的复合物；在3 000 cm^{-1}以上，有较宽的特征吸收峰，说明所述复合物之间存在N—H之间的氢键作用。

由图17和图18可知，得到的产物在ESI$^+$模式中可以观察到质子化的六次甲基四胺，而在ESI$^-$模式中只能观察到磷钨酸阴离子，而没有质子化的六次甲基四胺与磷钨酸阴离子结合的峰，结合图16可知晶体7不仅仅依靠阴、阳离子间的静电作用力结合，还应该有磷钨酸阴离子表面的氧原子和六次甲基四胺阳离子的N—H之间形成的氢键作用。

由红外和质谱表征结果可知晶体7即为本发明所述六次甲基四胺磷钨酸盐的晶体。

（省略说明书附图）

3.2.2 第一次审查意见通知书

中华人民共和国国家知识产权局

第 一 次 审 查 意 见 通 知 书

申请号：2014103670700

如说明书所述，本申请涉及一种多金属氧簇有机胺盐及制备方法，经审查，提出如下审查意见：

1. 权利要求1请求保护一种多金属氧簇有机胺盐，而D1（CN 102282211A）也公开了该类型的多金属氧簇有机胺盐（说明书第2页具体实施方式）；D2（JP 2011208038A）也公开了该类型的多金属氧簇有机胺盐（实施例1,3,4,7）；D3（CN 101541891A）也公开了该类型的多金属氧簇有机胺盐（实施例2,19）；D4（CN 1616466A）也公开了该类型的多金属氧簇有机胺盐（表1中分子式1 3）；D5（JP 1991037116A）也公开了该类型的多金属氧簇有机胺盐（实施例9）；D6（GB 1376432A）也公开了该类型的多金属氧簇有机胺盐（实施例3）。上述对比文件1-6公开的多金属氧簇有机胺盐均落入权利要求1的保护范围内，因此权利要求1不具备新颖性，不符合专利法第22条第2款的规定。

2. 权利要求2对多金属氧簇有机胺盐进一步限定，上述对比文件1-6公开的多金属氧簇有机胺盐也均落入权利要求2的保护范围内，因此权利要求2不具备新颖性，不符合专利法第22条第2款的规定。

3. 权利要求1请求保护一种多金属氧簇有机胺盐，而D1也公开了该类型的多金属氧簇有机胺盐（说明书第2页具体实施方式）；D2也公开了该类型的多金属氧簇有机胺盐（实施例1,3,4,7）；D3也公开了该类型的多金属氧簇有机胺盐（实施例2,19）；D4也公开了该类型的多金属氧簇有机胺盐（表1中分子式1-3）D5也公开了该类型的多金属氧簇有机胺盐（实施例9）；D6也公开了该类型的多金属氧簇有机胺盐（实施例3）。从上述D1 D6公开的多金属氧簇有机胺盐中，可以很清楚的看出，其变化主要集中于有机胺部分，在此启示下，当本领域技术人员为了得到更多的多金属氧簇有机胺盐时，在D1-D6公开的多金属氧簇有机胺盐基础上，在常见的有机胺范围内选择合适的有机胺以组合成本申请权利要求1请求保护的多金属氧簇有机胺盐是显而易见的，因此权利要求1不具备创造性，不符合专利法第22条第3款的规定。

4. 权利要求2对多金属氧簇有机胺盐中的有机胺阳离子进行限定，而其附加技术特征均已被D1 D6所公开（具体如上所述），因此当权利要求1不具备创造性时，权利要求2也不具备创造性，不符合专利法第22条第3款的规定。

5. 权利要求3请求保护多金属氧簇有机胺盐的制备方法，而D1中也公开了其多金属氧簇有机胺盐的制备方法（说明书第2页具体实施方式），其实质上也是通过将有机胺溶液加入到多金属氧簇溶液中从而制备得到多金属氧簇有机胺盐，本申请权利要求3的技术方案与对比文件1公开的技术方案相比，其区别主要在于：（1）反应条件略有不同，例如溶液浓度等；（2）产物后处理方式不同。对于上述区别特征（1），D1中已经公开了通过将有机胺溶液加入到多金属氧簇溶液中从而制备得到多金属氧簇有机胺盐的方法，而且其中也公开了相应的有机胺溶液浓度和多金属氧簇溶液浓度，在此基础上，本领域技术人员根据反应所需选择合适的浓度进行反应是显而易见的，通过有限次实验即可获得，无需花费创造性劳动。对于上述区别特征（2），D1中公开了通过结晶的方式得到多金属氧簇有机胺盐，在此基础上，本领域技术人员对反应得到的固体多金属氧簇有机胺盐以重结晶的方式进行纯化处理是显而易见的。综上所述，权利要求3也不具备创造性，不符合专利法第22条第3款的规定。

6. 权利要求4对制备方法进一步限定，D1中公开了溶剂为水（说明书第2页具体实施方式），而由于涉及离子之间的反应，在此情况下，本领域技术人员根据反应所需选择去离子水作为溶剂是显而易见的，因此，权

中华人民共和国国家知识产权局

利要求 4 也不具备创造性，不符合专利法第 22 条第 3 款的规定。

7. 权利要求 5 对制备方法进一步限定，D1 中公开了相应的有机胺以及用 HCl 调节 pH（说明书第 2 页具体实施方式），在此基础上，根据反应所需，本领域技术人员选用合适浓度的 HCl 调节溶液的 pH 是显而易见的。因此，权利要求 5 也不具备创造性，不符合专利法第 22 条第 3 款的规定。

8. 权利要求 6 对制备方法进一步限定，D1 中已经公开了相应的多金属氧簇（说明书第 2 页具体实施方式），因此，权利要求 6 也不具备创造性，不符合专利法第 22 条第 3 款的规定。

9. 权利要求 7 对反应中有机胺与多金属氧簇的比例关系进行限定，而 D1 中公开了多金属氧簇有机胺盐的具体结构（说明书第 2 页具体实施方式），其中已经公开了分子中有机胺与多金属氧簇的比例关系，在此基础上，本领域技术人员根据反应所需选择合适的比例关系进行反应是显而易见的，通过有限次实验即可获得，无需花费创造性劳动。因此，权利要求 7 也不具备创造性，不符合专利法第 22 条第 3 款的规定。

10. 权利要求 8 9 对制备方法进一步限定，D1 中公开了通过结晶的方式得到多金属氧簇有机胺盐，在此基础上，本领域技术人员对反应得到的固体多金属氧簇有机胺盐以重结晶的方式进行纯化处理是显而易见的。而用溶剂（蒸馏水）冲洗和干燥都是本领域常用的技术手段，而且 D1 中公开了"将溶液静置 3 天后长出黄色透明晶体"，其中实质上已经隐含了在常温下静置，在此基础上，本领域技术人员通过多次实验即可获得合适的再结晶温度，无需花费创造性劳动。综上所述，权利要求 8 9 也不具备创造性，不符合专利法第 22 条第 3 款的规定。

11. 权利要求 1 中涉及"有机胺阳离子"，仅凭名称本领域技术人员无法确定何种为本申请的"有机胺阳离子"，因此造成权利要求 1 不清楚，不符合专利法第 26 条第 4 款的规定。

12. 权利要求 3 中涉及"有机胺"和"多金属氧簇"，仅凭名称本领域技术人员无法确定何种化合物为本申请的"有机胺"和"多金属氧簇"，因此造成权利要求 3 不清楚，不符合专利法第 26 条第 4 款的规定。

基于上述理由，本申请的权利要求 1 9 都不具备新颖性/创造性，本申请不具备被授予专利权的前提。如果申请人不能在本通知书规定的答复期限内提出表明本申请具有新颖性和创造性的充分理由，本申请将被驳回。

3.2.3 专利代理人对该审查意见的答复

尊敬的审查员，您好：

感谢您对本申请的认真审查并提出审查意见。针对您的审查意见，本申请人认真阅读后，进行如下修改和陈述。

1. 针对权利要求 1 和 2 不具备新颖性、创造性，不符合《专利法》第 26 条第 2 款、第 3 款规定，以及权利要求 1 不清楚，不符合《专利法》第 26 条第 4 款规定的问题

修改说明：

将权利要求 2 限定的附加技术特征补入权利要求 1 中，并删除"有机胺阳离子为 $[C_{10}H_{18}N]^+$""有机胺阳离子为 $[C_6H_{14}N]^+$，且 X 为 P、M 为 W""有机胺阳离子为 $[C_6H_{16}NO_3]^+$，且 X 为 P、M 为 W"，以及

"有机胺阳离子为 $[C_6H_{16}NO_3]^+$，且 X 为 Si、M 为 Mo"的情况，同时删除权利要求 2，修改后的权利要求 1 如下：

"一种多金属氧簇有机胺盐，其特征在于：所述多金属氧簇有机胺盐的分子式为 $(Q)_m XM_{12}O_{40}$，其中 Q 为有机胺阳离子。

（1）当有机胺阳离子为 $[C_4H_{10}NO]^+$、$[C_8H_{19}N_2O_2]^+$ 和 $[C_6H_{13}N_4]^+$ 中的一种时，X 为 P 和 Si 中的一种；当 X 为 P 时，$m=3$，X 为 Si 时，$m=4$；M 为 Mo 和 W 中的一种。

（2）当有机胺阳离子为 $[C_6H_{14}N]^+$ 时，X 为 P 和 Si 中的一种；当 X 为 P 时，$m=3$，M 为 Mo；当 X 为 Si 时，$m=4$，M 为 Mo 和 W 中的一种。

（3）有机胺阳离子为 $[C_6H_{16}NO_3]^+$ 时，X 为 P 和 Si 中的一种；当 X 为 P 时，$m=3$，M 为 Mo；当 X 为 Si 时，$m=4$，M 为 W。

所述有机胺阳离子的结构式如下：

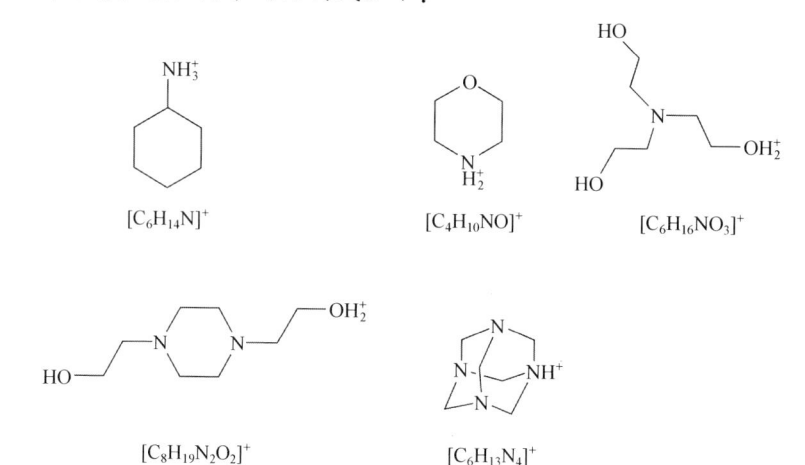

$[C_6H_{14}N]^+$ $[C_4H_{10}NO]^+$ $[C_6H_{16}NO_3]^+$

$[C_8H_{19}N_2O_2]^+$ $[C_6H_{13}N_4]^+$

理由陈述：

（1）经过以上修改，权利要求 1 具备新颖性，符合《专利法》第 26 条第 2 款的规定，理由如下：

对比文件 1 公开的化合物为聚酯树脂，与权利要求 1 不相关；

对比文件 2、5 并未公开权利要求 1 的多金属有机胺盐；

对比文件 3 实施例 2 和实施例 19 公开的磷钨酸三乙醇胺盐和硅钼酸三乙醇胺盐已经删除；

对比文件 4 表 1 中分子式 1~3 的多金属氧簇有机胺盐（含有金刚烷胺的多金属氧酸盐）已经删除；

对比文件6实施例3公开的$(C_6H_{11}NH_3)(PW_{12}O_{40})\cdot xH_2O$已经删除。

综上所述，权利要求1要求保护的方案与对比文件1~6公开的内容不同，权利要求1具备新颖性，符合《专利法》第26条第2款的规定。

(2) 修改后的权利要求1具备创造性，理由如下：

权利要求1与对比文件1~6公开的内容相比，区别在于，权利要求1的多金属氧簇有机胺盐与对比文件1~6中公开的均不相同，权利要求1所选有机胺均为结构上有代表性的有机胺，环状伯胺和仲胺以及环（链）状叔胺，其与多金属氧簇形成的盐兼具有机和无机化合物的结构特点，整个体系的协同效应大于各单独组分的加和。在多金属氧簇类化合物领域，经过阳离子修饰的多金属氧簇类化合物能够改善其催化性能。阳离子不同，其与阴离子的相互作用就不同，不同的阳离子和阴离子相互作用后会使催化剂具有不同的性能，即催化性能是无法预料的。且其合成难度也大不相同。因此，虽然对比文件3、4、6公开了一些多金属氧簇有机胺盐，但是，由于多金属氧簇有机胺盐并不具有一致的规律性，其多样性导致每种化合物的结构、阴阳离子之间的相互作用、催化性能和合成难度均是无法预料的。

综上所述，在对比文件1~6的基础上，本领域技术人员结合公知常识不能推出本申请的权利要求1的技术方案，对比文件1~6也未给出任何技术启示，权利要求1要求保护的技术方案对本领域技术人员来说是非显而易见的，因此，权利要求1具备突出的实质性特点和显著的进步，具备《专利法》第22条第3款规定的创造性。

(3) 修改后的权利要求1能够清楚地限定要求专利保护的范围，符合《专利法》第26条第4款的规定。

2. 针对权利要求3不具备创造性，不符合《专利法》第22条第3款规定的问题

修改说明：

将权利要求4~7中记载的附加技术特征补入权利要求3中，同时删除权利要求4~7，得到修改后的权利要求3。

理由陈述：

修改后的权利要求3具备创造性，理由如下：

权利要求3与对比文件1公开的内容相比，区别在于：对比文件1并未公开多金属氧簇有机胺盐的制备方法，而权利要求3完整地公开了

本申请的多金属氧簇有机胺盐的具体制备方法，因此，对比文件1无法给出任何制备多金属氧簇有机胺盐的技术启示，权利要求1要求保护的技术方案对本领域技术人员来说是非显而易见的。

此外，权利要求3步骤（1）中，将有机胺溶解于溶剂中，调节pH值为2~4.5，得到浓度为$4.0×10^{-2}$~$6.0×10^{-2}$ mol/L的有机胺溶液。针对该技术特征，调节pH值为2~4.5，为最佳pH值范围。若pH值过高，则在有机胺溶液与多金属氧簇混合时会由于碱性太大而破坏多金属氧簇的骨架。权利要求3的pH值范围能够使多金属氧簇骨架在整个反应过程中保持完整。浓度为$4.0×10^{-2}$~$6.0×10^{-2}$ mol/L，为最适合的浓度范围。如果浓度过高则反应速度过快，使沉淀在短时间内大量析出，易夹杂杂质而不利于下一步的重结晶；如果浓度过低则不利于沉淀的析出。

权利要求3步骤（3）中，有机胺与多金属氧簇的物质的量之比为（4~5）:1，该计量比为最佳范围，在此计量比条件下，能够确保多金属氧簇与有机胺反应完全，防止副产物的生成。

上述技术特征都是发明人以大量的试验摸索作为基础，并且要利用多种手段对试验结果进行分析，验证结果的可靠性并进一步分析内在机理才得到的，也是本申请的关键技术特征，这不是本领域技术人员通过简单的有限试验和合理分析就能得到的，因此，包含上述技术特征的完整的制备方法是非显而易见的，权利要求3的技术方案的效果也不是本领域技术人员可随意预料得到的。

综上所述，在对比文件1的基础上，本领域技术人员结合公知常识不能推出本申请的权利要求3的技术方案，对比文件1也未给出将上述区别特征应用到现有技术中以解决如何制备本申请的多金属氧簇有机胺盐问题的技术启示，权利要求3要求保护的技术方案对本领域技术人员来说是非显而易见的，因此，权利要求1具备突出的实质性特点和显著的进步，具备《专利法》第22条第3款规定的创造性。

另外，修改后的权利要求3能够清楚地限定要求专利保护的范围，符合《专利法》第26条第4款的规定。

3. 经过第1、2条的修改，将权利要求整体序号进行相应的调整

4. 针对权利要求3~4（原权利要求8~9）不具备创造性，不符合《专利法》第22条第3款规定的问题

权利要求3~4分别是权利要求2的从属权利要求，独立权利要求2具备创造性的前提下，从属权利要求3~4也同样具备创造性，符合《专

利法》第 22 条第 3 款的规定。

再次感谢您对本申请所做的仔细审核工作。

随此意见陈述书同时附上权利要求书的修改页和替换页。以上修改未超出原说明书和权利要求书记载的范围。申请人恳请审查员在审核上述修改及答复意见的基础上，早日授予本专利申请的专利权。如有进一步探讨，申请人恳请审查员给予进一步陈述意见或当面会晤的机会。谢谢！

3.2.4 审查意见分析

1. 本次审查意见主要指出的问题

涉及法条——《专利法》第 22 条和第 26 条，具体如下：

(1) 权利要求 1 和 3 不清楚，不符合《专利法》第 26 条的规定。

(2) 权利要求 1 和 2 不具备《专利法》第 22 条规定的新颖性。

(3) 权利要求 1 和 3 不具备《专利法》第 22 条规定的创造性。

2. 答复该审查意见时进行答复的顺序建议

首先对权利要求 1 进行修改，将权利要求 2 中对"有机胺阳离子"的限定补入权利要求 1 中，克服权利要求 1 不清楚的问题。

其次，审查员通过 6 篇对比文件（D1~D6）评价了权利要求 1 的新颖性问题，通过仔细分析 6 篇对比文件，将 6 篇对比文件中公开的与本申请权利要求 1 中相同的多金属氧簇有机胺盐删除，以克服权利要求 1 的新颖性问题。

再次，在满足新颖性的前提下，再阐述权利要求 1 的创造性问题。

发明的创造性，是指与现有技术相比，该发明具有突出的实质性特点和显著的进步。判断要求保护的发明相对于现有技术是否显而易见，通常可按照以下三个步骤进行：

(1) 确定最接近的现有技术；

(2) 确定发明的区别特征和发明实际解决的技术问题；

(3) 判断要求保护的发明对本领域技术人员来说是非显而易见的。

因此，对权利要求 3 进行修改，将权利要求 5 中对"有机胺"的限定，和权利要求 6 中对"多金属氧簇"的限定补入权利要求 3 中，克服权利要求 3 不清楚的问题；然后再阐述权利要求 1 的创造性问题。

3.3 案例3 一种锂单质硫二次电池用复合正极材料的制备方法

3.3.1 第一次提交的专利申请文件

一、原权利要求书

1. 一种锂单质硫二次电池用复合正极材料的制备方法，其特征在于：

(1) 称取单质硫、无水氯化铁并加入无水氯仿混合均匀；
(2) 称取单体噻吩，并加入加料器中；
(3) 步骤（1）所述的混合物装入反应釜中混合均匀；
(4) 将单体噻吩通过加料器缓慢均匀地加入反应釜中搅拌反应；
(5) 将步骤（4）得到的固体加入大量无水甲醇洗涤；
(6) 将步骤（5）得到的固体加入大量去离子水洗涤；
(7) 将步骤（6）得到的物质放入真空干燥箱中干燥12~24 h，得到单质硫复合材料。

2. 根据权利要求1所述的一种锂单质硫二次电池用复合正极材料的制备方法，其特征在于所述单质硫是升华硫或高纯硫，无水氯化铁为化学纯或分析纯，无水氯仿为分析纯。

3. 根据权利要求1所述的一种锂单质硫二次电池用复合正极材料的制备方法，其特征在于权利要求1所述步骤（2）中单体噻吩与无水氯化铁物质的量之比在1:2~1:6的范围内。

4. 根据权利要求1所述的一种锂单质硫二次电池用复合正极材料的制备方法，其特征在于以质量百分比计，所述复合材料中单质硫的含量为25%~95%。

5. 根据权利要求1所述的一种锂单质硫二次电池用复合正极材料的制备方法，其特征在于权利要求1所述步骤（3）中混合物处于0 ℃环境下。

6. 根据权利要求1所述的一种锂单质硫二次电池用复合正极材料的制备方法，其特征在于权利要求1所述步骤（3）中混合物持续搅拌10~50 min。

7. 根据权利要求1所述的一种锂单质硫二次电池用复合正极材料

的制备方法，其特征在于权利要求1所述步骤（4）中温度控制在0~10 ℃之间，恒温6~10 h。

8. 根据权利要求1所述的一种锂单质硫二次电池用复合正极材料的制备方法，其特征在于权利要求1所述步骤（4）中加料器加料缓慢均匀。

9. 根据权利要求1所述的一种锂单质硫二次电池用复合正极材料的制备方法，其特征在于权利要求1所述步骤（5）中无水甲醇为分析纯。

10. 根据权利要求1所述的一种锂单质硫二次电池用复合正极材料的制备方法，其特征在于权利要求1所述步骤（5）中无水甲醇滤过液无色时停止。

11. 根据权利要求1所述的一种锂单质硫二次电池用复合正极材料的制备方法，其特征在于权利要求1所述步骤（6）中去离子水滤过液为中性时停止。

12. 一种用于权利要求1所述的一种锂单质硫二次电池用复合正极材料的制备方法的反应釜，其特征在于所述反应釜为玻璃制造，并可控制温度在0~10 ℃。

二、说明书

硫二次电池用复合正极材料的制备方法

技术领域

本发明是一种锂单质硫二次电池用复合正极材料的制备方法，属于化学储能电池领域。该方法将单质硫作为电极活性中心，采用原位化学氧化聚合导电性能良好的导电聚合物聚噻吩作为外壳，制备得到一种电化学活性高、放电比容量大的单质硫复合材料。

背景技术

锂硫二次电池被认为是最有发展潜力的基于多电子反应机制的新型二次电池体系之一。单质硫与锂反应的理论比容量为1 675 mAh/g，质量比能量达2 600 Wh/kg（金属锂与硫完全反应后生成Li_2S），远远高于现行的传统锂离子二次电池材料如$LiCoO_2$、$LiMnO_2$和$LiFePO_4$等。同时硫又具有来源丰富、价格便宜、环境友好、电池体系安全性较好等优点。然而，仍然有许多问题制约了锂硫电池的发展与广泛应用。

首先，单质硫在室温下是电子和离子的绝缘体（5×10^{-30} S/cm，25 ℃），在室温下不具备基本电化学活性；其次硫还原生成 Li_2S 的过程是一个多步反应，其中间产物多硫化锂易溶于有机液态电解液，多硫化锂的大量溶解会导致一部分的活性物质流失，还会导致电解液黏度的增大及离子导电性的降低。而且部分溶解了的多硫化锂扩散至负极还会与锂发生自放电反应，进一步恶化电池的性能。从而导致硫正极活性物质利用率低，电池循环寿命缩短。

为了改善锂硫电池的循环寿命，以乙二醇二甲醚、1,3-二氧五环、四氢呋喃、二甘醇二甲醚、四甘醇二甲醚等有机溶剂以及相关混合溶剂为基的电解液被研究应用。研究表明，上述溶剂在一定程度上能有效抑制单质硫放电产物的溶解从而改善电池的循环性能。随着聚合物和凝胶电解质的发展，采用纯固态的电解质并结合特殊的电池设计技术，可以较大程度地抑制放电产物的溶解，但是单质硫电极本身导电性等问题始终未得以解决。

导电聚合物通常指本征导电聚合物，这一类聚合物主链上含有交替的单键和双键，从而形成了大的共轭π体系。π电子的流动产生了导电的可能性。日本科学家白川英树和美国科学家 Heeger、MacDiarmid 是这一研究领域的开拓者，以导电聚合物作为良好导电剂掺入电极材料成为一种普遍的改良电极的方式，如 Goodenough 等采用聚吡咯与 $LiFePO_4$ 掺杂，从而显著提高了材料的电化学活性。

发明内容

本发明的目的在于提供一种锂二次电池正极用高容量单质硫复合材料的制备方法，通过聚噻吩的包覆来加大材料电化学，提升活性电极活性物质利用率，降低中间产物流失率，从而改善电池的循环寿命。造成金属锂单质硫电池循环寿命衰减的主要原因是电极导电性差和放电产物的溶解。为此，本发明提供了一种制备电化学活性高、比容量大的单质硫复合材料的方法。该方法所制备的复合材料由两部分组成：一是导电性能良好的导电聚噻吩；另一部分是具有电化学活性的单质硫。该复合材料以硫单质为核，采用原位化学聚合法将导电聚噻吩均匀包覆于硫表面形成结构均匀的复合产物。

本发明的内容包括：以硫单质为核，采用原位化学聚合法将高导电性聚噻吩均匀地包覆在硫颗粒的表面上；化学氧化聚合过程采用特殊设计的缓慢加料低温搅拌反应釜，该方法的优点在于既精确控制复合材料的硫含量又能制得结构均匀的包覆产物；具有优良加工性能的聚噻吩既能紧密包覆硫正极中间多聚化锂，阻碍其溶解，又能降低活性物质硫的团聚，从而提高导电剂与单质硫的接触面积，进而提高其利用率；聚噻吩优良的导电性能将有助于克服单质硫导电性能差的问题，表面的细孔结构又提供了较高的比表面积和强大的吸附能力，进一步抑制放电产物的溶解流失，从而提高活性物质的利用率，改善电池的循环性能。

基于上述设计思路的单质硫复合材料的具体制备步骤如下：

(1) 称取一定量的单质硫和物质的量的比在 1:2~1:6 范围内的单体噻吩和无水氯化铁，单质硫为升华硫或高纯硫，噻吩为分析纯或色谱纯，无水氯化铁为化学纯或分析纯，单质硫质量占噻吩与单质硫合计质量的 25%~95%；

(2) 称取一定量的无水氯仿，无水氯仿为分析纯；

(3) 将步骤 (1) 中的无水氯化铁、单质硫和 (2) 中的无水氯仿混合均匀地装入特殊设计的可控低温玻璃反应釜中，在 0 ℃下充分混合 30 分钟；

(4) 将单体噻吩通过加料器缓慢均匀地加入反应釜中，期间保持体系温度为 0~10 ℃，恒速 2 000 r/min 下搅拌反应 10 h；

(5) 滤去步骤 (4) 得到的多余液体，得到固体加入大量无水甲醇以洗去多余氯化铁单质，反复多次过滤至甲醇洗液澄清；

(6) 将步骤 (5) 得到的固体加入大量去离子水洗涤，反复多次至滤过液呈中性；

(7) 将步骤 (6) 得到的固体放入真空干燥箱中，50 ℃下干燥 12 h 除去多余水，得到聚噻吩包覆单质硫复合材料。

本发明方法突出的优点是在制备单质硫复合材料时采用了低温原位化学聚合的方式使聚噻吩能均匀高效地包覆于单质硫颗粒的表面。与已有的方法相比较，该方法能快速应用于硫复合材料的大批量生产，能控制复合材料中单质硫的含量，在低温下搅拌反应釜中能使单质硫与噻吩单体充分反应，制得的聚噻吩产率高达 96%，并且导电性能优良，因而制得的复合材料颗粒细致、分布均匀，避免了材料的烧结、板结现象。

为了检测本发明方法制备的单质硫复合材料的电化学性能，本发明将该复合材料作为正极制备了可充锂电池，其组成包括正极、负极、电解质和隔膜，其特征在于：

(1) 正极的组成包括正极活性材料、导电添加剂和黏结剂。其中正极活性材料是指如上所述的聚噻吩包覆单质硫复合材料；

(2) 负极为金属锂或含锂合金如 Li、Li-Sn、Li-Si、Li-Al 合金；

(3) 电解质为液态电解质、固态电解质或凝胶电解质。

将上述制备的可充锂电池在室温下以 100 mA/g 的电流密度充放电，单质硫活性物质放电比容量为 500~1 500 mAh/g，平均放电电压为 2.1 V（vs. Li/Li$^+$），活性物质的利用率在 60%~90% 之间，电池在循环 50 次后还保持较高的比容量，表现出了良好的循环稳定性，所制得的可充锂电池能量密度高于 300 Wh/kg。

本发明方法制备的单质硫复合材料在一定程度上解决了单质硫导电性能差、放电产物溶解流失的问题，从而提高了电池的容量特性和循环寿命。且该制备方法简单，成本低廉，所采用的材料价格便宜，与环境友好，制成的电池耐过充能力强，电池的安全性能好，因而具有良好的应用前景。

附图说明

图 1 为本发明方法所设计的缓慢加料低温搅拌反应釜；

图 2 为采用本发明方法制备的单质硫复合材料的 SEM 图；

图 3 为采用本发明方法制备的单质硫复合材料的 TEM 图；

图 4 为采用本发明方法制备的单质硫复合正极材料组装电池的首次放电曲线图；

图 5 为采用本发明方法制备的单质硫复合正极材料组装电池的第五次循环伏安图；

图 6 为采用本发明方法制备的单质硫复合正极材料组装电池的循环性能图。

具体实施方式

[实施例 1]

称取质量比为 30∶70 的单质硫（100 目，Aldrich）与噻吩单体（分析纯，国药集团），并按物质的量之比为 1∶4 称取无水氯化铁（化学纯，国药集团）。将单质硫与无水氯化铁放入反应釜中，并加入无水氯仿至完全没过固体。控制釜内温度于 0~10 ℃，并以 1 000 r/min 速度搅拌 30 min 使固体混合均匀。将已定量单体噻吩装入加料器并缓慢均匀加入反应釜。全程保持1 000 r/min速度搅拌和釜内温度在0~10 ℃下10 h,使噻吩单体与吸附于单质硫表面的无水氯化铁发生原位化学聚合。而后滤去多余废液,并加入无水甲醇洗涤多次至滤过液为无色。再加入去离子水洗涤至滤过液为中性。最后将固体置于真空干燥箱,并在50 ℃下真空干燥12 h。该复合材料中硫含量为25%。

将该复合材料与乙炔黑、聚偏氟乙烯（PVDF）按质量比70∶20∶10混合均匀,以N-甲基-2-吡咯烷酮（NMP）为溶剂,在玛瑙研钵中混合均匀,浆液均匀涂布在集流体Al箔上,得到单质硫复合电极。以该电极为工作电极,金属锂片为对电极,Celgrad2300为隔膜,1 mol/L双三氟甲基磺酸酰亚胺锂（LiTFSI）/乙二醇二甲醚（DME）+1,3-二氧戊烷（DOL）（体积比1∶1）为电解液组装成电池。

电池的开路电压为2.93 V,在室温下以100 mA/g的电流密度进行充放电,材料的首次放电比容量为789.2 mAh/g。在放电曲线上出现了2个明显的放电平台,分别在2.30 V和2.07 V左右。50次循环后放电比容量还保持在608.2 mAh/g,显示出了良好的循环稳定性。

[实施例2]

称取质量比40∶60的单质硫与噻吩单体,并按物质的量之比为1∶4称取无水氯化铁。将单质硫与无水氯化铁放入反应釜中,并加入无水氯仿至完全没过固体。控制釜内温度于0~10 ℃,并以1 000 r/min速度搅拌30 min使固体混合均匀。将已定量单体噻吩装入加料器并缓慢均匀地加入反应釜。全程保持1 000 r/min速度搅拌和釜内温度在0~10 ℃下10 h,使噻吩单体与吸附于单质硫表面的无水氯化铁发生原位化学聚合。而后滤去多余废液,并加入无水甲醇洗涤多次至滤过液为无色;再加入去离子水洗涤至滤过液为中性;最后将固体置于真空干燥箱,并在50 ℃下真空干燥12 h。该复合材料中硫含量为35%。

将该复合材料与乙炔黑、LA133型树脂按质量比70∶20∶10混合均匀,以去离子水为溶剂,在不锈钢球磨罐中以300 r/min的速度球磨8 h,均匀涂布在集流体Al箔上,得到单质硫复合电极。以该电极为工作电极,金属锂片为对电极,Celgrad2300为隔膜,1 mol/L双三氟甲基磺酸酰亚胺锂（LiTFSI）/乙二醇二甲醚（DME）+1,3-二氧戊烷（DOL）（体积比1∶1）为电解液组装成电池。

电池的开路电压为2.99 V,在室温下以100 mA/g的电流密度进行充放电,材料的首次放电比容量为823.1 mAh/g,50次循环后放电比容量还保持在634.1 mAh/g。

[实施例3]

称取质量比55∶45的单质硫与噻吩单体,并按物质的量之比为1∶4称取无水氯化铁。将单质硫与无水氯化铁放入反应釜中,并加入无水氯仿至完全没过固体。控制釜内温度于0~10 ℃,并以1 000 r/min速度搅拌30 min使固体混合均匀。将已定量单体噻吩装入加料器并缓慢均匀地加入反应釜。全程保持1 000 r/min速度搅拌和釜内温度在0~10 ℃下10 h,使噻吩单体与吸附于单质硫表面的无水氯化铁发生原位化学聚合。而后滤去多余废液,并加入无水甲醇洗涤多次至滤过液为无色;再加入去离子水洗涤至滤过液为中性;最后将固体置于真空干燥箱,并在50 ℃下真空干燥12 h。该复合材料中硫含量为53%。

将该复合材料与乙炔黑、聚偏氟乙烯(PVDF)按质量比70∶20∶10混合均匀,以N-甲基-2-吡咯烷酮(NMP)为溶剂,在玛瑙研钵中混合均匀,浆液均匀涂布在集流体Al箔上,得到单质硫复合电极。以该电极为工作电极,金属锂片为对电极,Celgrad2300为隔膜,1 mol/L双三氟甲基磺酸酰亚胺锂(LiTFSI)/乙二醇二甲醚(DME)+1,3-二氧戊烷(DOL)(体积比为1∶1)为电解液组装成电池。

复合材料在1~3 V之间的循环伏安曲线表明在2.05 V和2.35 V附近存在2个还原峰,在2.4 V附近存在1个氧化峰,与传统的锂硫电池相同,说明聚噻吩在区间内有良好的电化学稳定性。在室温下以100 mA/g的电流密度对电池进行充放电,材料的首次放电比容量为1 021.5 mAh/g,硫的利用率达60.9%。40次循环后放电比容量还保持在700.7 mAh/g,表现出良好的循环稳定性。

[实施例4]

称取质量比75∶25的单质硫与噻吩单体,并按物质的量之比为1∶4称取无水氯化铁。将单质硫与无水氯化铁放入反应釜中,并加入无水氯仿至完全没过固体。控制釜内温度于0~10 ℃,并以1 000 r/min速度搅拌30 min使固体混合均匀。将已定量单体噻吩装入加料器并缓慢均匀地加入反应釜。全程保持1 000 r/min速度搅拌和釜内温度在0~10 ℃下10 h,使噻吩单体与吸附于单质硫表面的无水氯化铁发生原位化学聚合。而后滤去多余废液,并加入无水甲醇洗涤多次至滤过液为无色;再加入去离子水洗涤至滤过液为中性;最后将固体置于真空干燥箱,并在50 ℃下真空干燥12 h。该复合材料中硫含量为72%。

将该复合材料与乙炔黑、聚偏氟乙烯（PVDF）按质量比 70∶20∶10 混合均匀，以 N-甲基-2-吡咯烷酮（NMP）为溶剂，在玛瑙研钵中混合均匀，浆液均匀涂布在集流体 Al 箔上，得到单质硫复合电极。以该电极为工作电极，金属锂片为对电极，Celgrad2300 为隔膜，1 mol/L 双三氟甲基磺酸酰亚胺锂（LiTFSI）/乙二醇二甲醚（DME）+1,3-二氧戊烷（DOL）（体积比为 1∶1）为电解液组装成电池。

电池的开路电压为 3.10 V，在室温下以 100 mA/g 的电流密度对电池进行充放电，材料的首次放电比容量为 1 208.4 mAh/g，50 次循环后放电比容量还保持在 912.4 mAh/g，容量保持率达 70% 以上，表现出良好的循环稳定性。

[实施例 5]

称取质量比为 85∶15 的单质硫与噻吩单体，并按物质的量之比为 1∶4 称取无水氯化铁（化学纯，国药集团）。将单质硫与无水氯化铁放入反应釜中，并加入无水氯仿至完全没过固体。控制釜内温度于 0~10 ℃，并以 1 000 r/min 速度搅拌 30 min 使固体混合均匀。将已定量单体噻吩装入加料器并缓慢均匀地加入反应釜。全程保持 1 000 r/min 速度搅拌和釜内温度在 0~10 ℃ 下 10 h，使噻吩单体与吸附于单质硫表面的无水氯化铁发生原位化学聚合。而后滤去多余废液，并加入无水甲醇洗涤多次至滤过液为无色；再加入去离子水洗涤至滤过液为中性；最后将固体置于真空干燥箱，并在 50 ℃ 下真空干燥 12 h。该复合材料中硫含量为 81%。

在室温下以 100 mA/g 的电流密度对电池进行充放电，材料的首次放电比容量为 1 100.2 mAh/g，20 次循环后放电比容量还保持在 990.6 mAh/g。

[实施例 6]

称取质量比 93∶7 的单质硫（100 目，Aldrich）与噻吩单体（分析纯，国药集团），并按物质的量之比为 1∶4 称取无水氯化铁（化学纯，国药集团）。将单质硫与无水氯化铁放入反应釜中，并加入无水氯仿至完全没过固体。控制釜内温度于 0~10 ℃，并以 1 000 r/min 速度搅拌 30 min 使固体混合均匀。将已定量单体噻吩装入加料器并缓慢均匀地加入反应釜。全程保持 1 000 r/min 速度搅拌和釜内温度在 0~10 ℃ 下 10 h，使噻吩单体与吸附于单质硫表面的无水氯化铁发生原位化学聚合。而后滤去多余废液，并加入无水甲醇洗涤多次至滤过液为无色；再加入去离子水洗涤至滤过液为中性；最后将固体置于真空干燥箱，并在 50 ℃ 下真空干燥 12 h。该复合材料中硫含量为 90%。

在室温下以 100 mA/g 的电流密度对电池进行充放电，材料的首次放电比容量为 686.2 mAh/g，50 次循环后放电比容量还保持在 502.4 mAh/g。

[**实施例 7**]

称取质量比为 75 : 25 的单质硫（100 目，Aldrich）与噻吩单体（分析纯，国药集团），并按物质的量之比为 1 : 4 称取无水氯化铁（化学纯，国药集团）。将单质硫与无水氯化铁放入反应釜中，并加入无水氯仿至完全没过固体。控制釜内温度于 0~10 ℃，并以 1 000 r/min 速度搅拌 30 min 使固体混合均匀。将已定量单体噻吩装入加料器并缓慢均匀加入反应釜。全程保持 1 000 r/min 速度搅拌和釜内温度在 0~10 ℃ 下 10 h，使噻吩单体与吸附于单质硫表面的无水氯化铁发生原位化学聚合。而后滤去多余废液，并加入无水甲醇洗涤多次至滤过液为无色；再加入去离子水洗涤至滤过液为中性；最后将固体置于真空干燥箱，并在 50 ℃ 下真空干燥 12 h。该复合材料中硫含量为 72%。

将该复合材料与乙炔黑、LA133 型树脂按质量比 70 : 20 : 10 混合均匀，以去离子水为溶剂，在不锈钢球磨罐中以 300 r/min 的速度球磨 8 h，均匀涂布在集流体 Al 箔上，得到单质硫复合电极。以该电极为工作电极，金属锂片为对电极，Celgrad2300 为隔膜，1 mol/L 双三氟甲基磺酸酰亚胺锂（LiTFSI）/ 乙二醇二甲醚（DME）+ 1，3-二氧戊烷（DOL）（体积比为 1 : 1）为电解液组装成电池。

在室温下以 100 mA/g 的电流密度对电池进行充放电，材料的首次放电比容量为 686.2 mAh/g，50 次循环后放电比容量还保持在 502.4 mAh/g。

3.3.2 第一次审查意见通知书

中华人民共和国国家知识产权局

第 一 次 审 查 意 见 通 知 书

申请号：2009102419786

本申请涉及一种锂单质硫二次电池用复合正极材料的制备方法。根据审查员对说明书所记载的发明的理解，其要解决的技术问题是"提高锂硫电池正极导电性，减少放电产物的溶解"。基于这种理解，提出如下审查意见。

权利要求1-11不具备专利法第22条第3款规定的创造性，权利要求12不具备专利法第22条第2款的规定的新颖性。

1. 权利要求1请求保护一种锂单质硫二次电池用复合正极材料的制备方法。对比文件1（CN101562261A）公开了一种锂硫电池的制备方法，并具体公开了以下特征（参见权利要求7）：以单质硫复合物为正极，其中单质硫复合物可以为硫/导电聚合物复合物，其中导电聚合物可以为聚噻吩。

权利要求1与对比文件1的区别技术特征为采用包覆的方法将聚噻吩添加到硫基正极中，并具体限定了包覆过程的具体步骤。实际解决的技术问题是减少放电产物的溶解。

对比文件2（"原位聚合导电高分子包混对硬碳性能的影响"，孙颢等，功能材料与器件学报，第13卷第4期）公开了一种导电高分子原位聚合包混硬碳的方法，并具体公开了以下特征（参见第312页右栏1.1 (6)，右栏2.1）：将硬碳、三氯甲烷（即无水氯仿）、无水三氯化铁加入三口烧瓶（即反应釜）中，保持温度为5℃。缓慢滴加含噻吩的三氯甲烷溶液于三口烧瓶，持续搅拌反应8h（即首先将称取的电极材料、无水氯化铁、无水氯仿加入反应釜混合均匀，通过加料器缓慢均匀的加入单体噻吩，搅拌反应）。噻吩将在硬碳表面原位聚合成为聚噻吩。随后，产物在盐酸中浸泡24h以除去过量铁离子。因此对比文件2公开了利用原位化学聚合在电极材料表面包覆聚噻吩的方法以及其具体步骤，虽然包覆聚噻吩在对比文件2中的作用不是"防止硫还原过程中的中间产物的溶解"，但是对比文件2记载了其作用在于"对负极材料与电解液的直接接触起到屏蔽作用，有利于电化学性能的提高"（参见第312页右栏2.1）。因此，对比文件2给出了用聚噻吩包覆电极材料，以阻止电极材料和电解液接触的启示。这种启示使得当本领域技术人员在面对防止硫还原过程中的中间产物的溶解的技术问题时，有动机将对比文件2中公开的"利用原位化学聚合在电极材料表面包覆聚噻吩的方法"以及其具体步骤应用到对比文件1中，以获得权利要求1要求保护的技术方案。虽然去除合成产物中过量铁离子的方法与本申请的不同，但是步骤"(5)步骤(4)得到的固体加入大量无水甲醇洗涤；(6)步骤(5)得到的固体加入大量去离子水洗涤；(7)步骤(6)得到的物质放入真空干燥箱中干燥12~24小时，得到单质硫复合材料"是本领域采用氧化法合成聚噻吩产品后去除合成产物中过量铁离子的常用技术手段。

因此，在对比文件1的基础上结合对比文件2和本领域的公知常识，以得到权利要求1请求保护的技术方案对本领域技术人员来说是显而易见的。因此，权利要求1不具备突出的实质性特点，不具备专利法第22条第3款规定的创造性。

2. 权利要求2和9分别从属于权利要求1，其附加技术特征是"所述单质硫是升华硫或高纯硫，无水氯化铁为化学纯或分析纯，无水氯仿为分析纯"和"权利要求1所述步骤(5)中无水甲醇为分析纯"。而采用升华硫或高纯硫作为单质硫，采用化学纯或分析纯的无水氯化铁，采用分析纯的无水氯仿以及采用分析纯的无水甲醇是本领域对于化学试剂的常规选择。因此，当其引用的权利要求1不具备创造性时，权利要求2和9也不具备创造性。

3. 权利要求3从属于权利要求1，其附加技术特征为"权利要求1所述步骤(2)中单体噻吩与无水氯化铁物质的量之比在1：2~1：6的范围内"。对比文件2公开了其使用的无水氯化铁质量为2.5g（即0.0154mol），噻吩质量为0.5g（即0.0059mol），因此，单体噻吩与无水氯化铁物质的量的比为1：2.5。由此可见，权利要求3的附加技术特征也已经被对比文件2公开。因此，当其引用的权利要求1不具备创造性时，权利要求3也不具备创造性。

4. 权利要求4从属于权利要求1，其附加技术特征为"以质量百分比计，所述复合材料中单质硫的含量为25%~95%"。对比文件3（CN1396202A）公开了一种单质硫/导电聚合物复合材料，其可以作为正极材料

3.3.3 专利代理人对该审查意见的答复

尊敬的审查员,您好:

感谢您对本申请的认真审查并提出审查意见。针对您的审查意见,本申请人认真阅读后,对本发明申请进行修改和意见陈述如下。

1. 针对权利要求 1 不具备创造性,不符合《专利法》第 22 条第 3 款规定的问题

申请人现将权利要求 2~11 中的技术特征补入权利要求 1 中,得到修改后的权利要求 1,并删除原权利要求 2~12。申请人认为,修改后的权利要求 1 具备《专利法》第 22 条第 3 款规定的创造性,理由如下:

对比文件 1 公开了一种锂硫电池的制备方法,其利用富锂正极材料与硫复合材料混合,其中单质硫复合物可以为硫/导电聚合物复合物,其中导电聚合物可以为聚噻吩。对比文件 1 仅指出了单质硫可以与聚噻吩复合作为正极材料,并未给出具体的反应过程和实验参数。

对比文件 2 公开了导电高分子原位聚合包混硬碳的方法。修改后的权利要求 1 与对比文件 2 相比,区别技术特征为:[1] 本申请制备得到的是锂硫电池正极材料,而对比文件 2 通过导电高分子原位聚合包混硬碳,得到的是锂电池负极材料。[2] 本申请和对比文件 2 虽然都是将聚噻吩包覆在电极材料表面,但两者作用不同,得到产物的形貌也不同。[3] 本申请的步骤(3)是将单质硫、无水氯化铁加入无水氯仿中,持续搅拌 10~50 min,然后接步骤(4)加入单体噻吩进行反应。而对比文件 2 没有上述前置分散步骤。[4] 本申请是将产物用无水乙醇和去离子水进行洗涤,而对比文件 2 是用盐酸浸泡除去铁离子。

对于区别技术特征[1],本申请制备得到的锂硫电池正极材料与对比文件 2 得到的锂电池负极材料的应用领域不同,两者解决的技术问题不同,本领域技术人员无法得到将负极材料的制备方法应用到正极材料制备中的技术启示。

对于区别技术特征[2],对比文件 2 将聚噻吩包覆在电极材料表面,作用在于对负极材料与电解液的直接接触起到屏障作用,解决的技术问题是阻止电极材料与电解液接触。本申请的复合正极材料是以硫单质为核,采用原位化学聚合法将导电聚噻吩均匀包覆于硫表面形成结构均匀的复合产物。解决的技术问题是利用聚噻吩表面的细孔结构提供较高的比表面积和强大的吸附能力,进一步抑制放电产物的溶解流失,从而提

高活性物质的利用率，改善电池的循环性能（参见说明书发明内容部分第 1~2 段）。从说明书附图中的图 2 中也可以看出，本申请得到的复合正极材料表面为微孔结构，能够实现较高的比表面积和强大的吸附能力，与对比文件 2 电镜照片中的鳞片状产物不同。

对于区别技术特征 [3]，单质硫和硬碳与聚噻吩的作用方式不同。由于前置混合步骤的影响，在单质硫、无水氯化铁加入无水氯仿搅拌 10~50 min，混合均匀后加入噻吩单体，可以降低颗粒二次团聚的作用，使噻吩单体在硫核表面不是均匀地吸附，表现为最终合成网状多孔的聚噻吩壳状结构，同时减小材料的粒径，得到纳米级的复合材料。而对比文件 2 中的硬碳材料在搅拌过程中的粒径变化并不明显，因此无法得到相应的多孔表面形貌。

对于区别技术特征 [4]，本申请将产物用无水乙醇和去离子水进行洗涤，不仅可以去除过量的铁离子，还可以去除附带引入的氯离子。由于导电聚合物的性质会随着引入的掺杂离子的不同，而表现出截然不同的电化学性能。而对比文件 2 中采用的盐酸浸泡方式无法除去聚合物中的掺杂氯离子，会影响聚合物的导电性能。因此，上述清洗方法虽然是一种常规方式，但在材料制备领域的众多清洗方法中选择合适的方法需要在大量实验后确定，即使结合公知常识，本领域技术人员也无法轻易获得相关启示。

因此，本发明申请相对于对比文件 1、对比文件 2 以及本领域公知常识是非显而易见的，具有突出的实质性特点。

本申请以硫单质为核，采用原位化学聚合法将高导电性聚噻吩均匀地包覆在硫颗粒的表面；具有优良加工性能的聚噻吩既能紧密包覆硫正极中间多聚化锂，阻碍其溶解，又能降低活性物质硫的团聚，从而提高导电剂与单质硫的接触面积，进而提高其利用率；聚噻吩优良的导电性能将有助于克服单质硫导电性能差的问题，表面的细孔结构又提供了较高的比表面积和强大的吸附能力，进一步抑制放电产物的溶解流失，从而提高活性物质的利用率，改善电池的循环性能，获得了有益的技术效果，具有显著的进步。

因此，本发明申请修改后的权利要求 1 请求保护的技术方案是非显而易见的，具有突出的实质性特点和显著的进步，具备《专利法》第 22 条第 3 款规定的创造性。

2. 针对权利要求 12 不符合《专利法》第 22 条第 3 款规定的问题

由于对比文件中公开了玻璃制造的三口烧瓶，因此将权利要求 12 删除。

3.3.4 审查意见分析

本次审查意见主要指出的问题：

涉及法条——《专利法》第 22 条：创造性问题。

发明的创造性，是指与现有技术相比，该发明具有突出的实质性特点和显著的进步。判断要求保护的发明相对于现有技术是否显而易见，通常可按照以下三个步骤进行：

（1）确定最接近的现有技术；

（2）确定发明的区别特征和发明实际解决的技术问题；

（3）判断要求保护的发明对本领域技术人员来说是非显而易见的。

修改方式：

将权利要求 2~11 中的技术特征补入权利要求 1 中，得到修改后的权利要求 1；

对比文件 1 仅指出了单质硫可以与聚噻吩复合作为正极材料，并未给出具体的反应过程和实验参数。

对比文件 2 公开了导电高分子原位聚合包混硬碳的方法。修改后的权利要求 1 与对比文件 2 相比，区别技术特征为：

（1）本申请制备得到的是锂硫电池正极材料，而对比文件 2 通过导电高分子原位聚合包混硬碳，得到的是锂电池负极材料。

（2）本申请和对比文件 2 虽然都是将聚噻吩包覆在电极材料表面，但两者作用不同，得到产物的形貌也不同。

（3）本申请的步骤（3）是将单质硫、无水氯化铁加入无水氯仿中，持续搅拌 10~50 min，然后接步骤（4）加入单体噻吩进行反应。而对比文件 2 没有上述前置分散步骤。

（4）本申请是将产物用无水乙醇和去离子水进行洗涤，而对比文件 2 是用盐酸浸泡除去铁离子。

分别阐述：实际解决的技术问题不同，具有不同的效果。

（结合实施例和说明书附图）

结论：本发明相对于对比文件 1、对比文件 2 以及本领域公知常识是非显而易见的，具有突出的实质性特点。

3.4 案例4 一种碱性电池

3.4.1 第一次提交的专利申请文件

一、原权利要求书

1. 一种碱性电池，其组成包括正极片、负极片、隔膜和碱性电解液或聚合物电解质；其中，正极片为涂覆或压制有氢氧化亚镍的集流体；由隔膜或聚合物电解质将正负极片隔开；正极片和负极片分别由极耳接出；其特征在于：所述负极片为包覆有负极材料的集流体，负极片浸泡在碱性电解液中；所述负极材料为硼化物和导电剂均匀混合的粉末。

其中，所述硼化物的制备方法如下：

步骤一，将含有可溶性金属盐的溶液加入反应器中，再加入过量的用碱或缓冲溶液调节 pH 值为 7~14 的含有 BH_4^- 的溶液，混合反应得到沉淀物 1。

步骤二，将沉淀物 1 用洗涤剂洗涤 2 次以上后，固液分离得到沉淀物 2；接着将沉淀物 2 降温至 -10 ℃ 以下，然后在真空度 ≤10.0 Pa 下进行真空处理，得到前驱物。

步骤三，将前驱物在隔绝氧气条件下进行热处理，得到本发明所述的硼化物；

其中，步骤一中所述可溶性金属盐中的金属元素为 Fe、Ti、Cu、Zn、Al、Zr、Nd、Mo、V、Cr、Co、Ni、Ag 或 Mg 中的一种或一种以上；含有 BH_4^- 的溶液中的溶质为硼氢化钾、硼氢化钠或硼氢化铝中的一种或一种以上的混合物；碱为氢氧化钾、氢氧化钠、氢氧化锂、氨水、碳酸钠、碳酸氢钠、碳酸钾、碳酸氢钾、氢氧化钙、氢氧化钡、磷酸二氢钾或磷酸氢二钠中的一种或一种以上的混合物；缓冲溶液为氨水-氯化铵缓冲溶液、硼砂-氯化钙缓冲溶液或硼砂-碳酸钠缓冲溶液中的一种。

步骤二中的洗涤剂为蒸馏水、去离子水、无水乙醇、乙二醇、异丙醇、丙酮或甲乙酮；洗涤时可以用相同或不同的洗涤剂分别洗涤；真空处理时间为 1~48 h。

步骤三中热处理温度为 50~850 ℃，热处理时间为 1~48 h。

用上述方法制备得到的硼化物的化学式为 M_xB，其中 M 为 Fe、Ti、Cu、Zn、Al、Zr、Nd、Mo、V、Cr、Co、Ni、Ag 或 Mg 中一种或一种以上金属元素，$1 \leqslant x \leqslant 4$，所述硼化物为均分散硼化物。

2. 根据权利要求 1 所述的一种碱性电池，其特征在于：步骤一中加入用碱或缓冲溶液调节 pH 值为 7~14 的含有 BH_4^- 的溶液，以 1~20 mL/min 的速率滴加；滴加结束后继续混合 0.5~1 h；混合条件为超声波振荡、玻璃棒搅拌、电动搅拌或磁力搅拌中的一种。

3. 根据权利要求 1 所述的一种碱性电池，其特征在于：步骤一中将反应器置于 −20~4 ℃ 的环境中。

4. 根据权利要求 1 所述的一种碱性电池，其特征在于：步骤二中将沉淀物 2 降至 −10 ℃ 以下的过程为：将沉淀物 2 放入冷阱中，与冷阱一起降温至 −10~−200 ℃，降温速率为 5~90 ℃/min；冷冻时间为 1 h~12 h。

5. 根据权利要求 1 所述的一种碱性电池，其特征在于：步骤二中将沉淀物 2 降至 −10 ℃ 以下的过程为：将冷阱温度降至 −10~−200 ℃，将沉淀物 2 在 0~−20 ℃ 的冰箱或 −196~−209 ℃ 的液氮中放置 ≥1 h 后，放入降温后的冷阱中冷冻 1~12 h。

6. 根据权利要求 1 所述的一种碱性电池，其特征在于：步骤三中隔绝氧气条件为充入惰性气体或真空度 ≤10.0 Pa；惰性气体为 Ar 气或 N_2 气。

7. 根据权利要求 1 所述的一种碱性电池，其特征在于：所述硼化物的结构形态为晶态或无定形态。

8. 根据权利要求 1 所述的一种碱性电池，其特征在于：所述硼化物的粒径为 2 nm~50 μm；所述硼化物的比表面积为 5~200 m^2/g。

9. 根据权利要求 1 所述的一种碱性电池，其特征在于：所述极耳为镍带、铝带或镍铝带中的一种；所述导电剂为金属粉、金属氧化物、合金粉、中间相碳微球、乙炔黑、石墨、碳纳米管或石墨烯中的一种或一种以上的混合物；所述集流体为泡沫镍、金属网、金属箔、碳布或碳纸中的一种；所述碱性电解液的溶剂为水，溶质为 KOH、NaOH 或 LiOH 中的一种或一种以上的混合物，浓度为 2~8 mol/L。

二、说明书

一种碱性电池

技术领域

本发明涉及一种碱性电池,属于碱性电池领域。

背景技术

随着用电设备对电源的能量和功率要求的不断提升,现有碱性二次电池面临极大的挑战。其中对于 Ni/MH 电池负极材料储氢合金的研究主要集中于 AB_5 型稀土合金、AB_2 型 Laves 相合金、A_2B 型镁基合金、AB 型金属化合物以及具有体心立方结构的钒基固溶体合金上(唐有根. 镍氢电池 [M]. 化学工业出版社,2007)。这些合金的电化学容量偏低,且存在成本高、难活化、对环境污染严重等问题。鉴于资源分布和技术掌握情况,我国与日本厂家多采用 AB_5 型稀土合金,其电化学容量仍然保持在 300 mAh/g 左右,并没有显著提高,限制了 Ni/MH 电池更广泛的应用。因此,寻找新型的电极材料发展更高性能的碱性电池成为目前研究的热点。

近几年来许多研究工作者发现在非酸性水溶液体系中高度惰性的过渡金属(如 V、Ti、Mn 等)和同样惰性的硼形成的硼化物合金中,高度电负性的硼元素电化学稳定性降低,有利于电化学氧化,使电极电势钳制在较负区域,导致某些过渡金属元素处于活化态。当上述硼化物合金作为水溶液化学电源(碱性或中性)负极时可发生多电子反应、产生超常的电化学容量(吴锋,中国材料进展,2009 (28):41-66)。

硼化物在碱性溶液中具有高放电容量和良好的电化学可逆性而备受关注。已报道的合成硼化物的方法有化学还原法、球磨法、电弧熔炼法、高温固相法、微乳液法等。目前,研究人员普遍采用化学还原法合成硼化物材料(M. Mitov, A. Popov, I. Dragieva:Journal of Applied Electrochemistry 1999 (29):59-63; Wang Y. D., Ai X. P., Cao Y. L.:Electrochemistry Communications,2004 (6):780-784),但是所采用的含有 BH_4^- 的溶液具有很强的还原性,水解时会放热,和金属盐溶液能瞬间反应,合成的产品存在粒子尺寸大、粒度分布宽、颗粒团聚现象严重且比表面积普遍较低等缺点。因此需要提供一种负极材料粒径均一、比表面积大、放电容量高、循环性能好的碱性电池。

发明内容

针对现有技术中碱性电池由于负极材料硼化物存在粒子尺寸大、粒度分布宽、颗粒团聚现象且比表面积普遍较低，导致反应放电容量较低、循环性能较差的问题，本发明的目的在于提供了一种碱性电池。所述碱性电池具有放电容量高、循环性能好的优点。所述碱性电池负极材料中的硼化物具有粒度小、粒径分布均一、分散性好、比表面积高、活性高、价格低廉、原材料容易得到的特点。

为实现上述目的，本发明的技术方案如下：

一种碱性电池，组成包括：正极片、负极片、隔膜和碱性电解液；或正极片、负极片、隔膜和聚合物电解质。其中，正极片为涂覆或压制有氢氧化亚镍的集流体；由隔膜或聚合物电解质将正负极片隔开；正极片和负极片分别由极耳接出；所述的负极片为包覆有负极材料的集流体，负极片浸泡在碱性电解液中；所述负极材料为硼化物和导电剂均匀混合的粉末。

其中，所述硼化物的制备方法如下：

步骤一，将含有可溶性金属盐的溶液加入反应器中，再加入过量的用碱或缓冲溶液调节 pH 值为 7~14 的含有 BH_4^- 的溶液，混合反应得到沉淀物 1。

步骤二，将沉淀物 1 用洗涤剂洗涤 2 次以上后，固液分离得到沉淀物 2；接着将沉淀物 2 降温至 $-10\ ℃$ 以下，然后在真空度 $\leqslant 10.0\ Pa$ 下进行真空处理，得到前驱物。

步骤三，将前驱物在隔绝氧气条件下进行热处理，得到本发明所述的硼化物。

其中，步骤一中所述可溶性金属盐中的金属元素为 Fe、Ti、Cu、Zn、Al、Zr、Nd、Mo、V、Cr、Co、Ni、Ag 或 Mg 中的一种或一种以上；含有 BH_4^- 的溶液中的溶质为硼氢化钾、硼氢化钠或硼氢化铝中的一种或一种以上的混合物；碱为氢氧化钠、氢氧化钾、氢氧化锂、氨水、碳酸钠、碳酸氢钠、碳酸钾、碳酸氢钾、氢氧化钙、氢氧化钡、磷酸二氢钾或磷酸氢二钠中的一种或一种以上的混合物；缓冲溶液为氨水-氯化铵缓冲溶液、硼砂-氯化钙缓冲溶液或硼砂-碳酸钠缓冲溶液中的一种；

步骤二中的洗涤剂为蒸馏水、去离子水、无水乙醇、乙二醇、异丙醇、丙酮或甲乙酮；洗涤时可以用相同或不同的洗涤剂分别洗涤；真空处理时间为 1~48 h。

步骤三中热处理温度为 50~850 ℃，热处理时间为 1~48 h。

用上述方法制备得到的硼化物的化学式为 M$_x$B，其中 M 为 Fe、Ti、Cu、Zn、Al、Zr、Nd、Mo、V、Cr、Co、Ni、Ag 或 Mg 中的一种或一种以上金属元素，$1 \leqslant x \leqslant 4$，且 x 可以为非整数，所述硼化物为均分散硼化物。

其中，优选步骤一中加入用碱或缓冲溶液调节 pH 值为 7~14 的含有 BH$_4^-$ 的溶液，以 1~20 mL/min 的速率滴加；滴加结束后继续混合 0.5~1 h；混合条件为超声波振荡、玻璃棒搅拌、电动搅拌或磁力搅拌中的一种。

其中，优选步骤一中将反应器置于 -20~4 ℃ 的环境中。

其中，优选步骤二中将沉淀物 2 降至 -10 ℃ 以下的过程为：将沉淀物 2 放入冷阱中，与冷阱一起降温至 -10~-200 ℃，降温速率为 5~90 ℃/min；冷冻时间为 1~12 h。

其中，优选步骤二中将沉淀物 2 降至 -10 ℃ 以下的过程为：将冷阱温度降至 -10~-200 ℃，将沉淀物 2 在 0~-20 ℃ 的冰箱或 -196~-209 ℃ 的液氮中放置 ≥1 h 后，放入降温后的冷阱中冷冻 1~12 h。

其中，优选步骤三中隔绝氧气条件为充入惰性气体或真空度 ≤10.0 Pa；惰性气体为 Ar 气或 N$_2$ 气。

其中，所述硼化物的结构形态为晶态或无定形态。

其中，所述硼化物的粒径为 2 nm~50 μm；所述硼化物的比表面积为 5~200 m^2/g。

其中，所述极耳优选为镍带、铝带或镍铝带中的一种；所述导电剂为碱性电池领域通用导电剂，优选为镍粉、氧化钴粉、乙炔黑、炭黑、石墨粉、碳纳米管或石墨烯中一种或一种以上的混合物；所述集流体为碱性电池领域通用集流体，优选为泡沫镍、镍网、镍箔、碳布或碳纸中的一种；所述碱性电解液的溶剂为水，溶质为 KOH、NaOH 或 LiOH 中的一种或一种以上的混合物，浓度为 2~8 mol/L。

有益效果

（1）本发明所述的一种碱性电池，放电容量高，循环性能良好；所述碱性电池负极材料中硼化物的制备方法具有前期反应迅速，后继处理简单方便，可操作性强的优点。

(2) 本发明所述制备方法，步骤一中通过滴加含有 BH_4^- 的溶液和滴加结束后继续搅拌，使反应进行完全。

(3) 本发明所述制备方法，步骤一中混合反应得到沉淀物 1 为放热反应，将反应器置于 −20~4 ℃ 的环境中，可以降低反应体系的温度，使反应温和进行，防止沉淀物 1 的粒子因热团聚增长变大。

(4) 本发明所述制备方法，步骤二中通过冷冻过程使沉淀物 2 首先处于冻结状态，然后经过真空处理，使沉淀物 2 中液体通过升华过程被除去，避免了因固液界面表面张力的作用所导致的孔塌陷现象，使干燥后沉淀物 2 的组织结构与孔分布被最大限度地保存下来，可以有效地抑制颗粒硬团聚的产生，获得比表面积高、粒度分布均一的硼化物颗粒。

(5) 本发明所述制备方法，步骤三中的前驱物在隔绝氧气条件下进行热处理，有效避免了氧化反应的发生。

(6) 用本发明所述制备方法得到的硼化物成本低，可在实际中进行大规模生产；结构和性能良好；得到的硼化物为均分散粉体颗粒，即组成、形状相同，粒子尺寸分布狭窄，粒子之间没有团聚的颗粒。

附图说明

图 1 为实施例 1 制备得到的硼化物的 X 光谱衍射图。

图 2 为实施例 1 制备得到的碱性电池的放电容量图，其中横坐标代表循环次数，纵坐标代表放电容量，单位为 mAh/g。

具体实施方式

下面通过具体实施例来详细描述本发明。

通过下列仪器和方法对本发明实施例 1~9 制备得到的硼化物进行检测：

经电感偶合等离子体发射光谱仪（IRIS/AP，Thermo Jarrell Ash）分析元素组成，得到硼化物的化学组成；在 NOVA 1200e 氮吸附比表面分析仪上测定硼化物的比表面积；用 JEOL JSM-6301F 扫描电镜进行形貌表征，可得到硼化物粒径值；采用 Rigaku DMAX2400 型 X 射线衍射仪表征硼化物结构形态。

[实施例1]

将反应器置于4℃环境中，在磁力搅拌器搅拌条件下，将0.1 mol/L、100 mL的CoCl$_2$溶液加入反应器中。再以1 mL/min的速率，逐滴滴加用NaOH调pH值至12的过量NaBH$_4$溶液（0.5 mol/L、100 mL），滴加结束后继续搅拌0.5 h，以确保反应完全，得到沉淀物1。将所得的沉淀物1用去离子水洗涤3次后抽滤，得到沉淀物2。将沉淀物2放入冷阱中，与冷阱一起降至-90℃，降温速率为15℃/min，在-90℃下冷冻3 h。冷冻完毕后抽真空，使沉淀物2中液体升华，实现干燥过程。在真空度≤10.0 Pa（本实验技术条件下真空度保持在≤10.0 Pa即可，实际实验过程中真空度是不断变化的）、温度为-90℃的条件下进行真空处理24 h，得到前驱体。将前驱体在Ar气氛的管式炉中以400℃煅烧4 h，得到硼化物。经检测所述硼化物化学组成为Co$_{2.01}$B，为本发明所述的硼化物。图1为实施例1硼化物的X光谱衍射图，图中含有多个彼此独立的很窄的"尖峰"，其中的特征峰为Co$_3$B、CoB和Co的衍射峰，表明所述硼化物为晶态。从扫描电镜图中可以得到所述硼化物为均分散粉体颗粒，即组成、形状相同，粒子尺寸分布狭窄，粒子之间没有团聚的颗粒。检测得所述硼化物的比表面积为36.04 m^2/g，粒径为300 nm。

将制备好的硼化物与导电剂Ni粉（硼化物：导电剂Ni粉的质量比=1：3）进行混合，在研钵中进行研磨混合均匀后，得到混合物。将所述混合物装入钢模压片并用集流体泡沫镍包覆为负极片。将所述负极片与氢氧化亚镍正极片用隔膜隔开，放入6 mol/L KOH+1 mol/L LiOH的100 mL电解液中，正负极分别由极耳镍带引出，即得到本发明所述的一种碱性电池。所述碱性电池充放电实验之前先在电解液中浸泡4 h，然后在LAND CT2001A测试仪上进行测试，图2为实施例1所述的一种碱性电池的放电容量图。在100 mA/g放电电流密度下放电容量达536.8 mAh/g，并具有良好的循环性能，100周后仍能达到438.3 mAh/g。

实施例2~9省略。

3.4.2 第一次审查意见通知书

中华人民共和国国家知识产权局

20081014）公开了一种用于碱性电池的 FcB 硼化物负极材料，其中在试验部分 2.1 公开了所述 FcB 硼化物也是通过将 Fe 盐中加入 NaBH$_4$ 溶液沉淀，洗涤，真空干燥后制备获得。也就是说化学湿法制备用于碱性电池的硼化物负极材料是现有技术的常规技术手段。对于其他并列技术方案，例如可溶性金属盐的选择、含有 BH$_4^-$ 的溶液的选择、调控 PH 用碱液和缓冲溶液的选择，以及洗涤剂的选择都是本领域的常规选择，无需为此付出创造性劳动；洗涤用用相同或不同的洗涤剂分别洗涤是本领域技术人员的常规技术手段，也无需为此付出创造性劳动。这样的并列技术方案同样不具有突出的实质性特点，不具备专利法第 22 条第 3 款规定的创造性。

2. 权利要求 2 引用权利要求 1，对比文件 1 已经公开了含有 BH$_4^-$ 的溶液是以微注射泵缓慢加入所述含金属盐溶液中，并且边加入边搅拌。基于相似的原理，以一定的速率将所述含有 BH$_4^-$ 的溶液慢慢滴加入所述含金属盐溶液也是本领域的常规技术手段，是本领域技术人员自然容易想到的，在滴加结合后的混合一定的时间以保证混合均匀以及也是本领域的常规技术手段，而权利要求 2 所述的混合方法都是本领域的常规混合方法，无需为此付出创造性劳动。因此，当其引用的权利要求不具备创造性时，该权利要求也不具备创造性。

3. 权利要求 3-5 引用权利要求 1，为了使得化学湿法制备的沉淀物中间体产率更高，在热力学化学平衡反应中，降低温度更利于沉淀的析出，减少沉淀的分解，本领域技术人员为了使得材料的性能最优，降温冷冻调节的选择是本领域技术人员通过有限的常规优化试验就能够得到的，无需为此付出创造性劳动。因此，当其引用的权利要求不具备创造性时，该权利要求也不具备创造性。

4. 权利要求 6 引用权利要求 1，对比文件 1 已经公开了隔绝氧气条件为充入惰性气体 N$_2$ 气，而其他真空度≤10.0Pa 的条件，以及 Ar 气都是本领域的常规选择，为此无需付出创造性劳动；因此，当其引用的权利要求不具备创造性时，该权利要求也不具备创造性。

5. 权利要求 7 引用权利要求 1，对比文件 1 在结果与讨论部分 3.1 已经公开了所述 Co-B 硼化物结构形态具有无定形态或晶态；因此，当其引用的权利要求不具备创造性时，该权利要求也不具备创造性。

6. 权利要求 8 引用权利要求 1，对比文件 1 在结果与讨论部分 3.2 已经公开了所述 Co-B 硼化物具有 300nm-1μm 的粒径（落在了权利要求 8 所述的 2nm～50μm 范围之内），而为了优化材料的性能，本领域技术人员通过有限的常规优化试验就能得到权利要求 8 所述的比表面积，无需为此付出创造性劳动。因此，当其引用的权利要求不具备创造性时，该权利要求也不具备创造性。

7. 权利要求 9 引用权利要求 1，对比文件 1 在其试验部分 2.3 已经公开了碱性电池集流体为泡沫镍、碱性电解液为 KOH 水溶液，浓度为 6 mol/L（落在了权利要求 9 所述的 2-8mol/L 范围之内），而权利要求 9 所述的极耳的选择、导电剂的选择、集流体的其他选择以及碱性电解液的溶质的其他选择都是本领域技术人员的常规选择，无需为此付出创造性劳动。因此，当其引用的权利要求不具备创造性时，该权利要求也不具备创造性。

3.4.3 专利代理人对该审查意见的答复

尊敬的审查员,您好:

感谢您对本申请的认真审查并提出审查意见。针对您的审查意见,本申请人认真阅读后,对本发明申请进行意见陈述如下。

1. 针对权利要求1不备有创造性,不符合《专利法》第22条第3款规定的问题

申请人认为,权利要求1具备《专利法》第22条第3款规定的创造性,理由如下:

权利要求1与对比文件1相比,区别技术特征为:本申请步骤二中将沉淀物2降温至-10 ℃以下,然后在真空度≤10.0 Pa下进行真空处理,得到前驱物。

上述区别技术特征的效果为:通过冷冻过程使沉淀物2首先处于冻结状态,然后经过真空处理,使沉淀物2中液体通过升华过程被除去,避免了因固液界面表面张力的作用所导致的孔塌陷现象,使干燥后沉淀物2的组织结构与孔分布被最大限度地保存下来,可以有效地抑制颗粒硬团聚的产生,获得比表面积高、粒度分布均一的硼化物颗粒(参见说明书的有益效果第4条)。实际解决的技术问题是保持前驱物良好的孔结构,有效地抑制颗粒硬团聚的产生,使得到的硼化物在电极反应过程中更容易被电解液浸润。从而使电化学反应更充分,获得更好的电化学性能。而不是通过降温使沉淀析出并减少沉淀的分解。

对比文件1未披露上述区别技术特征。因此,本领域技术人员没有动机将上述区别技术特征应用到对比文件1中,以获得制备得到本申请所述均硼化物的技术启示。上述区别技术特征也不属于本领域的惯用手段和公知常识,因此本申请权利要求1相对于对比文件1以及本领域公知常识的结合是非显而易见的,具有突出的实质性特点。

权利要求1与对比文件2相比,对于区别技术特征和实际解决技术问题的论述同上。

从实施例1中可知,将本申请所述硼化物用于碱性电池,首次放电容量达536.8 mAh/g,并具有良好的循环性能,100次循环后仍能达到438.3 mAh/g。而对比文件1、2记载的硼化物的首次放电容量均在300~350 mAh/g。另外,从扫描电镜图中可以看出,本申请得到的硼化物为均分散粉体颗粒,即组成、形状相同,粒子尺寸分布狭窄,粒子之间

没有团聚的颗粒。而对比文件1得到的硼化物颗粒团聚严重，对比文件2没有提供相应的电镜照片。因此本申请得到的硼化物的粒度分布均一、颗粒之间无团聚、电化学活性高，获得了有益的技术效果，具有显著的进步。

因此，本申请权利要求1请求保护的技术方案具有突出的实质性特点和显著的进步，具备《专利法》第22条第3款规定的创造性。

2. 针对权利要求2~9不具有创造性，不符合《专利法》第22条第3款规定的问题

权利要求2~9为独立权利要求1的从属权利要求，是对所述碱性电池的进一步限定，由于权利要求1具备创造性，因此权利要求2~9均具备《专利法》第22条第3款规定的创造性。

3.4.4 审查意见分析

本次审查意见主要指出的问题：

涉及法条——《专利法》第22条：创造性问题。

发明的创造性，是指与现有技术相比，该发明具有突出的实质性特点和显著的进步。判断要求保护的发明相对于现有技术是否显而易见，通常可按照以下三个步骤进行：

（1）确定最接近的现有技术；

（2）确定发明的区别特征和发明实际解决的技术问题；

（3）判断要求保护的发明对本领域技术人员来说是非显而易见的。

审查员检索到对比文件1、对比文件2，均为发明人自己的学术论文。两篇论文内容均为硼化物制备方法，因此认为本申请不具备创造性。

权利要求1与对比文件1相比，区别技术特征为：本申请步骤二中将沉淀物2降温至$-10\ ℃$以下，然后在真空度$\leq 10.0\ Pa$下进行真空处理，得到前驱物。

上述区别技术特征的效果为：通过冷冻过程使沉淀物2首先处于冻结状态，然后经过真空处理，使沉淀物2中液体通过升华过程被除去，避免了因固液界面表面张力的作用所导致的孔塌陷现象，使干燥后沉淀物2的组织结构与孔分布被最大限度地保存下来，可以有效地抑制颗粒硬团聚的产生，获得比表面积高、粒度分布均一的硼化物颗粒（参见说明书的有益效果第4条）。实际解决的技术问题是保持前驱物良好的孔结构，有效地抑制颗粒硬团聚的产生，使得到的硼化物在电极反应过程中更容易被电解液

浸润。从而使电化学反应更充分,获得更好的电化学性能。而不是通过降温使沉淀析出并减少沉淀的分解。

对比文件1、对比文件2未披露上述技术特征。

结论:本发明相对于对比文件1、对比文件2以及本领域公知常识是非显而易见的,具有突出的实质性特点。

从实施例1中可知,将本申请所述硼化物用于碱性电池,首次放电容量达536.8 mAh/g,并具有良好的循环性能,100次循环后仍能达到438.3 mAh/g。而对比文件1、对比文件2记载的硼化物的首次放电容量均在300~350 mAh/g。另外,从扫描电镜图中可以看出,本申请得到的硼化物为均分散粉体颗粒,即组成、形状相同,粒子尺寸分布狭窄,粒子之间没有团聚的颗粒。而对比文件1得到的硼化物颗粒团聚严重,对比文件2没有提供相应的电镜照片。因此本申请得到的硼化物的粒度分布均一、颗粒之间无团聚、电化学活性高,获得了有益的技术效果,具有显著的进步。

通过上述陈述和修改,本申请得以授权。

3.5 案例5 一种介孔结构硅酸锰锂正极材料的制备方法

3.5.1 第一次提交的专利申请文件

一、原权利要求书

1. 一种介孔结构硅酸锰锂正极材料的制备方法,其特征在于:所述方法具体步骤如下:

步骤一,液相反应。

(1) 将硅基分子筛或二氧化硅与含碳模板剂的混合物超声分散于锂盐的水溶液中,得到分散液;

(2) 将锰盐溶解于有机溶剂中得到溶液1;

(3) 将所述分散液和溶液1混合后搅拌1~2 h,在120~180 ℃下反应24~48 h,得到沉淀物1;

(4) 所述沉淀物1经水洗5~7次,过滤,在600~1 000 ℃下真空干燥6~48 h后,得到沉淀物2;

步骤二,高温固相烧结。

将所述沉淀物2机械球磨2~5 h后,氩气气氛下在管式炉中煅烧6~

12 h，氩气流速为 100~300 mL/min，升温速率为 2~8 ℃/min，煅烧温度为 550 ℃~1 000 ℃，得到本发明所述的介孔结构硅酸锰锂正极材料；

其中，步骤一（1）中，

所述锂盐的物质的量：硅基分子筛的物质的量：锰盐的物质的量 = 4：1：1；所述硅基分子筛为介孔结构的 SiO_2，孔径为 3~15 nm，比表面积为 900~1 500 m^2/g；

所述锂盐的物质的量：二氧化硅的物质的量：锰盐的物质的量 = 4：1：1；所述含碳模板剂为十六烷基三甲基溴化铵、聚乙二醇或聚乙烯醚-聚丙烯醚-聚乙烯醚三嵌段共聚物中的一种，含碳模板剂重量为硅酸锰锂预测产量的 8%~10%；

所述锂盐为氢氧化锂、碳酸锂、硝酸锂或醋酸锂中的一种；所述锰盐为氯化锰、醋酸锰或硝酸锰中的一种；所述有机溶剂为无水乙醇或乙二醇中的一种；

所述锂盐溶液的浓度为 0.8~2.5 mol/L，所述锰盐溶液的浓度为 0.5~1.25 mol/L。

2. 根据权利要求 1 所述的一种介孔结构硅酸锰锂正极材料的制备方法，其特征在于：所述硅基分子筛为 MCM-41、MCM-48 或 SBA-15 中的一种。

3. 根据权利要求 1 所述的一种介孔结构硅酸锰锂正极材料的制备方法，其特征在于：步骤一（3）中，反应在水热反应釜中或硅油油浴锅中进行。

4. 根据权利要求 1 所述的一种介孔结构硅酸锰锂正极材料的制备方法，其特征在于：步骤二中，所述机械球磨在球磨机中进行，球磨机转速为 100~400 r/min，球磨介质为丙酮。

二、说明书

一种介孔结构硅酸锰锂正极材料的制备方法

技术领域

本发明涉及一种介孔结构硅酸锰锂正极材料的制备方法，属于锂离子电池领域。

背景技术

面对日益严重的能源危机和环境污染问题，使用绿色材料及研发环境友好的锂离子电池材料是当务之急。电子产品的巨大需求和电动汽车电池等工业用电池潜在的巨大市场，使得开发高比容量、价格便宜、安全可靠的新一代锂离子电池成为化学电源研究领域的重点。锂离子二次电池具有工作电压高、能量密度大、安全性能好、循环寿命长、自放电率低等优点，因而被广泛应用于移动通信、仪器仪表、计算机、电动运载工具等领域。

正极材料是影响锂离子电池的关键因素之一。目前商品化的锂离子电池正极材料主要有 $LiCoO_2$、$LiFePO_4$、Li_2MnO_4 以及三元系材料，然而这些材料各自存在问题：$LiCoO_2$ 合成容易、充放电性能稳定，但是金属钴价格昂贵，且充电态 $LiCoO_2$ 热稳定性差，安全性欠佳，不能满足电动车电源等动力型电池的需要；Li_2MnO_4 成本低廉，但是由于 Mn^{3+} 的溶解及 Jahn-Teller 效应使该材料循环性能不好，安全性能也不好；$LiFePO_4$ 材料的循环性能好，但电子导电率与振实密度很难同时提高。因此，开发比容量高、热稳定性好、价格低廉、安全性好的正极材料是进一步扩宽锂离子电池的应用领域并实现可持续发展的关键。

作为与 $LiFePO_4$ 同是聚阴离子型正极材料的 Li_2MnSiO_4，由于 Mn 资源丰富，有两个可自由脱嵌的锂离子而具有较大的理论比容量，以及具有较高的安全性和环境友好性而受到人们的关注。2006 年，R. Dominko 及其研究小组采用改进溶胶-凝胶法，用柠檬酸作为络合剂首次合成了 Li_2MnSiO_4 正极材料，得到了较为理想的电化学性能。由于硅酸盐原料易得，成本低，Li_2MnSiO_4 理论容量高，循环电压高等优势，因此是极具发展潜力的新型锂离子电池正极材料。

Li_2MnSiO_4 属正交晶系，空间群 $Pmn2_1$，晶格常数 $a = 6.310\ 9\ (9)$，$b = 5.380\ 0\ (9)$，$c = 4.966\ 2\ (8)$ Å，与 Li_3PO_4 的低温结构相似。在 Li_2MnSiO_4 晶体中，Li、Si、Mn 都与 O 形成四面体结构。由于强 Si—O 共价键的存在，Li_2MnSiO_4 具有与 $LiFePO_4$ 相同晶体结构稳定性。但也具有相同的缺陷：电子导电与离子导电能力差导致大电流放电性能极差。同时由于 Mn^{3+} 的存在及其 Jahn-Teller 效应，使得其在循环过程中结构容易塌陷，循环性能变差。为了提高硅酸锰锂材料的电化学性能，一般采用细化材料的晶粒与颗粒、加入导电剂提高导电性等方法。

目前，文献报道的 Li_2MnSiO_4 的典型制备方法有高温固相合成法、溶胶-凝胶法、改性溶胶凝胶法等。目前合成的硅酸锰锂材料均为实体材料，没有介孔结构硅酸锰锂材料的报道。上述合成方法当中，传统的高温固相法需要较高的合成温度，得到的材料颗粒大，不利用硅酸锰锂电化学性能的提高；溶胶-凝胶合成的材料易团聚，密度低，对于提高电化学性能没有大的突破；上述方法得到的硅酸锰锂材料由于比表面积小、电子电导率低使得锂离子释放的量较少，电化学性能没有明显提高。因此需要一种制备方法来得到比表面积大、电子电导率高的介孔结构的硅酸锰锂正极材料。

发明内容

针对目前的制备方法得到的硅酸锰锂正极材料比表面积小、电子电导率低、电化学性能没有明显提高的问题，本发明提供了一种介孔结构硅酸锰锂正极材料的制备方法，所述方法在制备过程中加入硅基分子筛和含碳模板剂，得到比表面积大、孔径分布均匀、结构稳定、电化学性能良好的硅酸锰锂正极材料。

为实现上述目的，本发明的技术方案如下：

一种介孔结构硅酸锰锂正极材料的制备方法，所述方法具体步骤如下：

步骤一，液相反应。

（1）将硅基分子筛或二氧化硅与含碳模板剂的混合物超声分散于锂盐的水溶液中，得到分散液；

（2）将锰盐溶解于有机溶剂中得到溶液1；

（3）将所述分散液和溶液1混合后搅拌1~2 h，在120~180 ℃下反应24~48 h，得到沉淀物1；

（4）所述沉淀物1经水洗5~7次，过滤，在600~1 000 ℃下真空干燥6~48 h后，得到沉淀物2；

步骤二，高温固相烧结。

将所述沉淀物2机械球磨2~5 h后，氩气气氛下在管式炉中煅烧6~12 h，氩气流速为100~300 mL/min，升温速率为2~8 ℃/min，煅烧温度为550~1 000 ℃，得到本发明所述的介孔结构硅酸锰锂正极材料；

其中，步骤一（1）中，

所述锂盐的物质的量∶硅基分子筛的物质的量∶锰盐的物质的量＝4∶1∶1；所述硅基分子筛为介孔结构的SiO_2，孔径为 3~15 nm，比表面积为 900~1 500 m^2/g，优选为 MCM-41、MCM-48 或 SBA-15 中的一种；

所述锂盐的物质的量∶二氧化硅的物质的量∶锰盐的物质的量＝4∶1∶1；所述含碳模板剂为十六烷基三甲基溴化铵（CTAB）、聚乙二醇（PEG）或聚乙烯醚-聚丙烯醚-聚乙烯醚三嵌段共聚物（P123）中的一种，含碳模板剂重量为硅酸锰锂预测产量的 8%~10%；

所述锂盐为氢氧化锂、碳酸锂、硝酸锂或醋酸锂中的一种；所述锰盐为氯化锰、醋酸锰或硝酸锰中的一种；所述有机溶剂为无水乙醇或乙二醇中的一种。

其中，所述锂盐溶液为将锂盐溶于去离子水中得到的，锂盐溶液的浓度为 0.8~2.5 mol/L，所述锰盐溶液的浓度为 0.5~1.25 mol/L。

优选在步骤一（3）中，反应在水热反应釜中或硅油油浴锅中进行；

优选在步骤二中，所述机械球磨在球磨机中进行，球磨机转速为100~400 r/min，球磨介质为丙酮。

有益效果

（1）本发明在液相反应中，当采用具有均匀孔道结构的硅基分子筛作为硅源和模板时，得到的产物的比表面积（BET 值）要大于用常规方法制备得到的硅酸锰锂。因为硅基分子筛的孔道结构在反应过程中大部分被破坏，所以得到的硅酸锰锂正极材料的 BET 值远小于硅基分子筛的 BET 值（如 MCM-41 约为 1 000 m^2/g），因此将所得硅酸锰锂正极材料 BET 值控制在一定范围内。当采用二氧化硅和含碳模板剂作为硅源和模板时，得到具有特殊形貌、内部多孔、比表面积大的硅酸锰锂正极材料，同时含碳模板剂高温裂解产生的无定型碳，可增强硅酸锰锂正极材料的电子导电能力，并且可以阻碍材料的过度长大。

（2）本发明制备得到的介孔结构硅酸锰锂正极材料，利用介孔中液相传质速率快，介孔孔壁较薄，易于离子扩散的特点，提高硅酸锰锂正极材料的导电性及大电流放电性能。制得的硅酸锰锂正极材料具有比普通实体材料更大的比表面积、较低的充放电极化、较大的放电比容量及放电电压平台，有效解决了硅酸锰锂正极材料自身导电率差，大电流放电差的问题。

附图说明

图1是实施例1步骤一（1）中的硅基分子筛MCM-41的透射电镜图；

图2是实施例1得到的介孔结构硅酸锰锂正极材料的透射电镜图；

图3是实施例1得到的介孔结构硅酸锰锂正极材料的X射线衍射图。

具体实施方式

[实施例1]

步骤一，液相反应。

（1）称取0.1 mol LiOH·H$_2$O加入40 mL去离子水中，搅拌1 h使其溶解，将0.025 mol硅基分子筛MCM-41加入上述锂盐溶液中，超声分散1 h得到分散液。

（2）称取0.025 mol MnCl$_2$·4H$_2$O，加入20 mL乙二醇中，搅拌1 h至完全溶解，得到溶液1。

（3）将上述分散液和溶液1混合后搅拌2 h，加入到容积为100 mL的聚四氟乙烯内衬的水热反应釜中，在120 ℃下水热反应48 h，得到沉淀物1。

（4）将所述沉淀物1经过水洗5次，过滤，在60 ℃下真空干燥12 h后，得到沉淀物2。

步骤二，高温固相烧结。

将所述沉淀物2在丙酮介质中，以100 r/min的转速在球磨机中机械球磨2 h后，在氩气气氛的管式炉中煅烧12 h，氩气流速为100 mL/min，升温速率为2 ℃/min，煅烧温度为550 ℃，得到本发明所述的介孔结构硅酸锰锂正极材料；其中图1是实施例1步骤一（1）中的硅基分子筛MCM-41的透射电镜图，从图中可知所用硅基分子筛MCM-41为介孔结构材料；图3为所述介孔结构硅酸锰锂正极材料的X射线衍射图，其中纵坐标为X射线强度，横坐标为X射线扫描角度，所述介孔结构硅酸锰锂正极材料在扫描角度16.36°处具有（010）晶面上的特征峰，在24.32°处具有（110）晶面上的特征峰，在28.2°处具有（011）晶面上的特征峰，在32.8°处具有（210）晶面上的特征峰，在36.08°处具有（002）晶面上的特征峰，在37.58°处具有（211）晶面上的特征峰，在

42.42°处具有（112）晶面上的特征峰，在44.26°处具有（220）晶面上的特征峰，在46.40°处具有（202）晶面上的特征峰，在47.92°处具有（221）晶面上的特征峰，在49.72°处具有（212）晶面上的特征峰，在58.34°处具有（400）晶面上的特征峰，在59.08°处具有（230）晶面上的特征峰，在X射线衍射图中无杂峰，说明产物为纯相硅酸锰锂。

[实施例2]

步骤一，液相反应。

（1）将0.1 mol二氧化硅粉末和1.3 g含碳模板剂十六烷基三甲基溴化铵加入到500 mL含有0.4 mol LiAc·2H$_2$O的水溶液中，加入氨水调节pH值为10，超声分散2 h得到分散液；其中硅酸锰锂预测产量为16.1 g。

（2）将0.1 mol Mn(Ac)$_2$·4H$_2$O溶解于200 mL无水乙醇中得到溶液1。

（3）将上述分散液和溶液1混合后搅拌1 h，加入到容积为400 mL的聚四氟乙烯内衬的水热反应釜中，在150 ℃下水热反应36 h，得到沉淀物1。

（4）将所述沉淀物1经过6次水洗，过滤，在90 ℃下真空干燥36 h后，得到沉淀物2。

步骤二，高温固相烧结。

将所述沉淀物2在丙酮介质中，以200 r/min的转速在球磨机中机械球磨3 h后，氩气气氛下在管式炉中煅烧9 h，氩气流速为200 mL/min，升温速率为4 ℃/min，煅烧温度为700 ℃，得到本发明所述的介孔结构硅酸锰锂正极材料。

[实施例3]

步骤一，液相反应。

（1）称取0.06 mol LiOH·H$_2$O加入40 mL去离子水中，搅拌1 h使其溶解，将0.015 mol硅基分子筛SBA-15加入上述锂盐溶液中，超声分散1 h得到分散液。

（2）称取0.015 mol MnAc$_2$·4H$_2$O，加入20 mL乙二醇中，搅拌1 h至完全溶解，得到溶液1。

（3）将上述分散液和溶液1混合后搅拌1 h，在硅油油浴中150 ℃下反应24 h，得到沉淀物1。

(4) 将所述沉淀物 1 经水洗 7 次，过滤，在 70 ℃下真空干燥 6 h 后，得到沉淀物 2；

步骤二，高温固相烧结。

将所述沉淀物 2 在丙酮介质中，以 300 r/min 的转速在球磨机中机械球磨 5 h 后，氩气气氛下在管式炉中煅烧 8 h，氩气流速为 300 mL/min，升温速率为 6 ℃/min，煅烧温度为 800 ℃，得到本发明所述的介孔结构硅酸锰锂正极材料。

[实施例 4]

步骤一，液相反应。

(1) 将 0.01 mol 二氧化硅粉末和 0.16 g 含碳模板剂聚乙二醇 PEG 800 加入到 50 mL 含有 0.04 mol LiCl 的水溶液中，超声分散 2 h 得到分散液；其中硅酸锰锂预测产量为 1.61 g。

(2) 将 0.01 mol Mn(Ac)$_2$·4H$_2$O 溶解于 20 mL 无水乙醇中得到溶液 1。

(3) 将上述分散液和溶液 1 混合搅拌 2 h 后，加入到容积为 100 mL 的聚四氟乙烯内衬的水热反应釜中，在 180 ℃下水热反应 36 h，得到沉淀物 1。

(4) 将所述沉淀物 1 经过 5 次水洗，过滤，在 100 ℃真空干燥 48 h 后，得到沉淀物 2。

步骤二，高温固相烧结。

将所述沉淀物 2 在丙酮介质中，以 400 r/min 的转速在球磨机中机械球磨 2 h 后，在氩气气氛的管式炉中煅烧 6 h，氩气流速为 300 mL/min，升温速率为 8 ℃/min，煅烧温度为 1 000 ℃，得到本发明所述的介孔结构硅酸锰锂正极材料。

其中，在实施例 2~4 中，介孔结构硅酸锰锂正极材料的 X 射线衍射图中无杂峰，特征衍射峰与图 3 相同，说明产物为纯相硅酸锰锂。

3.5.2 第一次审查意见通知书

中华人民共和国国家知识产权局
第一次审查意见通知书

申请号：201110430668.6

本发明涉及一种介孔结构硅酸锰锂正极材料的制备方法，经审查，现提出如下的审查意见。

1. 权利要求1不清楚，不符合专利法第26条第4款的规定。

权利要求1中记载的技术特征"将硅基分子筛或二氧化硅与含碳模板剂的混合物超声分散于锂盐的水溶液中"，存在以下两种理解方式：(1) 将硅基分子筛与含碳模板剂的混合物超声分散于锂盐的水溶液中或将二氧化硅与含碳模板剂的混合物超声分散于锂盐的水溶液中；(2) 将硅基分子筛超声分散于锂盐的水溶液中或将二氧化硅与含碳模板剂的混合物超声分散于锂盐的水溶液中。因此上述技术特征导致该权利要求的保护范围不清楚，不符合专利法第26条第4款的规定。

权利要求1中记载的特征"得到本发明所述的介孔结构硅酸锰锂正极材料"表述不规范，建议其修改为"得到介孔结构硅酸锰锂正极材料"。

基于上述理由，本申请按照目前的文本还不能被授予专利权，申请人应当在本通知书指定的答复期限内进行意见陈述和/或对申请文件进行修改以克服本通知书中指出的所有缺陷，否则本申请将难以获得批准。请申请人注意，对申请文件的修改应当符合专利法第33条和专利法实施细则第51条第3款的规定。如果申请人修改了申请文件，请提交权利要求书和/或说明书的全文替换页以及修改标记页。

3.5.3 专利代理人对该审查意见的答复

尊敬的审查员，您好：

感谢您对本申请的认真审查并提出审查意见。针对您的审查意见，本申请人认真阅读后，对本发明申请进行修改和意见陈述如下。

针对权利要求1不清楚，不符合专利法第26条第4款规定的问题：

权利要求1中记载了"将硅基分子筛或二氧化硅与含碳模板剂的混合物超声分散于锂盐的水溶液中"，由于实施例1、实施例3记载了将硅基分子筛超声分散于锂盐的水溶液中，实施例2、实施例4记载了将二氧化硅与含碳模板剂的混合物超声分散于锂盐的水溶液中，因此将此处修改为"将二氧化硅与含碳模板剂的混合物，或将硅基分子筛超声分散于锂盐的水溶液中"，并将权利要求1中"本发明"删除，使权利要求1清楚，符合专利法第26条第4款规定。

3.5.4 审查意见分析

本次审查意见主要指出的问题：
涉及法条——《专利法》第26条权利要求不清楚的问题。

权利要求书应当以说明书为依据，清楚、简要地限定要求专利保护的范围。

申请文件权利要求 1 的步骤一（1）中将"硅基分子筛或二氧化硅与含碳模板剂的混合物"超声分散于锂盐的水溶液中，得到分散液；

"硅基分子筛或二氧化硅与含碳模板剂的混合物"部分存在歧义：是硅基分子筛与含碳模板剂的混合物、或二氧化硅与含碳模板剂的混合物，还是硅基分子筛、或二氧化硅与含碳模板剂的混合物？

修改策略：

权利要求 1 中记载了"将硅基分子筛或二氧化硅与含碳模板剂的混合物超声分散于锂盐的水溶液中"，由于实施例 1、3 记载了将硅基分子筛超声分散于锂盐的水溶液中，实施例 2、4 记载了将二氧化硅与含碳模板剂的混合物超声分散于锂盐的水溶液中，因此将此处修改为"将二氧化硅与含碳模板剂的混合物，或将硅基分子筛超声分散于锂盐的水溶液中"。

其实，在撰写时写成"将二氧化硅与含碳模板剂的混合物或硅基分子筛超声分散于锂盐的水溶液中"，就能避免歧义。

注意，在修改时必须从原申请文件中找到修改依据，否则会有修改超范围的问题。

3.6 案例 6 一种高塑性高强度的六元难熔高熵合金及其验证方法

3.6.1 第一次提交的专利申请文件

一、权利要求书

1. 一种高塑性高强度的六元难熔高熵合金，其特征在于：所述难熔高熵合金组分为 $Zr_aTi_bHf_cV_dNb_eX_f$，其中 a、b、c、d、e 和 f 分别为对应各元素的摩尔配比，$a=0.2\sim1$，$b=0.2\sim1$，$c=0.2\sim1$，$d=0.2\sim1$，$e=0.2\sim1$，$f=0.2\sim1$，X 为 Ta 或 Mo；所述 Zr、Ti、Hf、V、Nb、Ta 和 Mo 的纯度在 99.7wt% 以上。

2. 如权利要求 1 所述的一种高塑性高强度的六元难熔高熵合金，其特征在于：所述难熔高熵合金为 $Zr_aTi_bHf_cV_dNb_eX_f$，其中 $a=1$，$b=1$，$c=1$，$d=0.5$，$e=0.2\sim0.5$，$f=0.2\sim0.5$，X 为 Ta 或 Mo。

3. 如权利要求 1 所述的一种高塑性高强度的六元难熔高熵合金，其特征在于：所述难熔高熵合金为 $Zr_aTi_bHf_cV_dNb_eX_f$，其中 $a=1$，$b=1$，$c=1$，$d=0.5$，$e=0.5$，$f=0.2$。

4. 如权利要求 1 所述的一种高塑性高强度的六元难熔高熵合金，其特征在于：所述难熔高熵合金为 $Zr_aTi_bHf_cV_dNb_eX_f$，其中 $a=1$，$b=1$，$c=1$，$d=0.5$，$e=0.5$，$f=0.5$。

5. 如权利要求 1 所述的一种高塑性高强度的六元难熔高熵合金，其特征在于：所述难熔高熵合金为 $Zr_aTi_bHf_cV_dNb_eX_f$，其中 $a=1$，$b=1$，$c=1$，$d=0.5$，$e=0.5$，$f=0.2$。

6. 如权利要求 1 所述的一种高塑性高强度的六元难熔高熵合金，其特征在于：所述难熔高熵合金为 $Zr_aTi_bHf_cV_dNb_eX_f$，其中 $a=1$，$b=1$，$c=1$，$d=0.5$，$e=0.5$，$f=0.5$。

7. 一种如权利要求 1~6 任意一项所述的高塑性高强度的六元难熔高熵合金的验证方法，所述方法如下：

（1）$Zr_aTi_bHf_cV_dNb_eX_f$ 的原子尺寸差参数 δ：

$$\delta = \sqrt{\sum_{i=1}^{N} C_i \left[1 - r_i / \left(\sum_{i=1}^{N} C_i r_i\right)\right]^2}$$

其中，C_i 为第 i 种组元的摩尔百分比，r_i 为第 i 种组元的原子半径，N 为合金组元数；

（2）$Zr_aTi_bHf_cV_dNb_eX_f$ 的价电子数 VEC：

$$VEC = \sum_{i=1}^{N} C_i (VEC)_i$$

其中，C_i 为第 i 种组元的摩尔百分比，$(VEC)_i$ 为第 i 种组元的价电子数，N 为合金组元总数。

（3）当 $Zr_aTi_bHf_cV_dNb_eX_f$ 同时满足 $\delta<6.7\%$ 和 $VEC<4.45$ 时，即可得到一种高塑性高强度的六元难熔高熵合金。

二、说明书

一种高塑性高强度的六元难熔高熵合金及其验证方法

技术领域

本发明涉及一种高塑性高强度的六元难熔高熵合金及其设计方法，属于金属材料领域。

背景技术

高熵合金是在20世纪90年代由我国台湾学者叶均蔚率先提出的一种新颖的合金设计理念，其理念与传统合金千差万别，极大地丰富了合金材料的研究内容。它要求合金至少含有五种主要元素，而且每种合金元素原子所占摩尔百分数相近，都不超过35%，且最低也不低于5%，即没有任何一种元素作为主导元素，故亦可叫多主元高熵合金。

与传统合金相比，高熵合金具有独特而优异的结构和性能。然而高熵合金的发展尚处于初期阶段，对高熵合金的形成机理和性能研究还比较浅显，无论理论研究还是实验研究结果都比较少。

尤其是高熵合金的塑性不是很好，因为高熵合金组元元素较多，且各元素含量相差不多，高熵合金体系中所有原子都可以看作是溶质原子又可以看作是溶剂原子，这些原子半径大小不一，也就造成形成的固溶体具有较大的晶格畸变。同时，原子的扩散需要合金中各种元素原子的相互协调，而高熵合金组元数目较多，且存在阻碍原子运动的严重的晶格畸变，使得高熵合金的扩散难以进行。因此，一般来说高熵合金中的扩散速度比传统合金慢。所以形成的高熵合金的塑性一般都不是很好。

并且目前关于难熔高熵合金的设计，没有明确的设计思想指导，多为简单的等原子比配比，所制备的难熔高熵合金性能难以进行提前预估。如果理论研究并归纳出一种高塑性高强度的六元难熔高熵合金，那将在难熔高熵合金领域具有光明的前景。

发明内容

有鉴于此，本发明的目的之一在于提供一种高塑性高强度的六元难熔高熵合金，所述高熵合金力学性能优异，强度和塑性匹配较好。本发明的目的之二在于提供一种高塑性高强度的六元难熔高熵合金的验证方法，所述方法简单，快速可靠，便于难熔高熵合金的性能优化选择。

本发明的目的以下技术方案实现：

一种高塑性高强度的六元难熔高熵合金，所述六元难熔高熵合金组分为 $Zr_a Ti_b Hf_c V_d Nb_e X_f$，其中 a、b、c、d、e 和 f 分别为对应各元素的摩尔配比，$a=0.2\sim1$，$b=0.2\sim1$，$c=0.2\sim1$，$d=0.2\sim1$，$e=0.2\sim1$，$f=0.2\sim1$，X 为 Ta 或 Mo；所述 Zr、Ti、Hf、V、Nb、Ta 和 Mo 的纯度在 99.7wt% 以上。

优选的，所述六元难熔高熵合金为 $Zr_aTi_bHf_cV_dNb_eX_f$，其中 $a=1$，$b=1$，$c=1$，$d=0.5$，$e=0.2$~0.5，$f=0.2$~0.5，X 为 Ta 或 Mo。

优选的，所述六元难熔高熵合金为 $Zr_aTi_bHf_cV_dNb_eX_f$，其中 $a=1$，$b=1$，$c=1$，$d=0.5$，$e=0.5$，$f=0.2$。

优选的，所述六元难熔高熵合金为 $Zr_aTi_bHf_cV_dNb_eX_f$，其中 $a=1$，$b=1$，$c=1$，$d=0.5$，$e=0.5$，$f=0.5$。

优选的，所述六元难熔高熵合金为 $Zr_aTi_bHf_cV_dNb_eX_f$，其中 $a=1$，$b=1$，$c=1$，$d=0.5$，$e=0.5$，$f=0.2$。

优选的，所述六元难熔高熵合金为 $Zr_aTi_bHf_cV_dNb_eX_f$，其中 $a=1$，$b=1$，$c=1$，$d=0.5$，$e=0.5$，$f=0.5$。

本发明所述的一种高塑性高强度的六元难熔高熵合金的验证方法，所述方法如下：

（1）$Zr_aTi_bHf_cV_dNb_eX_f$ 的原子尺寸差参数 δ：

$$\delta = \sqrt{\sum_{i=1}^{N} C_i\left[1 - r_i/\left(\sum_{i=1}^{N} C_i r_i\right)\right]^2}$$

其中，C_i 为第 i 种组元的摩尔百分比，r_i 为第 i 种组元的原子半径，N 为合金组元数。

（2）$Zr_aTi_bHf_cV_dNb_eX_f$ 的价电子数 VEC：

$$VEC = \sum_{i=1}^{N} C_i(VEC)_i$$

其中，C_i 为第 i 种组元的摩尔百分比，$(VEC)_i$ 为第 i 种组元的价电子数，N 为合金组元总数。

（3）当 $Zr_aTi_bHf_cV_dNb_eX_f$ 同时满足 $\delta<6.7\%$ 和 $VEC<4.45$ 时，即可得到一种高塑性高强度的六元难熔高熵合金。

有益效果

本发明所述的一种高塑性高强度的六元难熔高熵合金的力学性能优异，具有较好的室温压缩塑性及强度。其室温静态压缩的塑性应变均达到 40% 以上，屈服强度均在 900 MPa 以上。

根据固溶体的 Hume-Ruthery 法则，原子尺寸差参数 δ 是预测高熵合金固溶体相的核心因素。一般而言，当合金在其组成元素之间具有较小的原子尺寸差异时，其更容易形成简单固溶体。材料的塑性可从改善其完美晶体结构的角度来进行改善。一些理想的完美晶体结构的材料，即使在垂直于解理面的加载方向上，其也会首先沿着其他方向达到理想剪切强度，从而导致剪切变形破坏。在这种"剪切失稳"的情况下，位错形核先于裂纹形成之前激活，从而使得材料具有一定的内在塑性。V族过渡金属譬如V、Nb在受到[100]方向张力时，其剪切失稳导致晶型破坏发生于理想拉伸强度之前，即导致金属剪切破坏，从而具有内在的塑性。从电子结构角度而言，剪切失稳可从Jahn-Teller形变来理解，即通过分裂费米能级附近的近简并轨道能级使得合金的总能量下降。具体而言，通过去除电子改变能带结构，即降低价电子数目能够提高费米能级附近的态密度，从而增加Jahn-Teller形变的驱动力。因此难熔高熵合金可通过降低价电子参数进行塑性控制。在高熵合金中，合金种类越多，合金固溶强化效应越明显，合金强度硬度越高，但是其塑性会下降。本发明通过向五元高熵合金中添加主元形成六元高熵合金，其强度硬度上升；通过控制价电子数目，保证其具有较好塑性。

本发明所述的一种高塑性高强度的六元难熔高熵合金的验证方法，简单可靠，能够在高熵合金制备之前，通过控制高熵合金原子尺寸差参数和价电子参数，对所要制备的难熔高熵合金的塑性情况进行理论判断，能够广泛应用于难熔高熵合金的成分优化以及新的合金的设计，提高了制备难熔高熵合金的成功率，缩短高熵合金的制备时间。

附图说明

图1为实施例1制得的高熵合金的X射线衍射（XRD）图；
图2为实施例1制得的高熵合金的光学显微镜图；
图3为实施例1制得的高熵合金的室温准静态压缩真应力应变曲线；
图4为实施例2制得的高熵合金的X射线衍射（XRD）图；
图5为实施例2制得的高熵合金的光学显微镜图；
图6为实施例2制得的高熵合金的室温准静态压缩真应力应变曲线；
图7为实施例3制得的高熵合金的X射线衍射（XRD）图；
图8为实施例3制得的高熵合金的光学显微镜图；
图9为实施例3制得的高熵合金的室温准静态压缩真应力应变曲线；
图10为实施例4制得的高熵合金的X射线衍射（XRD）图；
图11为实施例4制得的高熵合金的光学显微镜图；
图12为实施例4制得的高熵合金的室温准静态压缩真应力应变曲线。

具体实施方式

下面通过附图和具体事例来详述本发明,但不限于此。

对实施例制得的一种高塑性高强度的六元难熔高熵合金,进行测试如下:

(1) X 射线衍射 (XRD) 测试:采用德国 Bruker AXS 公司的 D8 advance X-射线衍射仪对所述高熵合金进行物相分析。将所述高熵合金通过电火花切割,按照 4 mm×4 mm×2 mm 的尺寸切成小薄片试样,在进行分析测试之前,先将试样分别用 600#、800#、1000#、1500#以及 2000#的砂纸进行打磨,以去除表面杂质。其测试条件为:铜靶辐射 (Cu-Kα,$\lambda = 0.154\ 18$ nm),石墨单色器滤波,管电压为 45 kV,管电流为 40 mA,扫描速度为 (2theta): 50 min,扫描范围为 20°~90°,步长为 0.02°。利用 X 射线衍射仪得到试样的衍射图谱,利用软件 MDI Jade 5.0 将得到的 XRD 衍射图谱进行 XRD 晶面指数化,对应不同晶体结构消光规律并进行晶格精修,从而获得合金的晶格类型。

(2) 微观组织分析:包括金相试样的制备以及金相组织的观察。通过线切割将所述高熵合金切取成尺寸为 φ4 mm×4 mm 的圆柱试样,试样经过 100#砂纸粗磨后,经过 400#、800#、1000#、1500#、2000#、5000#的砂纸进行精磨,随后用 Cr_2O_3 悬浮液进行机械抛光。当试样抛光至在 100 倍光学显微镜下完全看不到表面划痕之后,用 HF : HNO_3 : H_2O = 1 : 1 : 6 的比例配置的腐蚀液进行腐蚀。腐蚀后的试样先用清水冲洗试样,然后喷敷酒精,并用吹风机吹干之后在金相显微镜下进行金相微观组织观察,并拍摄各试样的金相照片。

(3) 室温准静态压缩实验:将所述高熵合金切割为 φ4 mm×6 mm 的圆柱,并用 Instron5569 电子万能试验机在室温下做压缩测试。加载速率为 0.36 mm/min,应变率为 10^{-3}s^{-1},测试载荷为 4 500 kg。每高熵组合金做 3 组试验,获得高熵合金的室温压缩性能,最后用 Origin 软件做出应力-应变曲线。

[实施例 1]

本实施例所述的一种高塑性高强度的六元难熔高熵合金的验证方法,所述方法如下:

一种高塑性高强度的六元难熔高熵合金,组分为 $Zr_aTi_bHf_cV_dNb_eX_f$,其中 a、b、c、d、e 和 f 分别为对应各元素的摩尔配比,取 $a=1$,$b=1$,

$c=1$, $d=0.5$, $e=0.5$, $f=0.2$, X 为 Ta, 即所述高熵合金为 $ZrTiHfV_{0.5}Nb_{0.5}Ta_{0.2}$; 所述 Zr、Ti、Hf、V、Nb 和 Ta 的纯度为 99.7wt%。

(1) $ZrTiHfV_{0.5}Nb_{0.5}Ta_{0.2}$ 的原子尺寸差参数 δ：

$$\delta = \sqrt{\sum_{i=1}^{N} C_i \left[1 - r_i / \left(\sum_{i=1}^{N} C_i r_i\right)\right]^2} = 6.0807\%$$

其中，C_i 为第 i 种组元的摩尔百分比，r_i 为第 i 种组元的原子半径，N 为合金组元总数；Zr 原子半径为 0.159 nm；Ti 原子半径为 0.146 nm；Hf 原子半径为 0.158 nm；V 原子半径为 0.132 nm；Nb 原子半径为 0.143 nm；Ta 原子半径为 0.147 nm；$N=6$。

(2) $ZrTiHfV_{0.5}Nb_{0.5}Ta_{0.2}$ 的价电子数 VEC：

$$VEC = \sum_{i=1}^{N} C_i (VEC)_i = 4.28571$$

其中，C_i 为第 i 种组元的摩尔百分比，$(VEC)_i$ 为第 i 种组元的价电子数，N 为合金组元总数；Zr 价电子数为 4；Ti 价电子数为 4；Hf 价电子数为 4；V 价电子数为 5；Nb 价电子数为 5；Ta 价电子数为 4；$N=6$。

(3) $ZrTiHfV_{0.5}Nb_{0.5}Ta_{0.2}$ 同时满足 $\delta<6.7\%$ 和 $VEC<4.45$，即可得到一种高塑性高强度的六元难熔高熵合金。

本实施例所述的一种高塑性高强度的六元难熔高熵合金的制备方法，所述方法如下：

试样按照总质量 50 g 配料，用万分之一电子天平称重配料以减少实验误差。熔炼时，将原料按照熔点由低到高的顺序先后放进坩埚中，熔点最低的金属放在最下方，熔点最高的金属放在最上层。抽真空到 10^{-4} 量级，然后冲入氩气到 0.05 MPa，引弧熔炼。将试样反复熔炼 6 次，以确保元素充分混熔，冷却后得到所述高熵合金。

其中熔炼设备采用非自耗高真空电弧熔炼炉，参数为：容重（原料重量）50 g/熔炼池，3 个熔炼池装原料，1 个熔炼池引弧；工作气体为 Ar 气；冷却方式为水冷；真空度 $>2\times10^{-3}$ Pa；起弧方式为接触引弧；搅拌方式为手动悬臂翻料；最大电流为 550 A。

对所述高熵合金试样进行 XRD 物相分析，结果如图 1 所示，可知所述高熵合金由体心立方 BCC 固溶体结构组成。

对所述高熵合金试样进行微观组织分析，其光学显微镜照片如图 2

所示,表明其为典型的树枝晶组织。

对所述高熵合金试样进行室温准静态压缩实验,其压缩真应力应变曲线如图 3 所示,所述高熵合金在室温静态压缩下塑性应变超过 40%,屈服强度达到 937 MPa。

[实施例 2]

本实施例所述的一种高塑性高强度的六元难熔高熵合金的设计方法,所述方法如下:

一种高塑性高强度的六元难熔高熵合金,组分为 $Zr_aTi_bHf_cV_dNb_eX_f$,其中 a、b、c、d、e 和 f 分别为对应各元素的摩尔配比,取 $a=1$,$b=1$,$c=1$,$d=0.5$,$e=0.5$,$f=0.5$,X 为 Ta,即所述高熵合金为 $ZrTiHfV_{0.5}Nb_{0.5}Ta_{0.5}$;

所述 Zr、Ti、Hf、V、Nb 和 Ta 的纯度为 99.7wt%。

(1) $ZrTiHfV_{0.5}Nb_{0.5}Ta_{0.5}$ 原子尺寸差参数 δ:

$$\delta = \sqrt{\sum_{i=1}^{N} C_i \left[1 - r_i / \left(\sum_{i=1}^{N} C_i r_i \right) \right]^2} = 5.9031\%$$

其中,为 C_i 为第 i 种组元的摩尔百分比,r_i 为第 i 种组元的原子半径,N 为合金组元总数;Zr 原子半径为 0.159 nm;Ti 原子半径为 0.146 nm;Hf 原子半径为 0.158 nm;V 原子半径为 0.132 nm;Nb 原子半径为 0.143 nm;Ta 原子半径为 0.147 nm;$N=6$。

(2) $ZrTiHfV_{0.5}Nb_{0.5}Ta_{0.5}$ 的价电子数 VEC:

$$VEC = \sum_{i=1}^{N} C_i (VEC)_i = 4.33333$$

其中,C_i 为第 i 种组元的摩尔百分比,$(VEC)_i$ 为第 i 种组元的价电子数,N 为合金组元总数;Zr 价电子数为 4;Ti 价电子数为 4;Hf 价电子数为 4;V 价电子数为 5;Nb 价电子数为 5;Ta 价电子数为 4;$N=6$;

(3) $ZrTiHfV_{0.5}Nb_{0.5}Ta_{0.5}$ 同时满足 $\delta<6.7\%$ 和 $VEC<4.45$,即可得到一种高塑性高强度的六元难熔高熵合金。

本实施例所述的一种高塑性高强度的六元难熔高熵合金的制备方法,所述方法如下:

试样按照总质量 50 g 配料,用万分之一电子天平称重配料以减少实验误差。熔炼时,将原料按照熔点由低到高的顺序先后放进坩埚中,熔点最低的金属放在最下方,熔点最高的金属放在最上层。抽真空到 10^{-4}

量级，然后冲入氩气到 0.05 MPa，引弧熔炼。将试样反复熔炼 6 次，以确保元素充分混熔，冷却后得到所述高熵合金合金。

其中熔炼设备采用非自耗高真空电弧熔炼炉，参数为：容重（原料重量）50 g/熔炼池，3 个熔炼池装原料，1 个熔炼池引弧；工作气体为 Ar 气；冷却方式为水冷；真空度>2×10^{-3} Pa；起弧方式为接触引弧；搅拌方式为手动悬臂翻料；最大电流为 550 A。

对所述高熵合金试样进行 XRD 物相分析，其 XRD 谱图如图 4 所示，可知高熵合金由体心立方 BCC 固溶体结构组成。

对所述高熵合金试样进行微观组织分析，其光学显微镜照片如图 5 所示表明其为典型的树枝晶组织。

对所述高熵合金试样进行室温准静态压缩实验，其压缩真应力应变曲线如图 6 所示，所述高熵合金在室温静态压缩下塑性应变超过 40%，屈服强度达到 1 002 MPa。

[实施例 3]

本实施例所述的一种高塑性高强度的六元难熔高熵合金的设计方法，所述方法如下：

一种高塑性高强度的六元难熔高熵合金，组分为 $Zr_aTi_bHf_cV_dNb_eX_f$，其中 a、b、c、d、e 和 f 分别为对应各元素的摩尔配比，取 $a=1$，$b=1$，$c=1$，$d=0.5$，$e=0.5$，$f=0.2$，X 为 Mo，即所述高熵合金为 $ZrTiHfV_{0.5}Nb_{0.5}Mo_{0.2}$；

所述 Zr、Ti、Hf、V、Nb 和 Mo 的纯度为 99.7wt%。

（1）$ZrTiHfV_{0.5}Nb_{0.5}Mo_{0.2}$ 的原子尺寸差参数 δ：

$$\delta = \sqrt{\sum_{i=1}^{N} C_i \left[1 - r_i/\left(\sum_{i=1}^{N} C_i r_i\right)\right]^2} = 6.4099\%$$

其中，C_i 为第 i 种组元的摩尔百分比，r_i 为第 i 种组元的原子半径，N 为合金组元总数；Zr 原子半径为 0.159 nm；Ti 原子半径为 0.146 nm；Hf 原子半径为 0.158 nm；V 原子半径为 0.132 nm；Nb 原子半径为 0.143 nm；Mo 原子半径为 0.136 nm；$N=6$。

（2）$ZrTiHfV_{0.5}Nb_{0.5}Mo_{0.2}$ 的价电子数 VEC：

$$VEC = \sum_{i=1}^{N} C_i (VEC)_i = 4.33333$$

其中，C_i 为第 i 种组元的摩尔百分比，$(VEC)_i$ 为第 i 种组元的价电子数，N 为合金组元总数；Zr 价电子数为 4；Ti 价电子数为 4；Hf 价电子数为 4；V 价电子数为 5；Nb 价电子数为 5；Mo 价电子数为 6；$N=6$。

(3) $ZrTiHfV_{0.5}Nb_{0.5}Mo_{0.2}$ 同时满足 $\delta<6.7\%$ 和 $VEC<4.45$，即可得到一种高塑性高强度的六元难熔高熵合金。

本实施例所述的一种高塑性高强度的六元难熔高熵合金的制备方法，所述方法如下：

试样按照总质量 50 g 配料，用万分之一电子天平称重配料以减少实验误差。熔炼时，将原料按照熔点由低到高的顺序先后放进坩埚中，熔点最低的金属放在最下方，熔点最高的金属放在最上层。抽真空到 10^{-4} 量级，然后冲入氩气到 0.05 MPa，引弧熔炼。将试样反复熔炼 6 次，以确保元素充分混熔，冷却后得到所述高熵合金。

其中熔炼设备采用非自耗高真空电弧熔炼炉，参数为：容重（原料重量）50 g/熔炼池，3 个熔炼池装原料，1 个熔炼池引弧；工作气体为 Ar 气；冷却方式为水冷；真空度 $>2\times10^{-3}$ Pa；起弧方式为接触引弧；搅拌方式为手动悬臂翻料；最大电流为 550 A。

对所述高熵合金试样进行 XRD 物相分析，其 XRD 谱图如图 7 所示，可知高熵合金由体心立方 BCC 固溶体结构组成。

对所述高熵合金试样进行微观组织分析，其光学显微镜照片如图 8 所示表明其为典型的树枝晶组织。

对所述高熵合金试样进行室温准静态压缩实验，其压缩真应力应变曲线如图 9 所示，所述高熵合金在室温静态压缩下塑性应变超过 40%，屈服强度达到 1 074 MPa。

[**实施例 4**]

本实施例所述的一种高塑性高强度的六元难熔高熵合金的设计方法，所述方法如下：

一种高塑性高强度的六元难熔高熵合金，组分为 $Zr_aTi_bHf_cV_dNb_eX_f$，其中 a、b、c、d、e 和 f 分别为对应各元素的摩尔配比，取 $a=1$，$b=1$，$c=1$，$d=0.5$，$e=0.5$，$f=0.5$，X 为 Mo，即所述高熵合金按摩尔比记为 $ZrTiHfV_{0.5}Nb_{0.5}Mo_{0.5}$。

所述 Zr、Ti、Hf、V、Nb 和 Mo 的纯度为 99.7wt%。

(1) $ZrTiHfV_{0.5}Nb_{0.5}Mo_{0.5}$ 的原子尺寸差参数 δ：

$$\delta = \sqrt{\sum_{i=1}^{N} C_i \left[1 - r_i / \left(\sum_{i=1}^{N} C_i r_i\right)\right]^2} = 6.626\ 8\%$$

其中，C_i 为第 i 种组元的摩尔百分比，r_i 为第 i 种组元的原子半径，N 为合金组元总数；$N=6$；Zr 原子半径为 0.159 nm；Ti 原子半径为 0.146 nm；Hf 原子半径为 0.158 nm；V 原子半径为 0.132 nm；Nb 原子半径为 0.143 nm；Mo 原子半径为 0.136 nm。

（2）$ZrTiHfV_{0.5}Nb_{0.5}Mo_{0.5}$ 的价电子数 VEC：

$$VEC = \sum_{i=1}^{N} C_i (VEC)_i = 4.44444$$

其中，C_i 为第 i 种组元的摩尔百分比，$(VEC)_i$ 为第 i 种组元的价电子数，N 为合金组元总数；$N=6$；Zr 价电子数为 4；Ti 价电子数为 4；Hf 价电子数为 4；V 价电子数为 5；Nb 价电子数为 5；Mo 价电子数为 6。

（3）$ZrTiHfV_{0.5}Nb_{0.5}Mo_{0.5}$ 同时满足 $\delta<6.7\%$ 和 $VEC<4.45$，即可得到一种高塑性高强度的六元难熔高熵合金。

本实施例所述的一种高塑性高强度的六元难熔高熵合金的制备方法，所述方法如下：

试样按照总质量 50 g 配料，用万分之一电子天平称重配料以减少实验误差。熔炼时，将原料按照熔点由低到高的顺序先后放进坩埚中，熔点最低的金属放在最下方，熔点最高的金属放在最上层。抽真空到 10^{-4} 量级，然后冲入氩气到 0.05 MPa，引弧熔炼。将试样反复熔炼 6 次，以确保元素充分混熔，冷却后得到所述难熔高熵合金。

其中熔炼设备采用非自耗高真空电弧熔炼炉，参数为：容重（原料重量）50 g/熔炼池，3 个熔炼池装原料，1 个熔炼池引弧；工作气体为 Ar 气；冷却方式为水冷；真空度 $>2\times10^{-3}$ Pa；起弧方式为接触引弧；搅拌方式为手动悬臂翻料；最大电流为 550 A。

对所述高熵合金试样进行 XRD 物相分析，其 XRD 谱图如图 10 所示，可知高熵合金由体心立方 BCC 固溶体结构组成。

对所述高熵合金试样进行微观组织分析，其光学显微镜照片如图 11 所示表明其为典型的树枝晶组织。

对所述高熵合金试样进行室温准静态压缩实验，其压缩真应力应变曲线如图 12 所示，所述高熵合金在室温静态压缩下塑性应变超过 40%，屈服强度达到 1 225 MPa。

综上所述，以上仅为本发明的较佳实施例而已，并非用于限定本发明的保护范围。凡在本发明的精神和原则之内，所作的任何修改、等同替换、改进等，均应包含在本发明的保护范围之内。

3.6.2 第一次审查意见通知书

国家知识产权局

对于区别特征1)-2),参照对权利要求1的评述。

对于区别特征3),对比文件2("Empirical design of single phase high-entropy alloys with high hardness", Fuyang Tian et al., Intermetallics, 第58卷, 第1-6页, 2014年11月22日)公开了以下内容(参见第3页右栏第1-4段):

平均价电子浓度VEC定义为式(4)

$$VEC = \sum_i c_i (VEC)_i$$

其中(VEC)ᵢ是第i种组元的价电子浓度;

原子尺寸差被定义为式(5)

$$\delta = 100 \sqrt{\sum_{i=1} c_i \left(1 - \frac{r_i}{\bar{r}}\right)^2}$$

其中$\bar{r} = \sum_{i=1}^{n} c_i r_i$, c_i是原子百分比, r_i是各合金元素的原子半径;

式1-5的组合可用来联系力学性能与理论上的形成能力,在形成单相高熵合金时,这些联系很自然地被首要考虑。

由此可见,对比文件2已给出了形成高熵合金时应考虑VEC和δ的技术教导,并给出了VEC和δ的计算方法。在此情况下,本领域技术人员有动机将其用于所述的六元合金中,并通过常规的试验验证获得VEC和δ的上限值,其技术效果是可以预期的。

对于区别特征4),参照对权利要求2-6的评述。

因此,在对比文件1的基础上,结合对比文件2和本领域的常规技术手段,得到权利要求7请求保护的技术方案对本领域技术人员来说是显而易见的。权利要求7不具有突出的实质性特点和显著的进步,因而不具备专利法第22条第3款规定的创造性。

基于上述理由,本申请的独立权利要求以及从属权利要求都不具备创造性,同时说明书中也没有记载其他任何可以授予专利权的实质性内容。如果申请人不能在本通知书规定的答复期限内提出表明本申请具有创造性的充分理由,本申请将被驳回。

审查员姓名:张健萍
审查部代码:285588

210401
2018.8

纸件申请,回函请寄:100088 北京市海淀区蓟门桥西土城路6号 国家知识产权局专利局受理处收
电子申请,应当通过电子专利申请系统以电子文件形式提交相关文件。除另有规定外,以纸件等其他形式提交的文件视为未提交。

3.6.3 专利代理人对该审查意见的答复

尊敬的审查员，您好：

感谢您对本申请的认真审查并提出审查意见。针对您的审查意见，本申请人认真阅读后，进行如下陈述。

在审查意见通知书所引用的 2 份对比文件中，由于对比文件 1 与本申请的技术领域相同，因此可以认为对比文件 1 为本发明最接近的现有技术。

1. 针对权利要求 1~6 不符合《专利法》第 22 条第 3 款规定的创造性问题

权利要求 1 与对比文件 1 相比，区别技术特征在于：所述难熔高熵合金组分为 $Zr_aTi_bHf_cV_dNb_eX_f$，其中 a、b、c、d、e 和 f 分别为对应各元素的摩尔配比，$a=0.2\sim1$，$b=0.2\sim1$，$c=0.2\sim1$，$d=0.2\sim1$，$e=0.2\sim1$，$f=0.2\sim1$，X 为 Ta 或 Mo。基于上述区别技术特征，权利要求 1 实际解决的技术问题是如何得到一种同时具有高塑性和高强度的六元难熔高熵合金。

对比文件 1 为解决高熵合金基体高温下软化严重，随温度升高力学性能迅速变差，不能满足高温环境下的服役要求而提供了一种难熔高熵合金/碳化钛复合材料，所述材料以难熔高熵合金为基体相，以碳化钛为增强相，其中所述难熔高熵合金元素选自 W、Mo、Ta、Nb、V、Ti、Zr、Hf、Cr 中的至少四种，进一步地，各元素的摩尔量相等或接近相等。基体相高熵合金具有较高的强度和较好的高温性能；复合材料的高温性能超过原有的难熔高熵合金，满足作为高温结构件的要求。

对比文件 1 虽然给出了可以从 W、Mo、Ta、Nb、V、Ti、Zr、Hf、Cr 中选择至少四种且各元素的摩尔量相等或接近相等，可以得到高强度的难熔高熵合金，但是从九种元素中选择六种，形成等摩尔、非等摩尔的六元高熵合金的种类有几千种。每种合金包含的一种元素含量发生改变，整个合金的强度与塑性都会变化较大。在对比文件 1 中选择难熔高熵合金作为基体相的目的是为了利用难熔高熵合金自身的力学性能（高强度、高硬度、高耐磨性和高温性能），与碳化钛进行复合实现提高材料硬度的同时降低材料的密度和成本。根据对比文件 1 实施例记载的内容分析可知，所述高熵合金虽然具有较高的强度，但其塑性差，无法同时满足高塑性和高强度的要求。由于对比文件 1 中并不关注难熔高熵合金的塑性性能，因此对比文件1并未给出如何选择同时具有高塑性和高强度的六元难熔高熵合金的技术启示。本领域技术人员在不付出创造性劳动的前提下，如果任意选取高熵合金的元素与含量，进行常规方法的制备与测试，获得高强度同时兼具高塑性的难熔高熵合金，实现合金良好的强塑性匹配，几乎是不可能的。

作为本领域公知常识，因高熵合金组元元素较多，且各元素含量相差不多，高熵合金体系中所有原子都既可以看作是溶质原子又可以看作是溶剂原子，这些原子半径大小不一，也就造成形成的固溶体具有较大的晶格畸变。同时，原子的扩散需要合金中各种元素原子的相互协调，而高熵合金组元数目较多，且存在阻碍原子运动的严重的晶格畸变，使得高熵合金的扩散难以进行。一般来说高熵合金的扩散速度比传统合金慢。所以形成的高熵合金的塑性较差。因此，上述区别特征也不是公知常识。

本申请中，所述难熔高熵合金组分为 $Zr_a Ti_b Hf_c V_d Nb_e X_f$，X 为 Ta 或 Mo，各元素的摩尔配比分别为：$a=0.2\sim1$，$b=0.2\sim1$，$c=0.2\sim1$，$d=0.2\sim1$，$e=0.2\sim1$，$f=0.2\sim1$；所述六元难熔高熵合金的力学性能优异，具有较好的室温压缩塑性及强度。其室温静态压缩的塑性应变均达到40%以上，屈服强度均在900 MPa 以上。

因此，权利要求1的技术方案相对于对比文件1及公知常识的结合是非显而易见的，具有突出的实质性特点和具有显著的进步。

综上所述，权利要求1的技术方案具有突出的实质性特点和显著的进步，符合《专利法》第22条第3款的规定，具备创造性。

权利要求2~6为权利要求1的从属权利要求，在权利要求1具备创造性的前提下，权利要求2~6也具备《专利法》第22条第3款规定的创造性。

2. 针对权利要求7不符合《专利法》第22条第3款规定的创造性问题

权利要求1与对比文件1相比，区别技术特征在于：当 $Zr_a Ti_b Hf_c V_d Nb_e X_f$ 的原子尺寸差参数 δ 和价电子数 VEC 同时满足 $\delta<6.7\%$ 和 $VEC<4.45$ 时，即可得到一种高塑性高强度的六元难熔高熵合金。基于上述区别技术特征，权利要求7所解决的技术问题是如何根据原子尺寸差参数 δ 和价电子数 VEC 设计得到一种同时具有高塑性和高强度的六元难熔高熵合金。

对比文件1并未解决上述技术问题，也没有给出任何技术启示。

对比文件 2（Empirical design of single high-entropy alloys with high hardness）公开了一种单一相高硬度高熵合金的经验设计，其中给出了原子尺寸差参数 δ 和价电子数 VEC 的计算公式，并通过 δ 和 VEC 的结果来判断所设计的高熵合金是否满足高强度的要求，但根据对比文件 2 公开的内容，本领域技术人员得到的技术启示是：当设计高强度高熵合金时可考虑原子尺寸差参数 δ 和价电子数 VEC 两个参数。对比文件 2 仅给出了设计高硬度高熵合金时 δ 和 VEC 的取值要求，然而塑性与 δ 和 VEC 的关系，对比文件 2 并未给出相关技术启示，本领域技术人员根据对比文件 2 公开的内容并不能得到如何根据原子尺寸差参数 δ 和价电子数 VEC 来设计同时兼具高强度和高塑性的难熔高熵合金的相关技术启示。

在高熵合金中，合金种类越多，合金固溶强化效应越明显，合金强度硬度越高，但是其塑性会下降。本申请通过向五元高熵合金 $Zr_aTi_bHf_cV_dNb_e$ 中添加 X_f 主元形成六元高熵合金，其强度硬度上升；并通过控制价电子数目，保证其具有较好塑性。针对 $Zr_aTi_bHf_cV_dNb_eX_f$ 六元高熵合金而言，当原子尺寸差参数 δ 和价电子数 VEC，同时满足 $\delta<6.7\%$ 和 $VEC<4.45$ 时，低 VEC 的难熔高熵合金的费米能级附近电子的态密度较高，因此 John-Teller 形变驱动力较大，合金变形能力增强，因此可得到一种高塑性高强度的六元难熔高熵合金。而在其他体系的六元高熵合金中，VEC 不能起到良好的效果。

上述区别特征也不是公知常识。因此，权利要求 7 的技术方案相对于对比文件 1、对比文件 2 及公知常识的结合是非显而易见的，具有突出的实质性特点。

本申请所述一种高塑性高强度的六元难熔高熵合金的验证方法，简单可靠，能够在高熵合金制备之前，通过控制高熵合金原子尺寸差参数和价电子参数，对所要制备的难熔高熵合金的塑性情况进行理论判断，能够广泛应用于难熔高熵合金的成分优化以及新的合金的设计，提高了制备难熔高熵合金的成功率，缩短高熵合金的制备时间；具有显著的进步。

综上所述，权利要求 7 的技术方案具有突出的实质性特点和显著的进步，符合《专利法》第 22 条第 3 款的规定，具备创造性。

3.6.4 审查意见分析

本次审查意见主要指出的问题：

涉及法条——《专利法》第 22 条创造性问题。

发明的创造性，是指与现有技术相比，该发明具有突出的实质性特点和显著的进步。判断要求保护的发明相对于现有技术是否显而易见，通常可按照以下三个步骤进行：

(1) 确定最接近的现有技术；

(2) 确定发明的区别特征和发明实际解决的技术问题；

(3) 判断要求保护的发明对本领域技术人员来说是非显而易见的。

首先，针对权利要求 1 请求保护的一种高塑性高强度的六元难熔高熵合金不具备创造性的问题：通过分析对比文件 1 可知，对比文件 1 虽然也涉及难熔高熵合金元素的选择，且公开了本申请所述的六种元素；但是通过仔细阅读对比文件 1 的内容可知，在对比文件 1 中只要选择的难熔高熵合金具有高强度和高硬度即可满足作为基体相的要求，即对比文件 1 中并不关注难熔高熵合金的塑性强弱。而本申请所要解决的技术问题是提供一种同时具有高强度和高塑性的六元难熔高熵合金。而对比文件 1 中并未给出解决上述技术问题的启示。在对比文件 1 不存在技术启示的前提下，本领域技术人员若不付出创造性的劳动，在对比文件 1 公开的元素种类中任意选择六种元素的组合方式无以计数，而如何选择出同时具有高强度和高塑性的合金元素，并不是通过有限次试验就能得到的。基于此思路可进一步详细阐述权利要求 1 符合专利法规定的创造性问题。

其次，针对权利要求 7 请求保护的一种如权利要求 1~6 任意一项所述的高塑性高强度的六元难熔高熵合金的验证方法不具备创造性的问题：通过分析对比文件 2 可知，对比文件 2 中虽然给出了原子尺寸差参数 δ 和价电子数 VEC 的计算方法，且两个参数与高熵合金的强度相关；但是对比文件 2 并未给出塑性与两个参数之间存在何种关系。因此，本领域技术人员根据对比文件 2 公开的内容并不能得到如何根据原子尺寸差参数 δ 和价电子数 VEC 来设计同时兼具高强度和高塑性的难熔高熵合金的相关技术启示。基于此思路，可进一步详细阐述权利要求 7 符合《专利法》规定的创造性问题。

最后，本申请通过从现有技术公开的宽范围中，有目的地选择出现有技术中未提及的窄范围发明，本发明的选择使难熔高熵合金同时具有高塑性和高强度，取得了预料不到的技术效果，该发明具有突出的实质性特点和显著进步，具备创造性。

3.7 案例7 一种改善盐碱地肥力的土壤改良剂及其应用

3.7.1 第一次提交的专利申请文件

一、原权利要求书

1. 一种改善盐碱地肥力的土壤改良剂，其特征在于：所述土壤改良剂是采用如下方法制备的。

步骤1，活性污泥先干燥，再粉碎，最后过筛得到粒径≤150 μm 的活性污泥粉体；

步骤2，玉米芯先后依次经过清洗、干燥、粉碎、过筛，得到粒径≤2 000 μm 的玉米芯粉体；

步骤3，活性污泥粉体与玉米芯粉体混合后，再在300~500 ℃的氮气气氛下热解1.5~4 h，冷却，得到所述土壤改良剂。

2. 根据权利要求1所述的一种改善盐碱地肥力的土壤改良剂，其特征在于：所述活性污泥是从污水处理系统的沉淀池中排出的好氧活性污泥；其中，活性污泥的 pH 为 5.85~6.75，含水率为 83.4%~85.67%，挥发分含量为 63.91%~74.47%，Cd 含量为 100~235.35 mg/kg，Cu 含量为 47.98~355.92 mg/kg，Zn 含量为 380.02~978.87 mg/kg，Pb 含量为 96.91~726.19 mg/kg。

3. 根据权利要求1所述的一种改善盐碱地肥力的土壤改良剂，其特征在于：活性污泥粉体与玉米芯粉体按照 (1~3)∶5 的质量比进行混合。

4. 一种如权利要求1~3中任一项所述的改善盐碱地肥力的土壤改良剂的应用，其特征在于：所述土壤改良剂施加到土壤中的施用量为10~25 g/kg。

二、说明书

一种改善盐碱地肥力的土壤改良剂及其应用

技术领域

本发明涉及一种改善盐碱地肥力的土壤改良剂及其应用，属于土壤改良剂技术领域。

背景技术

根据农业部组织的第二次全国土壤普查资料统计，我国盐渍土面积为5.2亿亩。其中盐土2.4亿亩，碱土1 299.91万亩，各类盐化、碱化土壤为2.7亿亩。我国盐渍土面积之大、分布之广是世界罕见。从太平洋沿岸的东海之滨至西陲的塔里木、准噶尔盆地，从南部的海南岛到最北的内蒙古呼伦贝尔高原，到处都有盐渍土的分布。然而，内蒙古干旱的气候条件使得盐碱地面积日益增加，目前内蒙古盐碱地土地面积近5 000万亩，且耕地次生盐碱地面积每年以15万～20万亩的速度递增。盐碱地已经成为制约内蒙古地区农业发展的主要障碍，为了提高内蒙古地区粮食产量、增加农民收入、促进农业的可持续发展，治理改良盐碱地势在必行。

目前，改良盐碱地的方法有：专利CN1015123256（一种滨海盐碱地高固碳及高产种植油葵的方法）通过选择生育期短、耐盐碱的油葵品种，采用犁耕与旋耕结合的秸秆还田方式，并结合一年两熟的油葵种植模式以及适宜的田间管理措施，从而达到快速提升盐碱地土壤固碳能力和提高油葵产量的目的，实现固碳效益—生态效益—经济效益的多赢；专利CN201510646530.8（一种制备盐碱地改良基质的方法）公开了一种利用糠醛废渣制备盐碱地改良基质的方法，该方法可以实现变废为宝、实现资源综合利用，制备的改良基质不但可以降低盐碱地土壤pH和盐分，而且可以增加有机质含量、改善土壤理化性状；专利CN201510618512.9（一种砂性盐碱地新型改良肥及其制备、施用方法）公开了一种由有机肥、泥炭、腐殖酸、珍珠岩、蛭石、脱硫石膏、浮石粉、复合肥、氨基酸、保水剂、烟酸、对氨基苯甲酸、肌醇以及丝氨酸制备的改良肥，该改良肥能增加砂性盐碱地土壤中有机质含量，加速改善土壤的团粒结构，增加土壤的通透性、保水性及保肥性，有效调节土壤酸碱度，增加土壤的氮磷钾及微量元素等有效成分；专利CN105016893A（一种增产增收的小麦秸秆生物炭肥及其制备方法）中制备的生物炭肥是在秸秆炭粉的基础上添加了大量生物质、速效养分和微生物等成分，其中速效养分和生物质为作物提供长期的营养供给，生物炭的表面可以作为复合微生物的栖息地，有利于降低附近二氧化碳的浓度，从而促进作物的光合作用。

我国是一个农业大国，农作物资源极其丰富，玉米是一种重要的粮食作物之一。玉米作为优质饲料和发酵工业的重要原料越来越受到人们的青睐，产量逐年上涨，年产量已经超过 2 亿吨，我国的玉米产量居世界第二。目前，大量的玉米芯除了部分用作栽培食用菇，制备糠醛，生产木糖醇等产品的原料外，很大一部分被直接燃烧处理，造成资源浪费和环境污染。研究发现，以农业废物玉米芯为材料制备的生物炭能够显著提高土壤肥力，以玉米秸秆为原料制备的复合生物炭可以吸附土壤中重金属，从而降低重金属对土壤的危害。

另外，随着世界工业生产的发展，城市人口的增加，工业废水与生活污水的排放量日益增多，污泥的产出量迅速增加，年污泥产量达 2 000 万吨以上。大部分污泥被二次利用，用作建筑材料的制作，污泥制砖、污泥制陶粒、污泥制水泥以及污泥堆肥技术等。这些处置方法虽然充分利用了资源，变废为宝，但是活性污泥本身含有重金属，污泥堆肥技术会给土壤及农作物造成了二次污染并且成本过高。因此，妥善科学地处理处置资源型废物，防止二次污染已是一个亟待解决的环境问题。

发明内容

针对现有技术中存在的问题，本发明的目的在于提供一种改善盐碱地肥力的土壤改良剂及其应用，所述改良剂以农业废弃物玉米芯和从污水处理系统的沉淀池中排出的活性污泥为原料，实现废弃资源的循环利用，成本低；该改良剂能有效提高盐碱地的土壤肥力，降低土壤 pH，提高产量。

本发明的目的是通过以下技术方案实现的。

一种改善盐碱地肥力的土壤改良剂，所述土壤改良剂是采用如下方法制备的：

μm 的活性污泥粉体；

步骤 1，玉米芯先后依次经过清洗 μm 的活性污泥粉体；

步骤 2，玉米芯先后依次经过清洗、干燥、粉碎、过筛，得到粒径≤ 2 000 μm 的玉米芯粉体；

步骤 3，活性污泥粉体与玉米芯粉体混合后，再在 300~500 ℃的氮气气氛下热解 1.5~4 h，冷却，得到所述土壤改良剂。

所述活性污泥是从污水处理系统的沉淀池中排出的好氧活性污泥，活性污泥由微生物群体以及微生物群体所依附的有机物质和无机物质组成；其中，活性污泥的 pH 为 5.85~6.75，含水率为 83.4%~85.67%，挥发分含量为 63.91%~74.47%，Cd 含量为 100~235.35 mmg/kg，Cu 含量为 47.98~355.92 mg/kg，Zn 含量为 380.02~978.87 mg/kg，Pb 含量为 96.91~726.19 mg/kg。

优选的，活性污泥粉体与玉米芯粉体按照 (1~3) : 5 的质量比进行混合。

一种本发明所述的改善盐碱地肥力的土壤改良剂的应用，所述土壤改良剂施加到土壤中的施用量为 10~25 g/kg。

有益效果

本发明所述的制备方法工艺简单，而且以农作物废弃物玉米芯和从污水处理系统的沉淀池中排出的活性污泥为原料，成本低，且实现废弃资源的循环利用；本发明所制备的土壤改良剂能有效提高盐碱地的土壤肥力，提高土壤的营养指标，增加土壤固氮能力，降低土壤 pH 值。本发明所制备的土壤改良剂中的玉米芯以及活性污泥热解后产生较多的孔隙结构，土壤改良剂中不同孔径的孔隙结构能够有效地保持较高的含水率和肥力，增强土壤养分的综合利用，可以有效改善土壤结构，促进土壤肥力的增强，而且热解后的玉米芯能够吸附重金属，从而减少了活性污泥中重金属对土壤的二次污染，实现废弃物的综合利用。

附图说明

图 1 为热解前玉米芯粉体的扫描电子显微镜（SEM）图；
图 2 为 450 ℃下热解 3 h 后的玉米芯粉体的扫描电子显微镜图；
图 3 为热解前活性污泥粉体的扫描电子显微镜图；
图 4 为 450 ℃下热解 3 h 后的活性污泥粉体的扫描电子显微镜图；
图 5 为实施例 1 中 450 ℃热解下的土壤改良剂的扫描电镜图。

具体实施方式

下面通过具体实施例来详细描述本发明。

以下实施例中：

活性污泥为包头市南郊污水处理厂中 A-A-O 污水处理系统的沉淀池排出的好氧活性污泥，活性污泥的指标参数如下：pH=6.75，含水率为 85.67%，挥发分含量为 70.69%，Cd 含量为 235.35 mg/kg，Cu 含量为 355.92 mg/kg，Zn 含量为 978.87 mg/kg，Pb 含量为 726.19 mg/kg；

盐碱土壤：取自内蒙古沿黄盐碱地，土壤中全氮含量为 0.64 g/kg，全磷含量为 0.23 g/kg，有机质含量为 5.8 g/kg，阳离子交换总量为 0.8 cmol/kg，pH 值为 8.36。

密封式制样粉碎机：GJ-3，上海康路仪器设备有限公司；

高速万能粉碎机：QE300，浙江屹立工贸有限公司；

管式电炉：GWL-1700GA，洛阳炬星窑炉有限公司；

表面扫描电子显微镜：日立扫描电子显微镜 S-3400；

土壤改良剂中的元素分析采用德国 Elementar 元素分析仪进行测试：vario MACRO，卡斯普（北京）科技有限公司；

比表面积测试采用的仪器为贝士德/3H-2000PS2 全自动比表面积及孔径分析仪，贝士德仪器科技（北京）有限公司。

土壤改良剂中的灰分测试参照木炭和木炭试验（GB/T 17664—1999）进行；

土壤改良剂的产率=热解后得到的土壤改良剂的质量/热解前活性污泥粉体和玉米芯粉体的质量之和×100%；

土壤基本理化性质测定参考《土壤农化分析》（鲍士旦，2000，第3版，中国农业出版社）；其中，总氮含量采用凯式定氮法测试，总磷含量采用碱熔-钼锑抗分光光度法测试，有机质含量采用重铬酸钾氧化-外加热法测试，阳离子交换总量采用乙酸钠-火焰光度计法测试，pH 值采用电位法测试（pH 值测试的样品中，水的质量与土壤的质量比为 1∶2.5）。

[实施例 1]

一种改善盐碱地肥力的土壤改良剂，所述土壤改良剂是采用如下方法制备的：

步骤 1，活性污泥先自然风干，再经密封式制样粉碎机粉碎，最后过 100 目筛并收集筛下的活性污泥粉体；

步骤 2，玉米芯先用去离子水清洗，再自然风干，然后再经高速万能粉碎机粉碎，最后过 10 目筛并收集筛下的玉米芯粉体；

步骤 3，将 2.86 g 活性污泥粉体与 7.14 g 玉米芯粉体混合均匀后，放入通氮气的管式电炉中，设定氮气速率为 300 mL/min，升温速率为 15 ℃/min，在 325 ℃的热解温度下热解 3 h，冷却，得到所述土壤改良剂。

本实施步骤 3 中的热解温度为 325 ℃，将热解温度调整为 450 ℃或 500 ℃，其他条件不变，得到 450 ℃热解下的土壤改良剂或 500 ℃热解下的土壤改良剂。不同热解温度下制备的土壤改良剂的物理化学性质详见表 1。

按照20 g/kg的施用量，将1 g土壤改良剂与50 g盐碱土壤混合均匀后放入2 000 mL培养瓶中，再加入200 mL去离子水，然后放入振荡机中，室温下振荡72 h；将振荡后的混合物倒在蒸发皿上，在105 ℃下干燥10 h得到固体物质；将干燥后的固体物质经过研磨并过100目筛，取筛下的添加土壤改良剂的土壤进行分析检测，数据见表2。

表1

样品	C/%	H/%	O/%	N/%	产率/%	灰分/%	比表面积/(m²·g⁻¹)
325 ℃热解下的土壤改良剂	38.04	4.59	38.04	2.11	52.01	31.04	83.69
450 ℃热解下的土壤改良剂	39.66	2.32	39.66	1.28	42.33	41.72	220.25
500 ℃热解下的土壤改良剂	40.43	1.44	40.43	0.98	40.74	46.33	230.52

从表1中可以得知，所制备的土壤改良剂具有植物生长所必需的一些营养元素和矿物质元素；随着热解温度的升高，土壤改良剂中C含量不断增加，但是O、H、N的含量却逐渐减少，说明热解温度越高，土壤改良剂的碳化程度越高。从图1和图2玉米芯粉体热解前后的SEM图中可知，热解前的玉米芯维管束组织结构健全，热解后的玉米芯中生成的碳化木质素形成了多孔碳架结构。从图3和图4活性污泥粉体热解前后的SEM图中可知，热解前的活性污泥为大小不一的颗粒状结构，热解后的活性污泥发生碳化形成孔径大小不同的孔隙，热解后的活性污泥表面粗糙度加大，比表面积随之增加。从图5土壤改良剂的SEM图中可知，热解后所得到的土壤改良剂的比表面积大，孔隙结构丰富，土壤改良剂中不同孔径的孔隙，能够有效地保持较高的含水率和肥力，增加土壤养分的综合利用。随着热解温度的升高，土壤改良剂的比表面积越大，这是因为高的热解温度有利于玉米芯和活性污泥中孔隙结构的形成；但是随着热解温度的升高，土壤改良剂的产率逐渐降低，灰分含量逐渐升高，这是因为各种矿质元素以氧化物、硫酸盐、硅酸盐等形式存在于灰分中。

表 2

	全氮 /(g·kg^{-1})	全磷 /(g·kg^{-1})	有机质 /(g·kg^{-1})	阳离子交换总量 /(cmol·kg^{-1})	pH
添加 325 ℃ 热解下的土壤改良剂的土壤	0.78	0.37	36.86	5.3	7.96
添加 450 ℃ 热解下的土壤改良剂的土壤	0.75	0.39	39.91	4.2	8.09
添加 500 ℃ 热解下的土壤改良剂的土壤	0.73	0.41	39.93	4.8	8.15

从表 2 中可知，与未添加土壤改良剂的土壤相比，添加土壤改良剂的土壤的养分明显增加；同一施用量下，随着热解温度的升高，土壤改良剂对土壤中全氮含量的提高幅度呈下降趋势，但仍大大提高了土壤中全氮含量，325 ℃ 热解下的土壤改良剂中全氮含量比未添加土壤改良剂的盐碱土壤中的全氮含量增加了 0.14 g/kg；土壤中全磷、有机质含量的提高幅度由高到低为：500 ℃ 热解下的土壤改良剂>450 ℃ 热解下的土壤改良剂>325 ℃ 热解下的土壤改良剂；随着土壤改良剂制备过程中热解温度的升高，土壤改良剂对土壤 pH 降低幅度减少；土壤中阳离子交换总量受土壤改良剂热解温度影响较小，但是土壤改良剂的加入明显提高了盐碱土壤中阳离子交换总量。总体来说，土壤改良剂的加入显著提高了盐碱地土壤的养分含量，能够有效吸附盐碱地中的养分，降低盐碱地淋溶损失。

[实施例 2]

一种改善盐碱地肥力的土壤改良剂，所述土壤改良剂是采用如下方法制备的：

步骤 1，活性污泥先自然风干，再经密封式制样粉碎机粉碎，最后过 100 目筛并收集筛下的活性污泥粉体；

步骤 2，玉米芯先用去离子水清洗，再自然风干，然后再经高速万能粉碎机粉碎，最后过 10 目筛并收集筛下的玉米芯粉体；

步骤 3，将 2.86 g 活性污泥粉体与 7.14 g 玉米芯粉体混合均匀后，放入通氮气的管式电炉中，设定氮气速率为 300 mL/min，升温速率为 15 ℃/min，在 325 ℃ 的热解温度下热解 0.5 h，冷却，得到所述土壤改良剂。

本实施步骤3中的热解时间为0.5 h，将热解时间调整为1.5 h或3 h，其他条件不变，得到热解1.5 h的土壤改良剂或热解3 h的土壤改良剂。

按照20 g/kg的施用量，将1 g土壤改良剂与50 g盐碱土壤混合均匀后放入2 000 mL培养瓶中，再加入200 mL去离子水，然后放入振荡机中，室温下振荡72 h；将振荡后的混合物倒在蒸发皿上，在105 ℃下干燥10 h得到固体物质；将干燥后的固体物质经过研磨并过100目筛，取筛下的添加土壤改良剂的土壤进行分析检测，数据见表3。

表3

	全氮 / (g·kg^{-1})	全磷 / (g·kg^{-1})	有机质 / (g·kg^{-1})	阳离子交换总量 / (cmol·kg^{-1})	pH
添加热解0.5 h的土壤改良剂的土壤	0.67	0.34	21.03	2.4	8.09
添加热解1.5 h的土壤改良剂的土壤	0.71	0.39	29.33	3.1	8.11
添加热解3 h的土壤改良剂的土壤	0.73	0.41	37.04	4.8	8.15

从表3中的数据可知，与未添加土壤改良剂的土壤相比，随着添加的土壤改良剂制备过程中热解时间的增加，土壤中全氮、全磷、有机质、阳离子交换总量的含量提高幅度越大；同时，由于制备时间增加，土壤改良剂中的碱性基团的含量呈增加趋势，所以土壤改良剂本身的pH值也增加，从而对土壤中pH值降低效果有所减弱。总体来说，热解时间对pH值的影响不大，但是随着热解时间的增加，土壤改良剂对提高土壤中营养含量的贡献越大，更有利于土壤中养分的吸收利用。

[实施例3]

一种改善盐碱地肥力的土壤改良剂，所述土壤改良剂是采用如下方法制备的：

步骤1，活性污泥先自然风干，再经密封式制样粉碎机粉碎，最后过100目筛并收集筛下的活性污泥粉体；

步骤2，玉米芯先用去离子水清洗，再自然风干，然后再经高速万能粉碎机粉碎，最后过10目筛并收集筛下的玉米芯粉体；

步骤3，将1.67 g活性污泥粉体与8.33 g玉米芯粉体混合均匀后，放入通氮气的管式电炉中，设定氮气速率为300 mL/min，升温速率为15 ℃/min，在450 ℃的热解温度下热解3 h，冷却，得到所述土壤改良剂。

本实施步骤3中活性污泥粉体与玉米芯粉体的质量比为1∶5，将活性污泥粉体与玉米芯粉体的质量比调整为2∶5或3∶5，其他条件不变，得到2∶5的土壤改良剂或3∶5的土壤改良剂。

按照20 g/kg的施用量，将1 g土壤改良剂与50 g盐碱土壤混合均匀后放入2 000 mL培养瓶中，再加入200 mL去离子水，然后放入振荡机中，室温下振荡72 h；将振荡后的混合物倒在蒸发皿上，在105 ℃下干燥10 h得到固体物质；将干燥后的固体物质经过研磨并过100目筛，取筛下的添加土壤改良剂的土壤进行分析检测，数据见表4。

表4

	全氮 /(g·kg^{-1})	全磷 /(g·kg^{-1})	有机质 /(g·kg^{-1})	阳离子交换总量 /(cmol·kg^{-1})	pH
添加1∶5的土壤改良剂的土壤	0.69	0.35	43.21	7.4	8.03
添加2∶5的土壤改良剂的土壤	0.76	0.39	41.07	7.2	8.15
添加3∶5的土壤改良剂的土壤	0.81	0.45	35.44	7.6	8.21

从表4中的数据可知，随着制备土壤改良剂的原料中活性污泥粉体含量的增加，添加土壤改良剂的土壤比未添加土壤改良剂的土壤中的全氮、全磷含量明显增加；但是随着制备土壤改良剂的原料中活性污泥粉体含量的增加，有机质含量提高的幅度却降低，而且对土壤pH值的降低幅度也减少，这是因为土壤改良剂大的比表面积和大的孔隙度可为土壤中的微生物提供栖息环境，同时提供微生物生长代谢所需的营养物质，而且微生物的存在能大量分解有机质。因此，土壤改良剂制备过程中要选择适当的活性污泥与玉米芯的质量比，从而制备综合性能良好的土壤改良剂。

[实施例4]

一种改善盐碱地肥力的土壤改良剂，所述土壤改良剂是采用如下方法制备的：

步骤1,活性污泥先自然风干,再经密封式制样粉碎机粉碎,最后过100目筛并收集筛下的活性污泥粉体;

步骤2,玉米芯先用去离子水清洗,再自然风干,然后再经高速万能粉碎机粉碎,最后过10目筛并收集筛下的玉米芯粉体;

步骤3,将1.67 g活性污泥粉体与8.33 g玉米芯粉体混合均匀后,放入通氮气的管式电炉中,设定氮气速率为300 mL/min,升温速率为15 ℃/min,在450 ℃的热解温度下热解3 h,冷却,得到所述土壤改良剂。

分别按照10 g/kg、20 g/kg或25 g/kg的施用量,将土壤改良剂与50 g盐碱土壤混合均匀后放入2 000 mL培养瓶中,再加入200 mL去离子水,然后放入振荡机中,室温下振荡72 h;将振荡后的混合物倒在蒸发皿上,在105 ℃下干燥10 h得到固体物质;将干燥后的固体物质经过研磨并过100目筛,取筛下的添加土壤改良剂的土壤进行分析检测,数据见表5。

表5

	全氮/(g·kg^{-1})	全磷/(g·kg^{-1})	有机质/(g·kg^{-1})	阳离子交换总量/(cmol·kg^{-1})	pH
按照10 g/kg的施用量添加土壤改良剂的土壤	0.66	0.34	21.76	2.2	8.16
按照15 g/kg的施用量添加土壤改良剂的土壤	0.72	0.38	31.92	4.8	8.15
按照20 g/kg的施用量添加土壤改良剂的土壤	0.73	0.39	39.91	6.6	8.17

从表5中的数据可知,随着土壤添加剂施用量的增加,土壤中养分含量也增加;其中,有机质含量提高幅度最大,这和土壤改良剂本身含碳量高有关;加入土壤改良剂后大幅度提高了盐碱土壤中阳离子交换能力,而且施用量越大土壤中阳离子交换能力越强,对于促进作物生长具有积极意义;随着土壤改良剂施用量的增加,土壤pH呈现先降低后上升趋势,这和土壤改良就本身碱性有关。

综上所述,以上仅为本发明的较佳实施例而已,并非用于限定本发明的保护范围。凡在本发明的精神和原则之内,所作的任何修改、等同替换、改进等,均应包含在本发明的保护范围之内。

3.7.2　第一次审查意见通知书

中华人民共和国国家知识产权局

第一次审查意见通知书

申请号：2016102840366

经审查，现提出如下的审查意见。

权利要求1-4不具备专利法第22条第3款规定的创造性，理由如下：

1. 权利要求1请求保护一种改善盐碱地肥力的土壤改良剂。对比文件1（CN101643687 A 20100210）公开了一种用于土壤改良的吸附剂，具体公开了（参见说明书第2页第5段，实施例1）：将30%玉米秸秆（干基）与70%的城市污泥（干基）混合均匀，然后将混合物料通过干燥设备在约150℃下进行干燥，物料水分为12%，将干燥过的物料在热解炉中隔绝空气加热到400℃并恒温约20min，将热解炉中产生的热解气体导出，通过冷凝设备进行冷凝，得到油、水溶性液体和不凝性气体；将热解炉中排出的固体产物冷却后磨碎即可作为活性炭吸附剂。该权利要求所保护的技术方案与对比文件1公开的技术内容相比，其区别在于：（1）权利要求1使用的是活性污泥，对比文件1使用的是城市污泥，且权利要求1是将活性污泥进行预处理后再混合，热解气氛和时间不同，此外权利要求1中的土壤改良剂用于改善盐碱地肥力的用途没有公开；（2）权利要求1使用的是玉米芯，对比文件1使用的玉米秸秆，且权利要求1是将玉米芯进行预处理后再混合。针对区别特征（1），对比文件2（CN104150974 A 20141119）公开了一种防治烟草青枯病的土壤调理剂，具体公开了（参见说明书第0009-0021段）是由以下方法制备的：1）将剩余活性污泥脱水后，在105～120℃干燥10～15h，粉碎过筛网，得细粉；2）将步骤1）所得细粉压制粒后，在缺氧条件下进行热解，后冷却至室温，即得。步骤1）中所述剩余活性污泥为活性污泥法造纸废水处理过程中产生的剩余活性污泥。步骤1）中所述筛网为80～120目。步骤2）中所述热解的温度为550～650℃，热解时间为0.5～2h；该土壤调理剂在缺氧条件下通过高温裂解将剩余活性污泥转化成一种碳化物，除含有丰富的活性炭成分外，还含有丰富的矿物质成分，如K、Ca、Mg、Si和微量元素等；具有活性炭的特点：发达的孔隙结构和巨大的比表面积，具有足够的化学稳定性、机械强度，耐酸碱，富含微孔，不但可以补充土壤的有机物含量，还可以有效地保存水分和养料，提高土壤肥力。因此，活性污泥、预处理和热解时间已被对比文件2公开，并且其在对比文件2中所起的作用与其在本发明中为解决发明实际要解决的技术问题所起的作用相同。此外，根据对比文件2公开的缺氧气氛和该土壤调理剂耐酸碱、提高肥力，因此本领域技术人员不难想到在氮气气氛下热解并且将其用于改善盐碱地肥力的土壤改良剂。针对区别特征（2），对比文件3（CN105148842 A 20151216）公开了一种氧化锰和生物炭复合吸附剂的制备方法，具体公开了（参见权利要求1）：将生物质原料晒干或烘干，粉碎成粉末，混匀，备用，然后经高锰酸盐溶液前处理后，用常用的装置和方式进行干燥处理，温度控制在50-110℃，时间为12-36个小时，进行热解炭化。所述生物质原料是小麦秸秆、玉米秸秆、水稻秸秆、棉花秸秆、玉米芯、葡萄秧、花生壳、树木残枝、木屑、甘蔗渣、发酵菌渣、畜禽粪中的一种或若干种的任意混合物；因此，本领域技术人员不难想到将对比文件1中的玉米秸秆替换为玉米芯，并且进行预处理后再与污泥混合。

> 中华人民共和国国家知识产权局
>
> 由此可知，在对比文件1基础上结合对比文件2和3以及本领域的普通技术知识和技术手段，得到该权利要求所要求保护的技术方案，对本领域的技术人员来说是显而易见的，因此该权利要求不具备突出的实质性特点和显著的进步，不具备专利法规定的创造性。
>
> 2. 从属权利要求2-3的附加技术特征对该土壤改良剂作了进一步限定。然而这些附加技术特征都是本领域的常规选择，其所达到的技术效果也是可以预期的。因此，在其引用的权利要求不具备创造性的基础上，权利要求2-3也不具备专利法规定的创造性。
>
> 3. 权利要求4请求保护一种改善盐碱地肥力的土壤改良剂的应用。基于权利要求1的分析，在对比文件1基础上结合对比文件2和3以及本领域的普通技术知识和技术手段，得到该权利要求所要求保护的技术方案，对本领域的技术人员来说是显而易见的，因此该权利要求不具备突出的实质性特点和显著的进步，不具备专利法规定的创造性。
>
> 基于上述理由，本申请权利要求都不具备创造性，本申请不具备被授予专利权的前景。

3.7.3 专利代理人对该审查意见的答复

> 尊敬的审查员，您好：
>
> 感谢您对本申请的认真审查并提出审查意见。申请人认真研读了第一次审查意见通知书，针对该审查意见通知书指出的问题，申请人陈述意见如下。
>
> 一、针对权利要求1不符合《专利法》第22条第3款规定的创造性问题
>
> （1）修改说明：将原申请文件中记载的内容"活性污泥的pH值为5.85~6.75"以及"活性污泥粉体与玉米芯粉体按照（1~3）：5的质量比进行混合"补入权利要求1中，同时删除权利要求3，并对权利要求的序号做相应性修改。
>
> 上述修改并未超出原说明书和权利要求书记载的范围，符合《专利法》第33条的规定。
>
> （2）修改后的权利要求1具备创造性，理由如下：
>
> 修改后的权利要求1请求保护的技术方案与对比文件1公开的技术方案相比，区别技术特征在于：
>
> a. 活性污泥的pH值为5.85~6.75；
>
> b. 活性污泥粉体与玉米芯粉体的质量比为（1~3）：5；

c. 活性污泥粉体与玉米芯粉体的混合粉体在300~500 ℃下热解1.5~4 h。

上述区别技术特征所要解决的技术问题是：提供一种改善盐碱地土壤肥力、降低盐碱地土壤pH值的土壤改良剂。

对比文件1所述的固体产物对于土壤改良的作用归因于固体产物的吸附性质，可以吸附土壤中的重金属，与本申请中土壤改良剂的作用不同；而且未给出固体产物可以改善盐碱地土壤肥力、降低盐碱地土壤pH值的技术启示。对比文件1中城市污泥与玉米秸秆的质量比（11.7∶5）与本申请中活性污泥与玉米芯的质量比（(1~3)∶5）有着显著的区别，而且对比文件1中并未给出通过调整城市污泥与玉米秸秆的质量调控炭粉吸附剂功能的技术启示，更何况对比文件1中的吸附剂与本申请所述土壤改良剂是两种功能不同的物质，所以对比文件1中城市污泥与玉米秸秆的质量比对于本申请中活性污泥与玉米芯的质量比没有指导意义。

对比文件2所述的剩余活性污泥含有碱性成分，而且所述的土壤调理剂主要目的是防治烟草青枯病，并且特别适用于酸性土壤。本申请所述的土壤改良剂是为了改善盐碱地土壤肥力、降低盐碱地土壤的pH值，所使用的活性污泥是pH值为5.85~6.75的活性污泥。由此可知，本领域技术人员不可能想到使用剩余活性污泥的热解产物改善盐碱地土壤的肥力、降低盐碱地土壤的pH值，对比文件2中也未给出剩余活性污泥的热解产物具有降低土壤pH值的技术启示。所以本领域技术人员没有动机将对比文件1中的城市污泥替换成对比文件2中的剩余活性污泥，即使简单地替换也达不到本申请所述的技术效果。

对比文件2中的热解温度（550~650 ℃）与本申请中的热解温度（300~500 ℃）完全不同。虽然对比文件2中的热解时间（0.5~2 h）与本申请中的热解时间（1.5~4 h）有部分重叠，但是脱离热解温度而单独比较热解时间长短是没有任何可比性、更没有科学意义，更何况本申请中的原料（pH值为5.85~6.75的活性污泥与玉米芯按照（1~3）∶5的质量比混合而成）与对比文件2中的原料（造纸剩余污泥）不相同。由于对比文件1与对比文件2的目的完全不同，而且对比文件1中的原料（城市污泥和农业废弃物）与对比文件2中的原料（剩余活性污泥）不同，本领域技术人员没有动机将对比文件1中的热解温度与对比文件2中的热解时间相结合。

对比文件3中所述的吸附剂可用作重金属离子污染土壤的调理剂，

施于土壤后通过吸附固定重金属离子起到阻控植物吸收重金属的作用。对比文件3所述的吸附剂虽然适于对土壤进行调理，但是与本申请所述土壤改良剂对于土壤改良所起的作用完全不同，属于两种不同性质的物质。而且使用高锰酸盐对农业废弃物预处理是对比文件3中必不可少的技术特征，所以在对比文件3的指导下，本领域技术人员想到使用农业废弃物的热解产物用于调理土壤时，不会显而易见地去掉使用高锰酸盐进行预处理的步骤。虽然本申请中的热解温度（300~500 ℃）和热解时间（1.5~4 h）与对比文件3中的热解温度（250~500 ℃）和热解时间（2~8 h）有部分重叠，但是对比文件3的原料（负载高锰酸盐的农业废弃物）与本申请中的原料（活性污泥和玉米芯的混合物）不同，而且对比文件3中热解产物与本申请中热解产物所起到的作用不同，所以对比文件3中的热解温度和热解时间对本申请所述的技术方案没有指导意义。

综上所述，对比文件1~3与本申请所涉及的四个技术方案的目的、采用的技术手段以及达到的技术效果完全不同，结合对比文件1~3以及公知常识，本领域技术人员推不出本申请所述的技术方案。对比文件1~3也未给出将上述区别技术特征应用于土壤调理剂以改善盐碱地土壤肥力、降低盐碱地土壤pH值的技术启示。上述区别技术特征并不属于土壤改良剂领域的常规技术选择，而且所达到的技术效果也是本领域技术人员意想不到的。本申请所述的技术方案对本领域技术人员来说是非显而易见的，具有突出的实质性特点。与现有土壤调理剂相比，本申请所述的土壤改良剂对于改善盐碱地土壤肥力、降低盐碱地土壤pH值方面具有显著的进步。因此，本申请权利要求1所述的技术方案具有突出的实质性特点和显著的进步，符合《专利法》第22条第3款规定的创造性。

二、针对权利要求2不符合《专利法》第22条第3款规定的创造性问题

权利要求2直接引用的权利要求1，是对权利要求1的进一步限定，因此，在权利要求1具备创造性的基础上，权利要求2也具备创造性。

三、针对权利要求3不符合《专利法》第22条第3款规定的创造性问题

权利要求3请求保护的是权利要求1中所述土壤改良剂的应用，因此，在权利要求1所述的土壤改良剂具备创造性的基础上，权利要求3也具备创造性。

修改后的权利要求：

（1）一种改善盐碱地肥力的土壤改良剂，其特征在于：所述土壤改良剂是采用如下方法制备的：

步骤1，活性污泥先干燥，再粉碎，最后过筛得到粒径≤150 μm 的活性污泥粉体；

步骤2，玉米芯先后依次经过清洗、干燥、粉碎、过筛，得到粒径≤2 000 μm 的玉米芯粉体；

步骤3，活性污泥粉体与玉米芯粉体混合后，再在300~500 ℃的氮气气氛下热解1.5~4 h，冷却，得到所述土壤改良剂。

步骤1中活性污泥的pH值为5.85~6.75；步骤3中活性污泥粉体与玉米芯粉体按照（1~3）：5的质量比进行混合。

（2）根据权利要求1所述的一种改善盐碱地肥力的土壤改良剂，其特征在于：所述活性污泥是从污水处理系统的沉淀池中排出的好氧活性污泥。其中，活性污泥的pH值为5.85~6.75，含水率为83.4%~85.67%，挥发分含量为63.91%~74.47%，Cd 含量为100~235.35 mg/kg，Cu 含量为47.98~355.92 mg/kg，Zn 含量为380.02~978.87 mg/kg，Pb 含量为96.91~726.19 mg/kg。

（3）一种如权利要求1~2中的任一项所述的改善盐碱地肥力的土壤改良剂的应用，其特征在于：所述土壤改良剂施加到土壤中的施用量为10~25 g/kg。

3.7.4 审查意见分析

本次审查意见主要指出的问题：

涉及法条——《专利法》第22条创造性问题。

发明的创造性，是指与现有技术相比，该发明具有突出的实质性特点和显著的进步。判断要求保护的发明相对于现有技术是否显而易见，通常可按照以下三个步骤进行：

（1）确定最接近的现有技术；

（2）确定发明的区别特征和发明实际解决的技术问题；

（3）判断要求保护的发明对本领域技术人员来说是非显而易见的。

基于上述方法，对于该审查意见的答复思路如下：

（1）从原申请文件中找出未在对比文件中披露的技术特征。

a. 活性污泥的pH值为5.85~6.75；

b. 活性污泥粉体与玉米芯粉体的质量比为（1~3）∶5；

c. 活性污泥粉体与玉米芯粉体的混合粉体在 300~500 ℃下热解 1.5~4 h。

（2）分析区别技术特征在本申请中所起的作用，表明区别技术特征与对比文件中所公开的技术特征存在实质性差别，并非显而易见。

针对区别技术特征 a：对比文件 2 与本申请中所涉及的是两种性质不同的活性污泥，在两个技术方案中所解决的技术问题以及达到的技术效果不同，即活性污泥在两个方案中存在实质性差别。

针对区别技术特征 b：对比文件 1 与本申请所涉及的质量比值存在显著的差别，所达到的效果不同，区别技术特征 b 不属于本领域技术人员常规技术选择。

针对区别技术特征 c：对比文件 2~3 与本申请中的煅烧温度及煅烧时间有部分重叠，但是脱离煅烧温度而单独对比煅烧时间或者脱离煅烧时间而单独对比煅烧温度没有可比性，也无科学意义，更何况本申请与对比文件 1~3 中的反应原料不同，所以区别技术特征 c 是本领域技术人员结合对比文件 1~3 不能显而易见推知的。

由上述可知，所以本申请相对于对比文件 1~3 以及本领域的公知常识是非显而易见的，具有突出的实质性特点。

通过上述陈述和修改，本申请得以授权。

第4章

化学部专利模板

说明书

发明名称	
申请人	
申报类型	□国家发明　　□国防专利　　□实用新型 □外观
发明人	数量不限
技术联系人	电话+邮箱
特殊情况说明	

注意事项

1. 请按照本技术交底书模板逐项填写，除交底书第八部分为可选项外，其他均为必须填写的内容。

2. 交底书需要尽可能地详细描述技术方案，详细程度以同领域的技术人员看完后能够按照记载的内容解决问题为准。篇幅没有限制。

3. 说明书中使用的技术词汇，应当尽量使用国家规定的统一术语；当使用自定义词语时，需要在其后给出明确定义或说明。

一、发明名称

【发明名称尽量清楚、简要，尽可能使用通用技术术语，不超过25个字。】

一种(产品名称)(发明点1)、制备方法(发明点2)和应用(发明点3)

(发明点1、2、3涉及哪一个就写哪一个，如果没有涉及可以不写，以下内容相同)

二、技术领域

【请写出本申请提案中技术方案直接所属的技术领域。】

本发明属于　　技术领域。

三、与本发明相关的背景技术（背景技术可以结合附图描述）

【本部分介绍如下内容：1. 介绍现有技术的概况；2. 介绍现有方案如何实施；其中，现有方案可以找一个或多个与本发明最接近的现有方案，具体描述；可引述现有专利文献、文章、论文、教科书等。】

四、现有技术的缺点及本发明所要解决的技术问题

【分析第三部分中提及的现有技术存在什么样的缺陷，提出本发明所要解决的技术问题。这个技术问题就是一篇专利的纲，下面的技术方案主要都是为解决这个技术问题而服务的。本发明解决不了的技术问题不写】

五、本申请技术方案的详细阐述

本部分应该提供发明点(核心思想)、具体实施方案、附图。篇幅不限，尽量详尽地描述，到本领域技术人员不需要付出创造性的劳动即可实施的程度。

其中：

发明点：请用一段话说明本发明基本构思是什么。

针对现有技术存在的缺陷，本发明的目的在于提供一种(产品名称)(发明点1)、制备方法(发明点2)和应用(发明点3)，(可以简要介绍优点)。

为实现本发明的目的，提供下述技术方案。

说明：以下技术方案应当根据实施例公开的内容结合公知常识、现有技术能够直接概括得到要求保护技术方案，可以合理扩大实施例具体方案的保护范围，防止他人绕过本技术去实现同样的发明创造。

其中，如果是实现发明必不可少的内容则为必要条件，如果是仅仅为了效果更好，缺少该条件也能够实现发明的为优选条件，如果是必要条件，请直接写出，如果是优选条件请注明优选，在描述过程中，公知常识部分可以简单写，但要保持清楚、完整；对发明点部分要详细描述。

发明点1：一种（产品名称），所述（产品名称）（请对产品进行限定，化学产品可通过采用化学式、结构式、组成成分及其质量百分含量、物理化学参数等方式进行定义，如果以上方式都无法定义清楚的情况下，可选择采用材料的制备方法来定义，说明什么样的材料是要求保护的材料。）

发明点2：本发明所述的一种（产品名称）的制备方法，所述方法步骤如下：

步骤一、（此步骤要做什么？怎么做的？）。
步骤二、_____（同上）_____。
步骤三、_____（同上）_____。
……
步骤K、_____（同上）_____，制备得到本发明所述的_____（产品名称）。

方法通常的构成要素是该方法所包含的多个步骤，这些步骤之间应该存在时间上的先后顺序或逻辑上的因果顺序，这样才能构成一个符合专利法意义的方法技术方案；

方法的各个步骤或设备的结构中，对于本申请提案没有对其作出改进的步骤或组成部分（如和现有技术相同的实现）简要描述即可，对于本申请提案对其作出改进的步骤或组成部分，或者是新的步骤或组成部分，则需要详尽地描述，到本领域技术人员不需要付出创造性的劳动即可实施的程度。

发明点3：本发明所述的一种_____（产品名称）_____的应用，步骤如下：
写明应用的具体条件。

具体实施方案：

【本部分至少给出两种以上具体的实施方式，该具体实施方式与前面的发明内容相比，更加具体和详细，使同行不需要进一步研究或实验就能重复本发明。

注意：同一个技术术语在整个交底书里只用一个词来表达，不要用多个词来表达。对于英文缩写，括号中提供中文和英文全称。

（1）实施例的内容应当与发明内容相对应，是发明内容的具体体现，是具体的一个实验内容；

（2）实施例的个数根据发明要求保护的范围确定：应当根据实施例公开的内容结合公知常识、现有技术能够直接获得发明要求保护的范围，涉及要求范围的值请至少举出两端值的实施例；

（3）实施例应当通过测试证明能实现发明内容所要求的范围和有益效果。

（4）涉及测试：请说明测试方法、条件和仪器的具体厂家型号；如采用现有技术中的方法或标准，请说明准确名称；如方法为自己设计，请说明具体内容；应当用文字进行详细描述所有测试结果显示的内容及由该内容得到的结论，例如图中显示了怎样的曲线，表现怎样的内容，由表现的内容可以得到怎样的结论，能够证明（3）中需要证明的内容。】

下面对本发明的优选实施方式做出详细说明。

［实施例1］

……

附图要求：

【1. 每张附图都应该有详细的文字说明；

2. 附图中尽量避免不必要的文字描述（文字描述都放在与该附图对应的附图说明中），或者采用简略的文字描述。

3. 附图中出现的各种数学符号，应该在对应的文字描述中有清楚、明确的文字说明，使读者能够明白这些数学符号的含义、作用等。

4. 图的格式只能为黑白图，不要彩色、阴影、背景和非必要的文字，如有英文请修改为中文或者在说明中解释中文含义。】

图1为实施例_____的_____图。

六、本申请的关键点和欲保护点

【本部分是基于第五部分提炼出技术方案的关键创新点，列出1、2、3本部以提醒代理人注意，便于专利代理人撰写权利要求书。简单点明即可。】

七、与第三条中最接近的现有技术相比，本申请有何技术优点

【这部分结合发明点，详细分析本发明为什么能够解决前面提到的技术问题。如果本申请取得了更多的技术效果也请列出。注意：要结合方案分析，切忌空谈效果，让代理人明白技术-效果之间的关系。可以分（1）（2）（3）条撰写。】

八、其他有助于理解本申请提案的技术资料

【可以提供辅助代理人对技术方案更好更快理解的技术资料，比如相关的术语解释、协议、标准、论文。】

参 考 文 献

[1] 中华人民共和国专利法 [M]. 北京：知识产权出版社，2000.
[2] 中华人民共和国专利法 [M]. 北京：知识产权出版社，2009.
[3] 中华人民共和国专利法实施细则 [M]. 北京：知识产权出版社，2001.
[4] 中华人民共和国专利法实施细则 [M]. 北京：知识产权出版社，2010.
[5] 中华人民共和国国家知识产权局. 专利法审查指南 [M]. 北京：知识产权出版社，2006.
[6] 中华人民共和国国家知识产权局. 专利法审查指南 [M]. 北京：知识产权出版社，2010.
[7] 张清奎. 化学领域发明专利申请的文件撰写与审查 [M]. 北京：知识产权出版社，2010.